콘크리트 실무매뉴얼 KCI PM108.1-22

프리캐스트 콘크리트 건축구조 설계

프리캐스트콘크리트위원회

사단법인 한국콘크리트학회
Korea Concrete Institute

발간사

최근 건설 산업은 전통 산업의 이미지를 벗고 첨단기술을 기반으로 한 고부가가치 산업으로 변모하기 위해 많은 노력을 기울이고 있습니다. 국내에서도 스마트 건설기술 활성화를 위한 방안으로 탄소중립 실현을 위한 건설 분야의 핵심기술 개발 및 보급을 위해 정부 차원의 연구개발에 대한 지원도 확대되어 다양한 건설기술들의 확산 기반이 조성되고 있습니다.

한편, 건설 환경의 급격한 변화로 건설 산업의 생산성 향상과 공기 단축 및 산업재해율 감소 등이 사회적 중요한 문제로 대두되고 있습니다. 이를 해결하기 위한 방안으로 모듈러 건축을 위한 프리캐스트 콘크리트 공법에 대한 기대감이 높으며, 일부 현장에서는 활발히 적용되고 있는 상황입니다.

프리캐스트 콘크리트 공법은 1963년 대한주택공사(현 LH)에서 최초로 시공한 이후 1990년대 중반까지 아파트 건설에 많은 적용되었으나 건축 구조물의 고층화로 인한 기준 및 공법 등의 제약에 따른 한계가 있었습니다. 이에 따라 우리 학회에서는 2006년 프리캐스트 콘크리트 위원회를 발족하여 국내외 프리캐스트 콘크리트에 대한 관련 기준 평가 및 연구를 수행하였습니다. 또한, 프리캐스트 콘크리트구조 설계기준(KDS 14 20 62)의 집필을 통해 건설 산업에 다양하게 적용할 수 있도록 발판을 마련하는 데 많은 노력을 기울여 왔습니다.

이와 같은 일환으로 우리 학회는 프리캐스트 콘크리트 건축구조에 대한 최신 기준 및 이론 소개와 더불어 실무자의 이해를 돕기 위해 설계 예제를 함께 수록한 『프리캐스트 콘크리트 건축구조 설계』를 마련하게 되었습니다. 이를 바탕으로 프리캐스트 콘크리트 공법의 기술력 및 품질향상에 일조할 수 있기를 기대합니다.

이번 우리 학회 『프리캐스트 콘크리트 건축구조 설계』 마련을 위해 수고해 주신 프리캐스트 콘크리트 위원회 위원장을 비롯한 위원 모두에게 깊은 감사를 드리며, 적극 협조하여 주신 산학연 담당자들께도 감사의 말씀을 전합니다.

2022. 2

한국콘크리트학회 회장 박홍근

머리말

최근 건설환경 급격한 변화, 현장의 인력난과 골조공사의 품질 향상 요구에 대응하기 위하여 유지관리가 용이한 표준화, 표준구조 모듈 도입, 공업화 공법 및 건식공법 도입 등의 건설시스템 구축 필요성이 어느 때보다 강조되고 있는 시기입니다.

프리캐스트 콘크리트(이하 PC)구조와 관련된 구조 설계기준은 국가건설기준센터의 프리캐스트 콘크리트구조 설계기준(KDS 14 20 62)에 의해 설계되고 있으나 동 기준에는 내진설계조항이 없어 콘크리트 내진설계기준(KDS 14 20 80)을 활용하여 설계 중에 있습니다. 또한, PC 구조에 대한 그간의 설계기준과 구조시스템의 변화 및 관련 기술의 발전을 적절히 반영하였는지 검토가 필요한 것으로 판단됩니다.

따라서 이번 『프리캐스트 콘크리트 건축구조 설계』에서는 국내외 PC 관련 기준을 분석하고, 관련 분야 전문가와 공동으로 국내외 최신 기준과 이론을 반영하여 기존 국내 PC 기준에 기초하여 보-기둥 구조, 벽식 PC 접합부 설계에 필요한 실무지침을 담았습니다. 아울러 분야별 설계 예제를 함께 기술하여 관련 실무자들의 이해를 제고토록 노력하였습니다. 실무지침의 주요한 구성은 다음과 같습니다.

제1장 서론

제2장 PC 구조

제3장 구조해석 및 설계

제4장 부재 설계

제5장 접합부 설계

제6장 내진설계

제7장 설계 예제

이번에 수립된 PC 구조 실무지침은 향후 PC 구조의 설계 및 시공에 활용하여 건설 분야의 공업화 기반 건식공법의 안전성과 품질 향상에 크게 기여할 것으로 기대됩니다.

앞으로도 꾸준한 연구개발 내용과 관련 기준의 개정사항을 지속적으로 업데이트하여 관련 기술자와 전문가에게 좋은 참고서가 될 수 있도록 꾸준한 노력을 기울이겠습니다.

2022. 2

프리캐스트콘크리트위원회 위원장 김길희

| 집필진 |

집필책임자	김길희(공주대학교)
집 필 위 원	김길희(공주대학교), 김대호((주)한울구조안전기술사사무소), 김용남((주)미래구조엔지니어링), 류종우((주)에센디엔텍), 문정호(한남대학교), 서수연(한국교통대학교), 오영훈(건양대학교), 유광준(PSC솔루션), 윤현도(충남대학교), 이용준(공주대학교), 이정윤(성균관대학교)

| 검토위원 |

검 토 위 원	강현구(서울대학교), 김욱종(극동건설(주)), 김정회(아이에스동서(주)), 나운((주)CEG-KOREA), 이득행(충북대학교), 이지훈((주)진화기술공사), 이창준(충북대학교), 조창근(조선대학교), 최일섭((주)연우구조), 홍성엽((주)까뮤이앤씨)

| 발간물심의위원회 |

위 원 장	김진만(공주대학교)
위 원	강석표(우석대학교), 김상우(건설기술정보연구원), 김상철(한서대학교), 천성철(인천대학교), 최경규(숭실대학교), 하상수(강남대학교), 한동엽(경상국립대학교), 홍건호(호서대학교)

| 기획 | 실무지침편찬특별위원회 |

위 원 장	배수호(안동대학교)
부 위 원 장	홍건호(호서대학교)
간 사	천성철(인천대학교)
위 원	강현구(서울대학교), 권승희(명지대학교), 김경민(서울기술연구원), 김대호(㈜한울구조물안전기술사사무소), 김두기(공주대학교), 김상철(한서대학교), 김순환(㈜창민우컨설턴트), 김영진(한국콘크리트학회), 김지상(서경대학교), 김진근(KAIST), 김태훈(한국철도기술연구원), 박선규(목원대학교), 신현목(성균관대학교), 심 별(다올이앤씨㈜), 양근혁(경기대학교), 이건철(교통대학교), 이도형(배재대학교), 이 백(한국농어촌공사), 이성태(인하공업대학), 이재훈(㈜도화), 이창홍 (㈜포스코건설), 정 란(단국대학교), 정하선(전우구조기술사무소), 최광호(남서울대학교), 최원창(가천대학교), 하상수(강남대학교), 한천구(청주대학교)

차 례

03 장 구조해석 및 설계

04 장 부재 설계

05 장 접합부 설계

06 장 내진설계

07 장 설계 예제

제 1 장 서 론

1.1 PC 구조의 특성

프리캐스트 콘크리트(PC) 공법은 공장에서 부재를 생산하고 현장에서 조립하는 방법으로 구현되기 때문에 부재 생산이 현장에서의 터파기와 동시에 공사를 진행할 수 있는 장점이 있다. 또한 부재를 작업 여건이 좋은 공장에서 제작할 수 있기 때문에 품질관리 및 안전관리 측면에서 유리하며, 현장 폐기물의 감소 등의 장점도 있다. 반면에 부재를 선행하여 제작하기 때문에 설계 변경이 미치는 영향이 크다. 현장타설(CIP) 공법의 경우 설계 변경이나 시공오차 등을 현장에서 적절히 소화하는 것도 어느 정도는 가능하지만 PC 공법에서는 그러한 융통성을 기대하기가 어렵다. 따라서 착공 수개월 전에 설계가 완료될 수 있도록 충분한 사전 검토가 매우 중요하다.

공장 생산을 위한 PC 부재의 거푸집으로는 주로 철재 몰드를 사용하는 것이 일반적이다. 반복사용과 함께 제품 치수의 정밀도를 유지하기 위하여 철재가 바람직하지만 몰드가 생산 원가에 미치는 영향이 크다. 부재 종류가 많은 경우에는 몰드 수도 함께 증가할 수밖에 없기 때문에 부재 크기나 형상 등을 표준화하여 몰드 수를 최적화할 수 있어야 한다. 또한 슬래브나 보의 경우 프리스트레스를 도입하는 경우가 많기 때문에 이 경우 긴장력 도입, 부재 탈형, 양생, 야적, 양중 등의 중간 과정에서 응력 검토와 함께 캠버 관리도 중요해진다. 특히 계산에 의해서 예측되는 캠버 값이 생산 공장마다 실제와는 많이 다를 수 있으므로, 해당 PC 공장의 생산 방식에 대한 고려도 필요하다. 제작이 완료된 부재를 현장에 운송하기 위해서는 운반차량, 도로 사정, 현장여건 등에 대한 고려가 필요하다. 도로교통법에 따라 부재 중량, 폭, 길이, 높이 등에 제한이 있을 수 있다. 경우에 따라서는 특수 차량을 사용하여야 하는 경우가 발생하고 이는 생산 단가에 영향을 미치게 된다. 또한 도심지 공사와 같은 경우 차량 이동에 제한이 있을 수 있고, 현장이 협소하여 야적장 확보가 어려울 수 있다.

현장에서 부재 조립을 위한 양중장비에 대한 고려는 설계 단계부터 반영되어야 한다. 또한 대체로 PC 부재는 무게가 무겁기 때문에 대용량의 양중장비를 필요로 한다. 따라서 타워크레인이나 이동식 장비 등을 고려한 사전 검토가 반드시 필요하게 된다. PC 부재의 조립 과정이 설계에서의 검토 결과와 일치하도록 주의할 필요도 있다. 동바리 설치 여부와 걸침길이의 확보, 습식접합인 경우 접합부 타설 시기 및 관리 등에서의 부주의는 사고로 이어질 수 있으므로 주의가 필요하다. 이상과 같은 PC 공법의 특징으로 인하여 설계과정에서부터 전체 프로세스에 대한 충분한 검토가 이뤄져야 한다. 따라서 PC 구조 설계에서는 이상과 같은 관점을 종합적으로 고려하면서 적절한 솔루션을 찾아야 한다.

1.2 실무지침서의 구성

1.1절에서 본 바와 같이 PC 구조의 적용에 영향을 미칠 수 있는 실무적 요소는 매우 많으며, 그 역할 역시 중요하다. 또한 이러한 실무적 관점과 함께 구조 설계의 관점에서도 여러 중요 요소들이 존재하는데, 이 중에서 중요한 사항을 두 가지 정도 든다면 다음과 같다.

첫째, 현재 PC 구조 관련한 설계기준이 있기는 하지만 PC 구조를 주 관점으로 다루는 기준은 없는 실정이다. 그렇기 때문에 구조 설계의 과정에서 현장타설 공법의 관점으로 PC 구조를 다뤄야 하는 문제가 존재한다. 즉 PC 구조는 현장타설 공법과 다른 프로세스를 통해서 계획, 설계, 시공, 유지관리가 진행되어야 함에도 불구하고 그렇지 못한 실정이다. 가장 전형적인 예로 현장타설 공법의 관점에서 대략적인 구조계획이 이뤄진 상태에서 이를 PC 구조로 전환하는 방법이 많이 사용되고 있다. 그러나 현장타설 공법에 최적화된 설계가 반드시 PC 구조에 대한 설계 최적화로 이어진다고 볼 수는 없다. 부재 생산의 관점에서는 모듈화나 표준화가 중요하며, 운송이나 양중 등은 현장타설 공법과는 다른 관점을 요구한다.

둘째, 설계기준에 따르면 PC 구조는 현장타설 일체식 구조와 동등성을 달성해야 하는 것으로 요구된다. 그러나 분할 생산된 부재를 현장에서 조립해야 하는 PC 구조는 모든 면에서 일체식 구조와 동등해질 수는 없다. 더구나 공법의 종류, 부재 형상, 접합부 상세 등에 따라 다양한 PC 구조의 형식이 있을 수 있지만, 동등성 관점에서 PC 구조를 평가할 수 있는 명시적 방법이 제시되어 있지도 않다. 그렇기 때문에 PC 구조 설계에 적용된 설계기준이 동등성 관점에서 적절했을까 하는 문제에 답하기 어려울 때가 많다.

본 지침서는 실무적 관점을 반영하면서 PC 구조 설계와 관련한 지침의 내용으로 구성하고자 하였다. 즉 PC 구조가 당면하고 있는 어려움이나 문제점에 대한 인식의 공유하면서 실무지침서라는 취지에 부합하도록 구성하였다. 1~2장에서는 PC 구조에 대한 개괄적인 이해를 도울 수 있는 내용으로 구성되어 있으며, 3~4장에서는 해석, 설계 등의 내용을 다루고, 5장은 PC 구조의 접합부 설계와 관련된 내용을 포함하고 있다. 그리고 내진설계와 관련된 내용은 6장에서 다루면서 구조형식 및 접합부 상세와 내진설계의 관련성에 대해서 설명하고 있다. 끝으로 7장은 PC 구조 설계의 예를 포함하며, 구체적으로는 부재 설계, 접합부 설계, 골조구조 및 벽식구조 각각에 대한 접합부 설계 예로 구성되어 있다.

제2장 PC 구조

2.1 PC 공법

PC 건축구조 공법은 ① 주요 부재, ② 부재 접합 방식, ③ 모듈화 방식, ④ 건물의 용도, ⑤ 하중 저항방식 등에 따라 다양한 분류가 있다. 주요 부재에 따라 벽식구조 혹은 골조식구조, 부재의 접합 방식에 따라 습식접합 혹은 건식접합, 모듈화 방식에 따라 부재단위 혹은 공간단위, 그리고 건물용도에 따라 공동주택, 물류창고, 혹은 지식산업센터 등으로 나눌 수 있다. 그리고 하중 저항방식에 따라 내력벽, 건물골조, 모멘트 저항골조, 이중 골조 등과 같이 분류하기도 한다.

각 공법들은 독자적으로 사용되지 않고 건물의 기능 및 용도에 따라 다양한 혼합공법이 사용될 수 있다. 예를 들면 공동주택에는 벽식이나 골조식 구조를 사용하지만 욕실이나 베란다 혹은 계단실 등은 공간단위의 모듈 공법이 사용될 수 있으며, 물류창고의 경우 골조식과 건식접합 공법이 함께 사용될 수도 있다. 여기에서 건식접합이란 접합부에 콘크리트나 모르타르 등을 주입하여 일체화하는 대신에 볼트나 용접 등의 기계적인 연결장치를 이용하여 접합하는 방식을 말한다. 건식접합의 경우 습식접합과 달리 연결재들을 직접 연결해야 하기 때문에 높은 시공 정밀도가 요구되며, 접합부가 큰 힘을 받는 경우에는 그 사용에 한계가 있을 수 있다.

2.2 PC 부재

PC 부재는 구조물의 종류에 따라 다양한 방법으로 사용될 수 있다. 기둥이나 벽체는 2개 층 혹은 3개 층을 단위 부재로 생산하는 경우도 있으며, 생산, 운반, 조립 등과 함께 구조체의 형상에 따라 분할 제작되기도 한다. 또한 PC 벽판의 경우에는 주로 실 크기에 맞춰 대형판으로 제작된다. 바닥판의 경우에도 벽판처럼 실 크기의 대형판으로 제작할 수 있지만, 더블티 슬래브나 하프 슬래브 등은 수송 시 제약을 고려하여 폭 2.4 m 이내, 중공 슬래브처럼 생산설비상의 제약으로 인해 폭 1.2 m에 맞춰 제작되기도 한다. 이러한 이유로 다양한 종류의 부재가 개발되어 사용되고 있다.

2.2.1 슬래브

PC 슬래브는 단면의 형상에 따라 중실형(solid), 중공형(hollow core), 하프형(half), 리브형, 역리브형 등으로 분류할 수 있으며, 하중전달 방식에 따라 일방향 혹은 이방향으로 구분하기도 한다. 이 경우 하프형은 이방향 슬래브, 중공형, 리브형, 역리브형 등은 일방향 슬래브로 설계하는 것이 일반적이다.

중실형 슬래브는 부재 단면의 중앙부에 공간(중공) 없이 제작되는 부재이며, 중공형 슬래브는 부재 단면의 중앙부에 공간이 있는 부재이다. 하프형 슬래브는 바닥판 두께의 일부는 공장에서 제작하고, 현장에서 상부에 덧침콘크리트를 타설하는 부재를 말한다. 중공형 슬래브의 전형적인 예로 중공 슬래브를 들 수 있으며 중공으로 인하여 부재 자중을 줄일 수 있는 장점이 있다. 하프형 슬래브는 덧침콘크리트의 두께를 높게 할 수 있어서 보나 기둥 혹은 벽체와의 일체성 확보 관점에서 장점이 있다.

중공 슬래브를 포함하여 단면을 효율적으로 이용하기 위한 슬래브 부재들은 주로 일방향 구조로 사용된다. 더블티와 같은 슬래브는 리브형이며, 아랫면이 평평한 슬래브는 역티형이 된다. 역티형 슬래브는 덧침콘크리트로 채워지기 때문에 완성된 후에는 중실형이나 하프형 슬래브와 동일한 형상이 된다. 이러한 슬래브는 하중조건에 따라 형상이 매우 다양해질 수 있다. 예를 들면 중공형과 역리브형을 혼용하는 경우로 슬래브의 중앙부는 중공형이나 단부는 역리브형인 경우가 대표적이다. 이 경우 단부에는 큰 전단력이 작용할 수 있기 때문에 역리브형 상부를 덧침콘크리트로 채워서 전단력을 보강할 수 있게 된다. 대부분의 일방향 슬래브는 장경간과 층고 절감 그리고 무동바리 조립 등을 이유로 프리스트레스를 도입하여 사용하게 된다. 그런데 경제성의 이유로 프리스트레스를 무리하게 도입하는 경우 과도한 캠버나 균열 등에 의한 바람직하지 않은 결과를 초래하기도 한다. 따라서 설계자의 설계 가정과 부재 생산 공장 사이의 충분한 의견 교환이 필요하다.

2.2.2 보

단면 형상에 따라 직사각형 보나 역티형 보 또는 L형 보 등이 있으며, 현장타설되는 덧침콘크리트를 통해 인접 슬래브와 일체로 결합되면서 합성보를 구성하게 설계하는 것이 일반적이다. 보와 기둥의 연결은 구조적 관점에서 모멘트접합 또는 핀접합으로 분류할 수 있다. 통상적으로 모멘트접합이 주로 사용되지만 상부층 골조를 먼저 형성하고 슬래브를 후타설하는 경우에는 핀접합이 사용되기도 한다. PC 보는 슬래브, 큰 보, 기둥 등과 접합되기 때문에 접합되는 부재의 형상이나 접합방법에 따라 부재 단면의 형상이 달라질 수 있으며, 부재 길이에 따라 단면의 형상이 변할 수도 있다. 기둥에 연결되는 부위에서의 응력 전달을 위하여 단면에 U형의 홈을 설치하기도 한다. 또한 PC 보는 층고를 줄이기 위하여 와이드 보(wide beam) 또는 프리스트레스를 도입한 보를 사용할 수 있다. 연직하중에 대한 프리스트레스 도입 설계의 경우 슬래브와 동일한 방법으로 설계하게 된다.

2.2.3 기둥

PC 기둥은 중실형 기둥(solid column), 중공형 기둥(hollow core column) 등으로 구분할 수 있다. 그러나 중공형 기둥의 경우 기둥 크기가 크지 않은 경우 중공율이 낮아져서 무게를 줄이는 효과가 반감되며, 기둥의 크로스 타이철근(cross tie-bar, 사인장철근)이 중공 부우를 가로질러 배근되기 때문에 중공 부위 간섭으로 인해 제작이 쉽지 않은 문제도 있다. 따라서 특별한 경우가 아닌 경우 중실형 기둥이 주로 사용된다.

PC 기둥은 보와 접합방법에 따라 모멘트접합 기둥과 핀접합 기둥으로 구분되며, 기둥 상부에 보가 얹히는 부분에 보를 지지하도록 브라켓(bracket)을 두기도 한다. 기둥 철근의 배근은 평면상에서 연결되는 보와 상하로 연결되는 기둥 등과의 연결에서 철근들 사이의 간섭을 고려해야 한다. 경제성 향상을 목적으로 부재 크기는 작아지는 반면에 철근을 과도하게 사용하는 경우가 자주 발생한다. 이 경우 기둥과 보가 접합되는 부위에서 철근이 과도하게 밀집되고 콘크리트가 밀실하게 타설되기 어려운 경우도 많다. 또한 PC 기둥은 공기 단축을 위하여 2개 층 혹은 3개 층의 기둥을 하나의 부재로 제작되는 경우도 있다. 아파트 지하주차장은 주로 2개 층으로 이루어져 있기 때문에 기둥설치 공정에 있어서의 효율성을 기대할 수도 있지만, 조립과정에 대한 주의가 필요하다.

2.2.4 벽체

PC 벽체의 단면 형상에 따라 중실벽(solid wall), 중공벽(double wall), 샌드위치벽(sandwich wall)으로 구분할 수 있다. 중공벽은 두 개의 판재 사이에 연결철물을 사용하여 일정한 간격을 두고 일체화시킨 부재로, 판과 판 사이 간격에 콘크리트가 채워져 벽체를 구성한다. 샌드위치벽은 주로 외벽에 쓰이는 이중벽판으로서 중간단열층에 의하여 내외 두 판으로 분리 제작되고, 내부판은 구조부재로, 외부판은 비구조부재로 구성되는 것이 일반적이다. 이때 내외 두 벽판은 열교현상을 최소화할 수 있는 단열성능이 좋은 연결재를 사용하여 연결 접합시킨다. PC 벽체에서 하중을 지지하는 벽체는 구조벽(structural wall)이라 부르며, 구조벽은 다시 하중저항 역할에 따라 내력벽(bearing wall)과 전단벽(shear wall)으로 구분된다. 내력벽은 연직하중을 주로 받는 구조벽이며, 전단벽(shear wall)은 횡력저항을 위해서 사용하는 구조벽을 의미한다. 중저층 이하의 벽식 구조에서 벽판과 바닥판 만으로 구성되는 구조에 사용되는 내력벽은 대형판 PC 내력벽(large-panel PC bearing wall) 구조로 세분하기도 한다.

중실형과 중공형은 제작 방식에 있어서 큰 차이가 있다. 중실형은 1990년대의 벽식구조에 주로 사용되면서 배터리 몰드(battery mold)를 이용하여 수직으로 세워서 생산하는 것이 일반적이었다. 반면에 주로 유럽지역에서 많이 사용되는 더블월은 두 개의 얇은 판을 연결하여 생산하기 때문에 눕혀서 생산하는 방식을 사용한다. 즉 먼저 생산된 판을 반전기를 사용하여 반전시켜 나중에 생산되는 판에 연결하는 방식으로 생산된다.

2.3 PC 접합부

PC 구조에서는 부재를 공장에서 생산하고 현장에서 조립하기 때문에 접합부가 발생하게 된다. PC 부재가 서로 연결되는 부위는 편의상 접합부(connection)와 연결부(joint)로 구분하며, 연결부를 형성하는 요소를 연결재라 칭한다. 즉 부재와 부재가 만나는 부위 전체는 접합부, 접합부에서 다양한 연결이 가능하게 해주는 부위를 연결부로 정의할 수 있다. PC 접합부는 설계방법에 따라 강도접합, 연성접합, 변형가능접합으로 분류할 수 있다. 또한 연결되는 부재에 따라 벽식 구조의 접합부와 골조 구조의 접합부로 구분할 수 있다. 이 밖에도 벽체와 슬래브, 보와 슬래브, 슬래브와 슬래브 사이의 접합에도 다양한 방식이 있다.

2.3.1 벽식 구조의 접합부

PC 벽식 구조의 접합부는 ① 슬래브-슬래브 접합부, ② 슬래브-벽 접합부, ③ 벽-벽 접합부, ④ 벽-기초 접합부, ⑤ 벽-계단 접합부 등으로 분류할 수 있다. 슬래브-슬래브 접합부에서의 저항기구는 슬래브 휨에 의해 연직하중을 전달하는 방식과 슬래브 다이어프램(diaphragm)작용에 의해 횡력을 전달하는 방식이다. 이때 부재들 사이에서의 일체성 확보를 고려한 설계가 중요하다. 벽-벽의 연결은 수평 접합부를 통한 상하 연결 및 수직접합부를 통하여 좌우가 연결된다. 수평 접합부의 구조적인 기능은 상층부로부터 전달되는 중력방향 힘을 전달하고 지진과 바람으로 인한 횡력방향 힘을 전달한다. 수평 접합부에서 상하 벽체의 주철근을 연결하는 방식은 철근의 겹침 이음과 기계식이음방식으로 연결한다. 벽체가 수직으로 나란히 연결되는 수직접합부는 벽체의 연결위치에 따라 일자형, ㄱ 혹은 T자형 등으로 분류할 수 있으며 좌우 벽체에서 작용하는 전단력을 전달할 수 있어야 한다. PC 벽을 기초에 연결하는 방식은 기초의 상부에 깔모르터를 두는 것 이외에 수평 접합부의 연결 방식과 동일하다. 이때 기초 철근은 현장배근으로 완성되기 때문에 조립단계에서 문제가 발생하지 않도록 하여야 한다.

2.3.2 골조식 구조의 접합부

PC 골조 구조의 접합부는 ① 슬래브-보 접합부, ② 작은보-큰보 접합부, ③ 보-기둥 접합부, ④ 기둥-기둥 접합부, ⑤ 기둥-기초 접합부, ⑥ 보-벽 접합부, ⑦ 기둥-벽 접합부 등으로 분류할 수 있다. 보와 슬래브의 접합은 보 상부에 하프 슬래브 또는 중공 슬래브를 걸친 후, 슬래브 상부근을 배근한 다음 덧침콘크리트를 타설하여 연결하는 경우가 대부분이다. 큰 보와 작은 보가 연결될 때의 접합으로 큰 보 위에 작은 보가 위치하고 덧침콘크리트 슬래브 위치에서 상부철근을 연속하는 방식과 작은 보가 큰 보 위에 단순지지 되도록 접합하는 방식이 있다.

보-기둥 접합부는 연직방향의 하중에 대하여 보에 작용하는 휨모멘트와 전단력, 그리고 횡력에 의한 응력이 전달되어야 한다. 보-기둥 접합부를 모멘트-저항 구조로 설계하는 경우에는 보의 상부철근을 연속시키고 하부철근은 접합부 내에 갈고리 정착(폐쇄형 보 단면일 때) 하거나 이음철근을 하부에 추가로 배근하는 방식(U형 보 단면일 때)으로 접합부 상세를 계획한다. 기둥-기둥 접합부는 상하부의 기둥이 서로 연결되는 접합부로서 상부 기둥의 축력을 하부 기둥으로 전달하고 또한 횡력과 보에서 전달되는 휨모멘트와 전단력을 전달할 수 있어야 한다. 기둥-기둥 접합부는 상하부 기둥 주근의 연결 방식에 따라 스플라이스 슬리브(splice sleeve)이음, 볼트이음 등의 접합상세를 갖는다. 기둥-기초의 접합 방식은 콘크리트 기초에 매립한 앵커볼트와 기둥에 고정된 철물을 볼트로 연결하는 방식과 기초에 매립한 철근을 기둥 하부에 설치한 스플라이스 슬리브를 사용하여 철근을 연결하는 방식이 대표적이다.

2.4 PC 구조의 연구개발 동향

PC 구조에 대한 연구 동향은 시대적 요구에 따라 크게 달라지고 있다. 최근에는 주거용 건물에 대해서는 모듈화 공법이 주목받고 있으며, 물류창고의 경우 장경간에 적용 가능하고 큰 하중을 지지할 수 있는 공법을 선호하는 경향이 있다. 모듈화 공법으로는 MIC(modular integrated construction)이나 PPVC(prefabricated prefinished volumetric construction)과 같은 공법을 들 수 있으며, 이외에도 PC 부재 방식과 PC 모듈 방식을 혼용하는 모듈 복합화 공법이 있다. 모듈 복합화 공법에서 주 구조체는 구조적 성능이 어느 정도 검증된 PC 부재 방식을 사용하고, 계단실이나 욕실 혹은 외장벽체 등을 모듈화하여 완성하는 공법이다. 즉 PC 부재 방식과 PC 모듈 방식이 가지는 장점을 조합하여 PC 구조를 복합적으로 완성하는 공법이라 할 수 있다. 물류창고의 경우 물류의 효율적인 적재 및 운송에 최적인 구조시스템의 개발을 위한 노력이 지속적으로 이뤄지고 있다. 방화구역의 구획이나 냉동보관 가능성 등은 부재 및 구조시스템에 큰 영향을 미치게 된다.

구조체로서 부재 접합 방식에 관한 연구는 접합부의 위치, 접합 방식, 구조체 종류 등에 따라 다양하다. 접합부 위치로는 골조식 구조에서는 소성힌지의 위치와 이에 따른 구조 성능을 들 수 있고, 벽식 구조에서는 수평 및 수직 접합부에서의 일체성 달성 정도 등을 들 수 있다. 접합 방식으로는 습식 혹은 건식 접합 등과 이들 접합이 가질 수 있는 구조 성능에 관한 연구를 들 수 있다. 습식접합은 구조성능과 시공 오차 흡수 등에서 유리한 반면에 접합부를 후타설해야 하는 추가 공정을 필요로 하는 반면에 건식접합은 볼트나 용접 등으로 접합부를 형성하고 접합부는 마감 공정에 포함할 수 있어 공기 단축 등에 효과가 있다. 그러나 건식접합은 습식접합과는 달리 접합부에서 시공 오차를 흡수하기 어렵고 연결재의 성능과 그 검증을 위한 많은 연구가 필요한 실정이다.

제3장 구조해석 및 설계

3.1 설계 개념

설계기준(KDS나 ACI)에서는 PC 구조라 할지라도 현장타설 구조와 동등한 성능을 가지도록 설계하는 것을 요구하고 있다. 내진설계(KDS 14 20 80)의 경우에도 "일체식 구조물에서 요구되는 안전성 및 사용성에 관한 조건을 갖추고 있는 경우에 한하여 내진구조로 다룰 수 있다"라고 규정하고 있다. 그럼에도 PC 구조는 현장타설 공법에 비해서 요구되는 요소기술의 스펙트럼이 넓기 때문에 추가적인 고려사항이 많이 발생한다.

PC 공법의 적용을 위해서는 계획 단계부터 생산과 운반 및 현장적용 그리고 유지관리 등의 전반적 프로세스에서 발생 가능한 구조적 문제를 검토하여야 한다. 따라서 KDS의 프리캐스트 콘크리트구조 설계기준(KDS 14 20 62)에서는 "프리캐스트 콘크리트 부재를 설계할 때에는 거푸집 제거, 저장, 운반, 조립 등을 포함한 초기 제조에서 구조물의 완성에 이르기까지 일어날 수 있는 모든 하중과 충격하중 및 구속조건을 고려하여야 한다"와 같은 설계원칙을 제시하고 있다. 즉 PC 구조는 공장 제작부터 조립완료까지 일련의 단계별로 하중과 지지 방식이 달라지기 때문에 각 단계별 해석 및 설계가 필요하다. 또한 국부적인 손상이나 파괴가 전체적인 붕괴로 이어지지 않도록 하중의 우회경로를 부여하는 것이 필요하며, 하중전달 경로는 기초까지 연속성을 유지할 수 있도록 하여야 한다.

3.2 설계기준

KDS에서 PC 구조를 직접 언급하는 부분은 KDS 14 20 62(프리캐스트 콘크리트구조 설계기준)와 KDS 14 20 80(콘크리트내진 설계기준)이 있다. KDS 14 20 62는 주로 대형판 벽식구조에 대한 일체성 요구조건에 관한 사항들을 다루고 있다. 따라서 PC 내력벽에 대한 구조 안정성 설계는 일체성 설계기준인 KDS 14 20 62를 따르며, 내진설계는 내진설계 기준인 KDS 14 20 80을 따라야 한다. 이때 구조 일체성 설계에서 요구되는 접합부 강도는 실제 설계하중과는 무관하게 달성되어야 하며, 설계기준에서는 일체성 확보를 위한 접합부는 콘크리트의 파괴에 앞서 강재의 항복이 선행되도록 요구하고 있다.

KDS와 ACI 318 모두 설계기준에 따르면 실험이나 해석에 의해 이 기준에서 요구하는 사항을 만족하거나 그 이상의 구조성능을 갖는 것이 증명된다면 기준에서 규정하고 있지 않더라도 PC 구조의 적용이 가능하도록 하고 있다. 이 경우 ACI 318은 KDS에 비해서 좀 더 구체적이며, 기준에 명시되지 않은 경우에 대해서는 별도의 문서를 제시하고 있다.

[표 3.2.1] KDS 14 20 62(프리캐스트 콘크리트구조 설계기준)와 ACI 318-19 16장의 비교

KDS 14 20 62	ACI 318-19 16장
	16.2 Connections of precast members
4. 설계	16.2.1 General
4.1 설계 일반	16.2.2 Required strength
4.2 프리캐스트 벽판을 사용한 구조물	16.2.3 Design strength
4.2.1 일체성 확보 요건	16.2.4 Minimum connection strength and integrity tie requirements
4.2.2 3층 이상의 내력벽 구조	
4.2.3 접합부의 설계	16.2.5 Integrity tie requirements for precast concrete bearing wall structures three stories or more in height
4.2.4 지압부	

<ACI 318 기준이 참고하는 기준(3.2 Referenced standards)>

- ACI 374.3R-16, "Guide to Nonlinear Modeling Parameters for Earthquake-Resistant Structures"
- ACI 374.2R-13, "Guide for Testing Reinforced Concrete Structural Elements under Slowly Applied Simulated Seismic Loads"

- ACI 374.1_05 (ACI T1.1/T1.1R-01 on 2005), “Acceptance Criteria for Precast Moment FramesBased on Structural Testing and Commentary”
- ACI ITG-5.1_07(ITG-5.2_09), “Acceptance Criteria for Special Unbonded Post-Tensioned Precast Structural Walls Based on Validation Testing and Commentary”

3.3 설계하중

3.3.1 연직하중

연직하중으로는 고정하중 외에 활하중, 적설하중 등이 있으며 현장타설 공법과 PC 공법 모두 동일하게 KDS 41 10 15 건축구조기준 설계하중을 적용한다. 참고할 수 있는 외국기준으로는 ASCE 7-16 등이 있다. 프리스트레스가 도입되는 부재에 대해서는 프리스트레스에 의한 크리프 영향을 설계 시 고려하여야 한다.

3.3.2 시공하중

PC 부재를 설계할 때에는 탈형, 야적, 운반 등을 포함하는 제작조건과 함께 조립 및 완성 단계에 이르기까지 일어날 수 있는 모든 하중과 충격하중 및 구속조건을 고려하여야 한다. 가설 중인 구조물에 대하여 KDS 21 50 00 거푸집 및 동바리 설계기준을 적용할 수 있는데, 현장타설 공법의 작업하중 2.5 kN/m²은 현장타설 공법의 가설동바리 간격이 약 1 m임을 감안하여 설정된 값이다. 그러나 PC 부재의 경우 슬래브의 폭/길이를 감안하면 다소 과한 면이 있으며, 기계화 시공의 경우에는 사전에 사용될 기계의 운용 중인 하중에 대한 정보를 분석하여 적용하여야 한다. 또한 시공 단계에서 발생할 수 있는 횡하중에 대한 검토 역시 필요하다.

3.3.3 지진하중

구조물에 대한 지진하중은 지진력 저항시스템에 따라 달라진다. 이때 중요한 항목으로 반응수정계수(R)와 높이제한이 있다. 아래 [표 3.3.1]은 KDS와 ASCE에서 규정하고 있는 지진하중 및 높이제한을 비교한 것이다. KDS의 경우 PC 구조에 대한 별도의 규정없이 RC 구조와 동등한 성능을 가지도록 규정하고 있어서 표에는 RC 구조에 해당하는 값들을 나타냈으며, ASCE는 PC 구조에 대한 별도의 규정이 부분적으로 명시되어 있기 때문에 표에는 해당 값들을 표시하였다.

ASCE에서는 PC 보통전단벽(혹은 PC 보통모멘트골조)의 경우 현장타설 RC 구조시스템보다 낮은 값의 반응수정계수를 사용하도록 규정하고 있으며, 그 외의 경우에는 반응수정계수는 동일하나 내진설계범주 D에 해당하는 경우에는 사용할 수 없도록 하고 있다. PC 중간전단벽의 경우 KDS에는 해당규정이 없는 반면에 ASCE에서는 CIP 보통전단벽(골조)에 해당하는 반응수정계수를 제시하고 있다. 따라서 ASCE의 PC 중간전단벽은 CIP 보통전단벽과 유사하게 설계하도록 하고 있는 것으로 여겨진다. <모멘트 저항 골조>의 경우 KDS와 ASCE 모두 PC 모멘트 골조에 대하여 별도 규정을 두지 않고 일체식 구조물과 동일하게 적용하고 있으나, 높이제한에 대해서 ASCE가 더 엄격하다.

실무적 관점에서 보았을 때 PC 구조에 대한 설계기준이 부족하거나 명확하지 않은 점이 많다. 예를 들면 횡력저항을 위하여 벽체를 사용하는 문제는 공간의 효율적 사용 등의 문제로 어려움이 발생하기도 한다. KDS에 따르면 <일반 규정만 만족>하는 경우 전단벽을 사용하지 않을 수 있지만, 내진설계범주 D인 경우에는 높이제한(30 m) 문제가 발생한다. 그런데 단순히 건물의 높이 만에 의한 제한은 물류 창고와 같이 한 개층의 높이가 통상적인 경우보다 매우 높은 경우 불과 3개 층만으로도 30 m를 초과할 수 있다. 이 경우 <보통전단벽-골조 상호작용>의 기준에 맞는 전단벽을 사용하면 높이 60 m까지 가능하므로 전단벽의 사용을 고려할 수 있지만 부재의 크기나 무게로 인하여 또 다른 문제가 발생하기도 한다. 경우에 따라서는 <중간모멘트골조를 가진 이중골조-보통전단벽>을 활용하면 반응수정계수를 5.5로 증대할 수 있지만 <중간모멘트골조를 가진 이중골조-중간전단벽>에 대한 기준은 없다.

[표 3.3.1] 내진설계범주 D인 경우, 지진력저항시스템별 R 및 높이제한

구조시스템	보통전단벽(보통모멘트골조)				중간전단벽(중간모멘트골조)			
설계기준	KDS (RC)		ASCE (PC)		KDS (RC)		ASCE (PC)	
조건	R	높이제한 (m)	R	높이제한 (m)	R	높이제한 (m)	R	높이제한 (m)
내력벽	4	60	3	불가			4	12
건물골조	5	60	4	불가			5	12
모멘트 저항골조	3	30	3	불가	5	없음	5	불가
중간모멘트 -이중골조	5.5	60	5.5	불가				
보통전단벽 -골조상호작용	4.5	60	4.5	불가				
일반규정만 만족하는 RC	3	30						

3.3.4 풍하중

현장타설 콘크리트 부재와 동일하게 KDS 41 10 15 건축구조기준 설계하중을 적용한다.

3.3.5 부피변화

PC공법이 적용되는 건축물에는 바닥면적이 넓은 경우가 많은데, 건축물의 길이 또는 폭 방향이 길 경우 온도변화, 건조수축, 프리스트레스에 의한 크리프 등의 영향으로 발생하는 체적변화가 예기치 않은 문제를 일으키는 경우가 있다. 건조수축과 크리프는 장기간에 걸쳐 발생하기 때문에 탄성해석을 통하여 영향을 평가하고자 할 때에는 상수 K_l을 4~6 사이의 값을 적용하여 비선형성을 반영할 필요가 있다. 한편, 온도변화에 의한 영향을 고려할 때에는 60~90일 정도로 상대적으로 단기간에 발생하는 것을 감안하여 상수 K_l을 1.5 값을 적용하여 등가온도 수축량을 얻을 수 있다.

$$\delta_{ec} = \frac{\delta_c}{K_l} \qquad \text{식 (3.3.1)}$$

$$\delta_{es} = \frac{\delta_s}{K_l} \qquad \text{식 (3.3.2)}$$

여기서, δ_{ec}, δ_{es}는 등가 크리프 변위, 등가 건조수축 변위, δ_c, δ_s는 크리프 변위, 건조수축 변위, K_l은 설계목적으로 사용하는 상수 4~6 사이의 값을 적용한다.

3.3.6 부동침하 등 기타하중

부동침하, 폭발하중, 연속붕괴방지 등 대상 구조물의 용도, 특성, 지반조건에 따라 검토대상이 추가될 수 있다.

3.4 PC 부재의 설계

PC 휨부재(슬래브나 보)에는 프리스트레스의 도입이 일반화되어 있으며, 경우에 따라서는 중공 슬래브처럼 철근 없이 강연선만을 사용하는 경우도 있다. PC 휨부재에 프리스트레스를 도입하는 주된 이유는 층고절감과 함께 무동바리 공법을 사용하기 위함이다. 그러나 이로 인하여 과도한 캠버나 균열이 발생할 수 있어서 주의하여야 하며, 설계기준에서도 프리스트레스를 도입하는 경우 허용응력설계법을 추가로 적용하도록 하고 있다.

프리스트레스가 도입된 슬래브나 보의 경우 허용응력을 검토하여야 한다. 이때 사용하중 상태에서 단면 하단의 응력이 균열응력을 초과하는 경우 발생응력의 크기에 따라 부분균열등급(T)이나 완전균열등급(C)으로 구분된다. T와 C 등급의 경우 모두 균열단면을 고려하여 처짐을 산정하여야 하며, C 등급인 경우에는 균열제어를 위해서 강선의 응력값에 제한을 둔다. 이 경우에도 균열단면 해석에 따라 강선의 응력값을 산정하여야 한다(설계예제 7.1.1 참조). 콘크리트에서 인장 균열이 발생할 가능성이 있는 경우 추가적인 부착 철근이 필요할 수 있지만 철근에 크게 의존하는 것보다는 부재 치수를 크게 하는 것이 바람직하다.

3.5 PC 접합부의 설계

PC 부재의 접합부에서는 힘의 전달이 원활히 이루어지도록 하기 위하여 연결재로 강재나 철근을 사용하여 콘크리트 압괴에 앞서 강재나 철근이 먼저 항복하도록 규정하고 있다. 또한 보-기둥 접합부의 경우 중/고연성도 건축물에 대해서는 소성힌지 구간에서 겹침이음이나 용접이음을 허용하지 않으며, 강-기둥 약-보의 설계를 권장하고 있다. 그리고 벽체의 경우 우리나라 기준에서는 규정되어 있지 않으나 ACI 기준에서는 PC 중간전단벽의 설계를 위한 기준이 제시되고 있기도 한다. 이러한 관점에서 PC 접합부 설계와 관련된 규정들 중에서 중요한 것들을 다음과 같이 정리해 볼 수 있다.

3.5.1 접합부에서 힘의 전달

KDS 14 20 62의 4.1.2절에서는 면내력을 부재의 접합부 사이에서 전달하기 위해서는 “인장력이 작용될 경우 강재 또는 철근을 연속적으로 배치하여야 한다”라고 규정하고 있다. 이는 접합부에서 인장력을 받게 되는 연결재는 항복 후 연성 능력이 있는 재료가 사용되어야 함을 의미한다고 할 수 있다.

3.5.2 벽판을 사용한 구조물에서 일체성 확보 조건

상기 3.5.1절의 내용과 함께 KDS 14 20 62의 4.2.1절에서는 일체성 확보 요건을 “접합부는 콘크리트의 파괴에 앞서 강재의 항복이 먼저 이루어지도록 설계하여야 한다”라고 규정하고 있다. 따라서 이 경우에도 접합부의 연결재는 연성 능력이 있는 재료가 되어야 함을 의미한다. 또한 지진력에 저항하지 않는 구조인 경우(4.2절)에도 구조 일체성 철근을 확보하도록 하고 있기 때문에 연성 능력이 있는 연결재를 사용하여야 한다.

3.5.3 철근의 이음 및 정착

KDS 41 17 00의 9.3.2절에서는 중연성도와 고연성도가 요구되는 구조형식의 구조물에 대해서 “보와 기둥의 소성힌지구간에서는 겹침이음과 용접이음이 허용되지 않는다”라고 규정하고 있다. 접합부에서 철근의 이음이 자주 발생하게 되는 PC 구조의 관점에서는 상당한 어려움이 예상되는 규정이기도 하다. 따라서 이는 실험 등과 같은 연구가 필요하다.

이와 함께 KDS 14 20 52의 4.5.1절에서는 “용접 및 기계식이음은 철근의 설계기준항복강도(f_y)의 125 % 이상을 발휘할 수 있어야 한다”라고 규정하고 있으며, KCS 14 20 11에서도 정적 내력시험(강도 실험) 및 잔류변형량 등 만을 규정하고 있다. 이와 같이 강도에 관한 규정뿐이고 변형 혹은 연성 능력에 대한 별도의 규정은 없는 실정이다. 기계식이음으로 커플러나 슬리브 등이 주로 사용될 수 있지만 강도에 관한 규정만 있기 때문에 실제로는 내진설계 등과 같은 설계개념과는 맞지 않게 사용이 가능해질 수 있다. 따라서 미국이나 일본 등에서 요구하는 추가적인 조건을 만족할 수 있는 기계식이음 장치의 사용이 권장된다.

3.5.4 보와 기둥의 휨강도

KDS 41 17 00의 9.5.1절에서는 중연성도와 고연성도가 요구되는 건축물에 대해서 “모멘트골조의 모든 접합부에서 상하기둥 휨강도의 합은 해당 방향 좌우 보의 휨강도의 합보다 커야 한다”라고 규정하고 이를 만족하지 못하는 기둥에서는 추가적인 크로스타이를 설치하도록 하고 있다. 그런데 상대적으로 지진력이 크지 않고 장경간에 큰 하중이 작용하는 경우 보의 단면이 기둥보다 커지는 경향이 있다. 이때 저층 보다는 고층으로 올라갈수록 기둥 단면의 크기는 작게 설계될 가능성이 있기 때문에, 기둥 단면의 크기가 너무 작아지지 않도록 주의할 필요가 있다.

3.5.5 PC 중간전단벽

KDS에는 PC 중간전단벽에 대한 정의 및 규정이 없지만, ACI 318 기준에서는 이에 대한 정의와 함께 간단하지만 설계 규정이 있다. ACI 318에 따르면 PC 중간전단벽인 경우 연결재로는 철근과 같은 연성재료가 사용되어야 하며, 그렇지 않는 경우에는 연결재 항복강도의 1.5배에 해당하는 강도를 가지도록 접합부를 설계하여야 한다. 우리나라의 공동주택에 사용될 수 있는 PC 벽식구조의 경우 PC 중간전단벽에 해당하는 내진성능을 달성하게 하는 것이 현장타설 벽식구조 대비 경제성이 있을 수 있다. 그러나 벽식구조에서 수평 접합부(상하 접합)에는 철근과 같은 연성 연결재의 사용이 가능하지만, 수직접합부(좌우 접합)의 경우 연구결과의 부족으로 인하여 강도설계를 해야 할 가능성도 있다. 연성설계를 하고자 한다면 연성 연결재의 개발과 함께 성능평가 연구가 필요하다고 할 수 있다.

참고문헌

1. KDS 14 20 80 콘크리트 내진설계기준
2. KDS 14 20 62 프리캐스트 콘크리트구조 설계기준
3. KDS 41 10 15 건축구조기준 설계하중
4. ACI 318-19, Building Code Requirements for Structural Concrete and Commentary (ACI 318-19), American Concrete Institute, 2019
5. ACI 374.1-05, Acceptance Criteria for Moment Frames Based on Structural Testing and Commentary, American Concrete Institute, 2005
6. ACI 374.2R-13, Guide for Testing Reinforced Concrete Structural Elements under Slowly Applied Simulated Seismic Loads, American Concrete Institute, 2013
7. ACI 374.3R-16, Guide to Nonlinear Modeling Parameters for Earthquake-Resistant Structures, American Concrete Institute, 2016
8. ACI 423.3R-05, Recommendations for Concrete Members Prestressed with Unbonded Tendons, American Concrete Institute, 2005
9. ACI 550.1R-09, Guide to Emulating Cast-in-Place Detailing for Seismic Design of Precast Concrete Structures, American Concrete Institute, 2009
10. ACI ITG-5.1-07, Acceptance Criteria for Special Unbonded Post-Tensioned Precast Structural Walls Based on Validation Testing and Commentary, American Concrete Institute, 2007
11. ASCE 41-13, Seismic Evaluation and Retrofit of Existing Buildings, American Society of Civil Engineering. 2013
12. ASCE/SEI 7-16, Minimum Design Loads and Associated Criteria for Buildings and Other Structures, American Society of Civil Engineering, 2016

제 4 장 부재 설계

4.1 PC 건축구조 방식과 구성 부재

4.1.1 PC 건축구조 방식

PC 건축물의 시공방법은 완전 PC (Full-PC), 하프 PC (Half-PC) 콘크리트 및 혼합된 PC 시공방법으로 분류될 수 있다. 전체 프리캐스트 건축물은 기초, 보, 슬래브, 기둥, 벽체 등과 같은 다양한 프리캐스트 구성 요소로 구성된다. 하프 PC 건축물은 프리캐스트 구성 요소와 현장타설 콘크리트를 혼용하여 부재를 구성한다. 이러한 유형의 건축물을 하이브리드 구조라고도 한다.

PC 건축물의 구조방식은 [그림 4.1.1]과 같이 골조, 대형 패널, 모듈러(박스형), 유공블록 구조 시스템으로 분류될 수 있다.

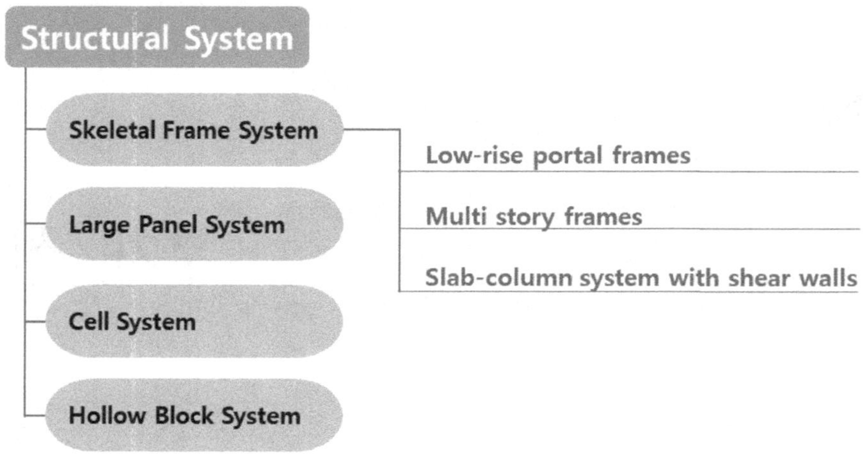

[그림 4.1.1] PC 구조방식

(1) 골조방식(skeletal frame system)

골조방식은 일반적으로 공간구획이 많지 않은 비교적 저층 건물에 사용된다. 이러한 구조방식으로 적정한 건축물은 대형 주차장이 있으며 이외에도 사무실 및 상업용 시설에도 적용될 수 있다. 골조는 모멘트 골조로 설계될 수 있으며 종종 프리캐스트 전단벽 시스템 또는 현장 타설 전단벽과 혼용하여 사용될 수도 있다. 빠른 공기로 고품질 건축물을 구현할 수 있다는 것이 골조방식 적용에 따른 주요한 이점이라 할 수 있다. 전체 PC 시스템을 적용한 건축물은 바닥면적, 형상 및 자재공급 여건에 따라 다소 차이를 보이겠지만 PC 시스템이 일반적으로 적용되는 해외에서 층당 약 10~14일의 공기가 소요되는 것으로 알려져 있다. 골조방식은 횡하중에 저항하도록 설계될 수 있으나 전단벽 또는 가새 등과 같은 추가적인 횡하중 저항 요소가 요구되기도 한다.

건축물의 내부 바닥과 외부 벽을 지지하고 모든 하중을 기초로 전달하는 기둥과 보가 연결되어 골조를 구성하게 된다. 골조는 목재 또는 구조용 강재를 구성 요소로 하는 부재와 혼용하여 구성할 수 있으며, 건물 외피는 벽돌 또는 커튼월 등으로 마감될 수 있다.

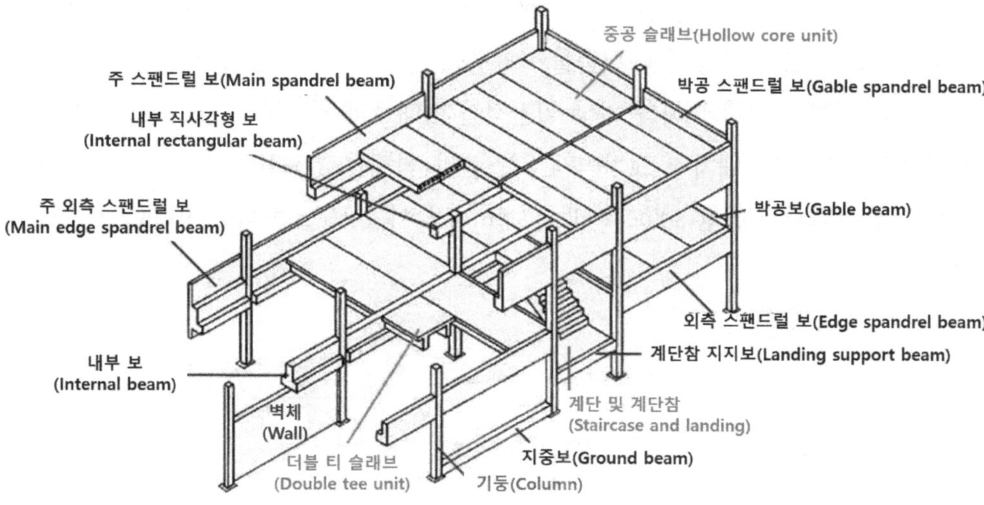

[그림 4.1.2] 골조방식[1)]

골조방식은 고층 건물에서 빠르게 건축물을 구축할 수 있도록 하였다. 이를 통하여 건축물의 내부에 벽체를 설치할 필요가 없어서 공간사용의 유연성이 증가되었고 건축물의 다양한 입면계획이 가능하게 되었다. PC 골조가 하중을 지지하도록 설계된 구조방식은 주요 구조부재가 보와 기둥이며 두 부재의 접합부의 접합방법이 매우 다양하므로 건축물의 규모나 작용하중을 고려하여 접합부를 설계하여야 한다. [그림 4.1.2]는 PC 골조방식을 적용한 건축물의 형상과 구성 요소를 나타낸 것이다.

(2) 대형 패널 구조방식(Large panel system)

대형 판(패널)구조는 현대 건축에서 아파트 및 공장의 건설에 널리 활용되고 있으며 토목 공사에서도 적용되고 있다. 패널 구조방식은 대형 판구조시스템이라고도 하며 운반이나 설치 등 취급과정을 고려하여 가능한 한 대형으로 PC 패널을 제작하여 시공현장에서 조립하여 건축물을 축조하는 구조시스템이다. 패널 구조방식은 [그림 4.1.3]과 같이 주로 내력벽과 바닥슬래브로 구성되는 벽식구조 건축물에 적용되고 경간이 비교적 넓지 않은 주거용 건축물에 주로 적용되는 구조방식이다. 우리나라에서 PC 공법의 도입은 빠른 공기를 활용한 대규모 공동주택 공급을 목적으로 하였으며 벽식 구조방식으로부터 시작되었고 대형 판 구조방식이 많이 적용되고 있다.

바닥 슬래브로 사용되는 판은 보통 폭이 2~3 m 정도이고 벽체로 사용되는 판은 보통 길이가 5 m 정도이며 높이는 건축물 1개 층의 층고에 따라 결정된다.

내력벽의 배치 형태에 따라 가장 일반적인 형태로서 건축물의 길이방향에 대하여 직각방향으로 벽체가 배치된 교차벽체 시스템과 벽체가 건축물의 길이방향과 평행하게 배치된 중축벽체 시스템(spine wall system) 및 이 두 구조방식을 혼용한 시스템 등으로 구분된다.

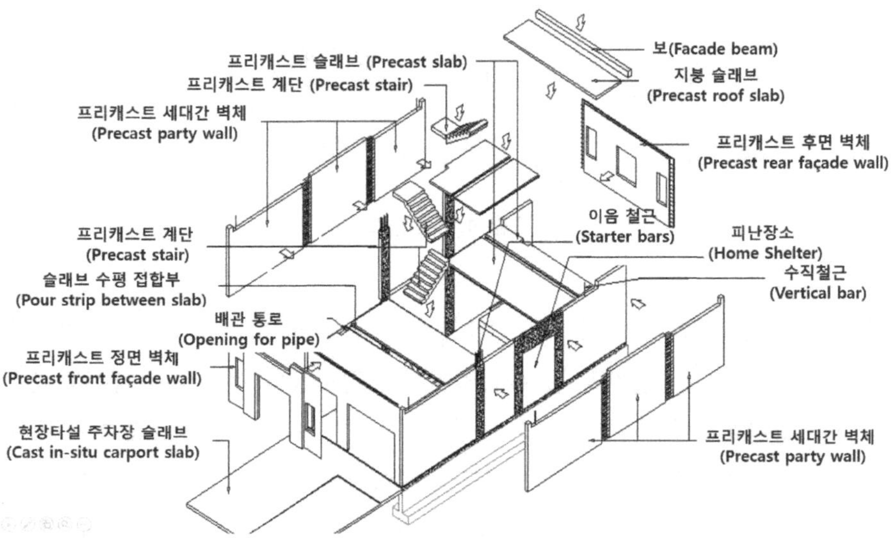

[그림 4.1.3] 대형 패널 구조방식[2)]

(a) 박스형 유닛 외부 (b) 박스형 유닛 내부

[그림 4.1.4] 박스형 구조방식[1)]

(3) 모듈러(Cell/Box system)

[그림 4.1.4]에 나타낸 바와 같이 수직 벽과 슬래브를 일체화 한 박스형태의 구조체를 제작하여 하나의 실(room) 또는 하나의 주거단위(unit)로 사용하는 구조를 모듈러 구조 방식이라 한다. 공장에서 제작된 이러한 박스형 구조물을 건축물의 시공현장으로 운반 및 조립하여 건축물을 구축하는 구조방식으로, 운반을 고려하여 현장에서 제작하는 경우가 많다.

박스형 구조방식의 개발로 공장에서 완제품 전체를 생산할 수 있게 되었고 이러한 시스템의 적용을 통하여 비용 절감, 빠른 설치, 적시 작업 완료 및 자재 손실 최소화와 같은 이점이 있기 때문에 점점 더 다양한 분야에서 응용되고 있다.

(4) 중공 블록 시스템(Hollow block system)

벽체는 중공 블록, 거푸집 블록, 중공 패널 등을 이용하여 구성하고 바닥 슬래브는 중공 슬래브 등을 활용한 구조방식이다.

4.1.2 PC 건축물의 구성 부재

(1) PC 바닥구조

PC 구조에서 적용될 수 있는 다양한 바닥구조 방식은 [그림 4.1.5]에 제시된 것과 같이 건축물에 요구되는 성능과 현장여건을 고려하여 선정할 수 있다.

중실형 슬래브는 경간 4.5 m 이하, 폭 3.0 m 이하의 방 크기의 형태 또는 주거용 건축물에서 발코니 슬래브로 일반적으로 적용된다. PC 중실형 바닥 요소는 현장타설 철근콘크리트 슬래브와 동일한 방식으로 설계된다. 중실형 슬래브의 단점은 큰 중량으로 인하여 운송과 양중이 어렵다는 것이다.

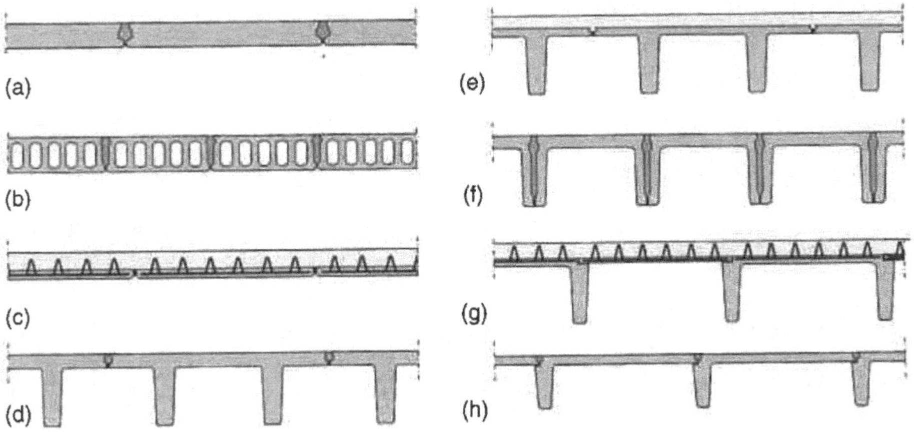

[그림 4.1.5] PC 건축물의 바닥구조[3)]

중공 슬래브는 PC 산업에서 많이 활용되고 있는 바닥 시스템이며 큰 배처(batch)가 마련되어 있다면 매우 경제적인 시스템으로 평가되고 있다. 슬래브 중심에 설치된 원형, 타원형 또는 직사각형 유공부분은 재료 및 중량 경감을 목적으로 중실형 슬래브에 비하여 50 %까지 중량을 경감할 수 있다. 따라서 중실형 슬래브에 비하여 장경간이 가능하고 슬래브 두께를 줄일 수 있다.

PC 중공 슬래브는 보강근으로 프리스트레스 강선을 보강하여 제작된 슬래브로 경간이 큰 주거용 건축물, 주차장 및 창고 등의 바닥구조로 적용될 수 있다. PC 중공 슬래브의 특징은 [그림 4.1.6]과 같다.

바닥 요소	특징
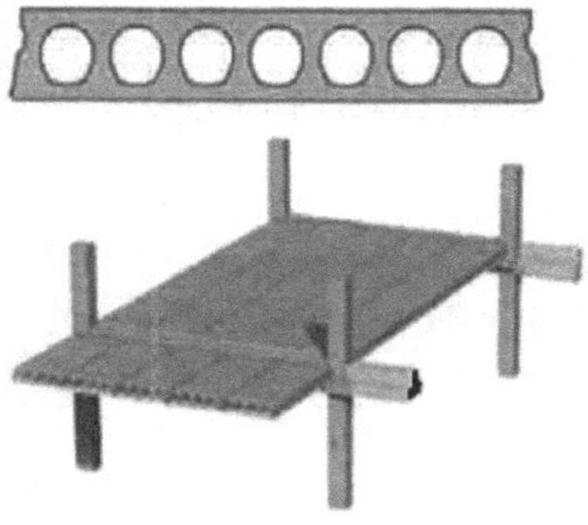 중공 슬래브	• 경간 약 18 m까지 가능, 표준 폭 1.2 m • 가설 동바리 불필요 • 가설 후 슬래브 상부 보행이동 가능 • 공사 중 하부 공간을 유연하게 사용 가능 • 얇은 바닥 슬래브(슬래브 내에 보가 매립) • 작은 자중 • 보의 하부면 마감이 불필요 • 보의 천공 또는 절단에 주의 • 비정형 평면형태 적용 가능

[그림 4.1.6] PC 중공 슬래브의 특징[3)]

하프 PC 슬래브는 프리캐스트 바닥슬래브를 보 사이에 거치 후 현장 덧침콘크리트를 타설하여 완성하는 슬래브로 현장 타설 슬래브와 프리캐스트 콘크리트 슬래브의 장점을 조합한 것이다. 이러한 슬래브의 특징은 [그림 4.1.7]에 제시된 바와 같다.

리브형 슬래브는 일반 철근콘크리트구조 또는 PSC 구조에 적용될 수 있고 장경간 및 바닥하중이 큰 경우 유리하다. PC 부재 제작 공장에서 강재 거푸집에 콘크리트를 타설하여 제작되며 슬래브의 특징은 [그림 4.1.8]에 제시된 바와 같다.

역리브형 슬래브는 리브형 슬래브에서 리브가 상부로 향하는 단면을 갖는 PC 슬래브에 상부 철근을 배근하고 덧침콘크리트를 타설하는 구조방식으로 경간이 큰 경우 일부 잭 서포트 설치가 요구된다. 덧침콘크리트의 타설로 중실형 슬래브와 대등한 특성을 갖게 되어 중공형 및 리브형 슬래브에 의해 층간소음에 유리하다. 2000년대 초부터 생산방식을 자동화하여 원가절감이 가능하여 국내 다수의 건설사의 현장에 적용되고 있다.

바닥 요소	특징
 덧침콘크리트가 타설되는 하프 PC 슬래브	• 무동바리 시공으로 경간 약 5 m까지 가능(프리스트레스트 도입 시 동바리 시공 약 10 m까지 가능) • 개구부를 갖거나 비정형 평면에 적용 가능 • 동적하중을 받는 바닥판에 적용 가능 • 덧침콘크리트는 슬래브 마감면으로 활용 가능 • 가설 동바리 필요 • 보의 하부면 마감 불필요 • 작은 자중으로 운송 및 설치 유리 • 대량의 현장 콘크리트 타설 요구

[그림 4.1.7] 하프 PC 슬래브의 특징[3)]

바닥 요소	특징
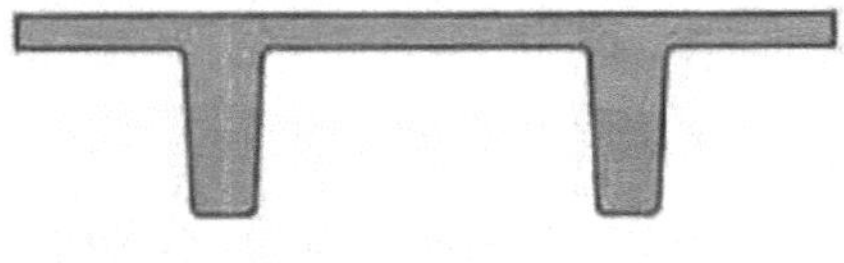 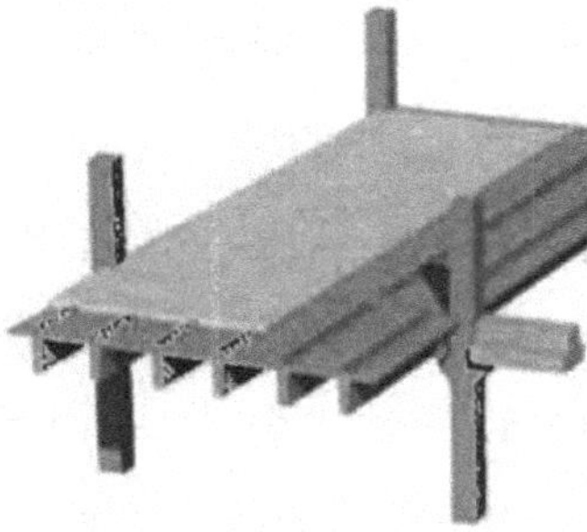 덧침콘크리트가 타설 및 타설되지 않는 리브형 슬래브	• 경간 약 25 m까지 가능 (프리스트레스트 도입 시) • 다층의 주차장, 산업시설 및 상업시설에 적용 • 활하중 약 25 kN/m²까지 적재 가능 • 리브 사이 또는 리브를 관통하여 설비공간으로 활용 가능 • 현장 타설 덧침콘크리트는 바닥판에 접합부가 발생하지 않도록 마감 • 큰 자중으로 운송 및 가설 시 불리

[그림 4.1.8] 리브형 슬래브의 특징[3)]

(2) 보

PC 보는 PC 슬래브를 지지하는 지점 역할과 동시에 바닥판의 하중을 PC 기둥에 전달하는 역할을 한다. PC 보는 PC 슬래브 공법과 연계하여 각각의 PC 슬래브의 성능을 최대한 발휘할 수 있도록 역T형, L형, 직사각형 등의 단면을 갖는다.

역T형 보는 천정 고를 확보한 상태에서 층고를 줄이기 위하여 단면을 효율성을 향상시킨 PC 보의 형태이다. 주로 프리스트레스가 도입된 PC 보에 적용되며 [그림 4.1.9]와 같이 PC 슬래브 시스템 중 리브형 바닥 슬래브의 적용을 위해서는 역T형 보의 적용이 필수적이라 할 수 있다.

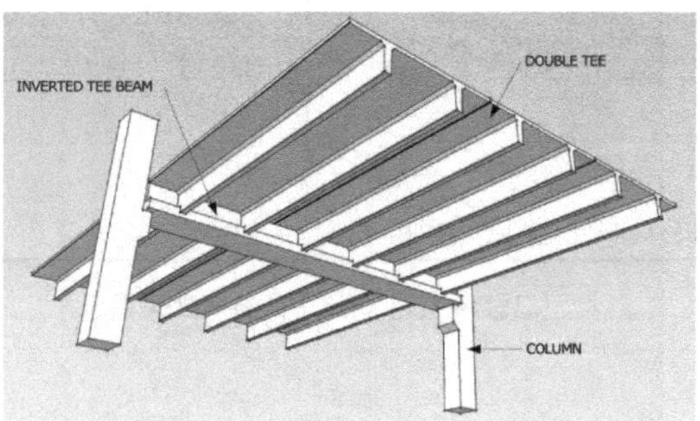

[그림 4.1.9] 역T형 PC 보의 적용[4)]

L형 보는 기능상 역T형 보의 기능과 유사하나 특히 평면 최외곽 경간에 적용되는 PC 보이다. 최외곽 경간에 한쪽은 PC 슬래브가 설치되나 다른 쪽은 슬래브가 설치되지 않는 곳에 적용되며 이에 따라 발생되는 하중이 편향에 의한 비틀림에 저항하도록 설계된 보이다. 주로 프리스트레스가 도입되며 [그림 4.1.10]과 같이 장선 또는 중공 슬래브 등 다양한 형태의 슬래브를 지지하는 보로 적용될 수 있다.

직사각형 보는 가장 일반적으로 적용되는 PC 보로 경간 및 하중에 따라 프리스트레스 도입 여부를 결정하여 제작한다. 다른 PC 보와 비교하여 제작이 쉽고 생산성이 높은 장점을 갖고 있다. 리브형 슬래브를 제외하고 대부분의 슬래브를 지지하는 보로 적용될 수 있다.

[그림 4.1.11]은 다양한 단면을 갖는 보의 예와 특징을 요약하여 나타낸 것이다.

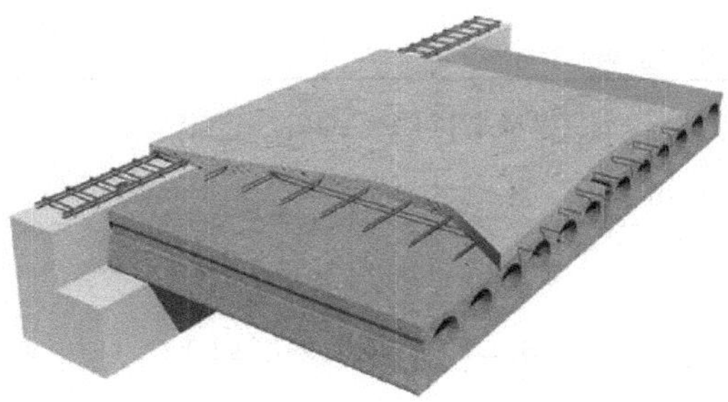

[그림 4.1.10] L형 PC 보의 적용[5)]

보의 단면형태	특징
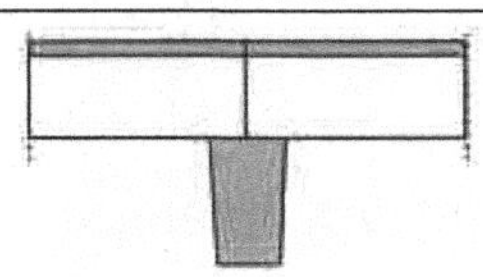 직사각형 단면	• 거푸집 및 배근이 단순 • 직접적인 하중지지 • 유연한 서비스 공간 제공 • 큰 자중 및 큰 깊이
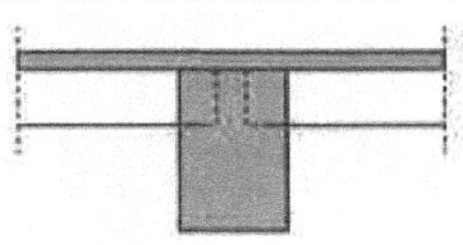 포켓을 갖는 직사각형 단면	• 상대적으로 거푸집 및 배근이 단순 • 직접적인 하중지지 • 작은 깊이

단면형태	특징
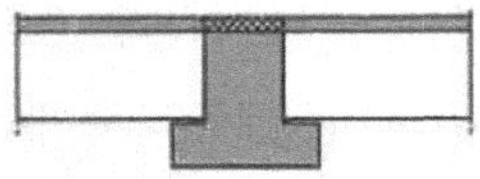 연속 지지대(nib)를 갖는 역T형 보	• 작은 깊이 • 연속 지지대 설치를 위하여 거푸집 및 배근이 다소 복잡
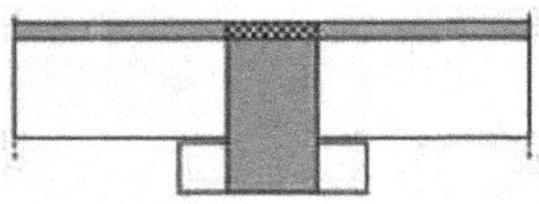 불연속 지지대(nib)를 갖는 역T형 보	• 작은 깊이 • 연속 지지대를 갖는 경우에 비하여 재료비 절감 • 거푸집 및 배근이 복잡
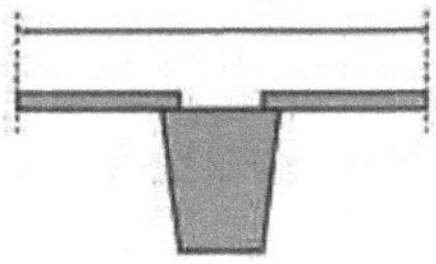 T형 보	• 구조적으로 유리한 단면 • 작은 자중 • 직접적인 하중지지 • 거푸집 및 철근배근이 단순 • 현장 덧침콘크리트 타설 공정이 필요
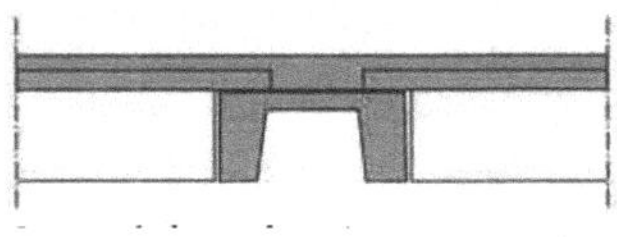 역채널형 보	• 구조적으로 유리한 단면 • 시공과정에 슬래브의 양호한 지지점 제공 • 유연한 서비스 공간 제공 • 거푸집 및 철근배근이 복잡

[그림 4.1.11] PC 보의 단면형태와 특징[3)]

(3) 기둥

PC 기둥은 PC 슬래브에 작용하는 하중이 전이된 PC 보의 하중을 하부 기둥이나 기초로 전달하는 수직부재로 압축력을 주로 지지하거나 풍하중 또는 지진하중 등과 같은 수평하중이나 보의 단부 모멘트 등에 의한 휨모멘트에 대해서도 저항하여야 하는 PC 부재이다.

PC 기둥은 철근콘크리트 기둥과는 달리 공장제작을 통하여 생산된다. 공장생산과정에서 조기강도 확보를 위하여 증기 양생되며 일반적으로 35~45 MPa 정도의 압축강도를 갖는 콘크리트 배합을 사용하여 제작된다. 따라서 RC 기둥에 비하여 단면을 감소시킬 수 있다. 최근에는 지식산업센터 및 물류센터의 기둥은 1개 층에 기둥이 2~3분절이 되기 때문에 분절 부위 시공을 위하여 공기 지연이 발생될 수 있다. 이러한 문제를 해소하기 위하여 50 MPa 이상의 고강도 콘크리트를 적용하여 분절 수를 줄이는 설계가 진행되기도 한다. 고강도 콘크리트 적용을 고려할 때 화재 시의 폭렬에 대한 검토가 반드시 필요하기 때문에 관련 시험성적서를 확보해야 한다.

[그림 4.1.12]에 나타난 바와 같이 1개 층 길이의 PC 기둥, 여러 개 층의 기둥을 1개의 기둥으로 생산하는 방식이 있고 각기 그림에 제시된 바와 같은 특징을 갖고 있다. 역T형 슬래브와 직각사각형 보를 지지하는 브라켓이 없는 기둥과 역T형 슬래브와 역T형 보, L형 보, 직사각형 보를 지지하는 브라켓이 있는 기둥이 있다. 직사각형 기둥에 설치되는 브라켓은 PC 부재 조립 시 안전성을 확보해주고 시공속도를 향상시켜주는 역할을 한다.

기둥	특징
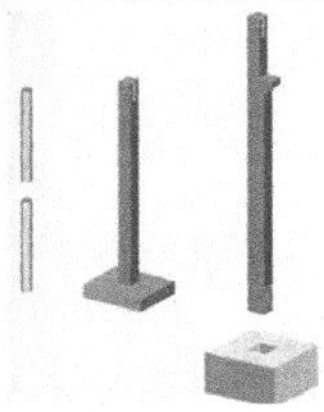 1개 층 높이 기둥	• 직사각형, 정사각형 및 원형 단면이 가능 • 단층 건축물에서 수직 캔틸레버로 거동 • 기둥 상부에서 보지지 • 다층 건축물에 적용하기 위하여 동바리 설치 필요 • 운송 및 설치 시 중량이 적음
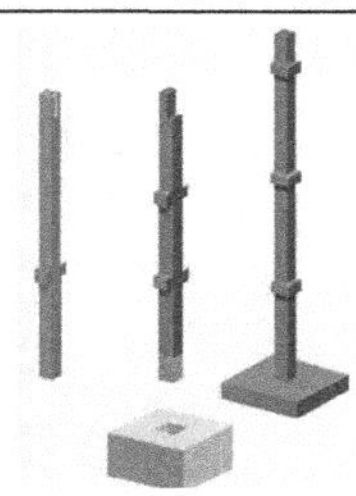 다층 높이 기둥	• 접합이 단순 • 구조적인 이점을 갖는 구조방식 • 보를 지지하기 위하여 PC 또는 강재 브라켓 필요 • 많은 인양 및 연결장치가 요구 • 가설구조 불필요
 중공형 기둥	• 원형, 타원형 또는 사각형 단면 • 자중 감소로 인하여 운송 및 양중에 유리 • 중공 부위에 현장에서 덧침콘크리트 타설로 중실형 단면 구현이 가능 • 상대적으로 고비용

[그림 4.1.12] PC 기둥의 종류 및 특징[3)]

(4) 벽체

PC 벽체는 통상적으로 슬래브를 통하여 전달되는 수직하중과 수평하중을 부담하는 구조 요소로 운송 및 설치 등을 고려하여 그 크기가 결정된다. 통상적으로 벽체 요소의 두께는 소요강도와 단열 여부에 따라 80~240 mm 범위에 이른다. 벽체의 높이는 최대 약 4.2 m이지만 예외적으로 4.5 m에 이르는 경우도 있다.

PC 벽체는 긴 강재 몰드에서 제작되며 철근 배근과 전기배관 등 다양한 설비 덕트를 배치후 콘크리트가 타설되어 제작된다. [그림 4.1.13]은 현장타설 및 PC 구조의 이점을 조합한 PC 중공벽(더블월)로 최근 다양한 건축물에 적용되고 있다.

벽체	특징
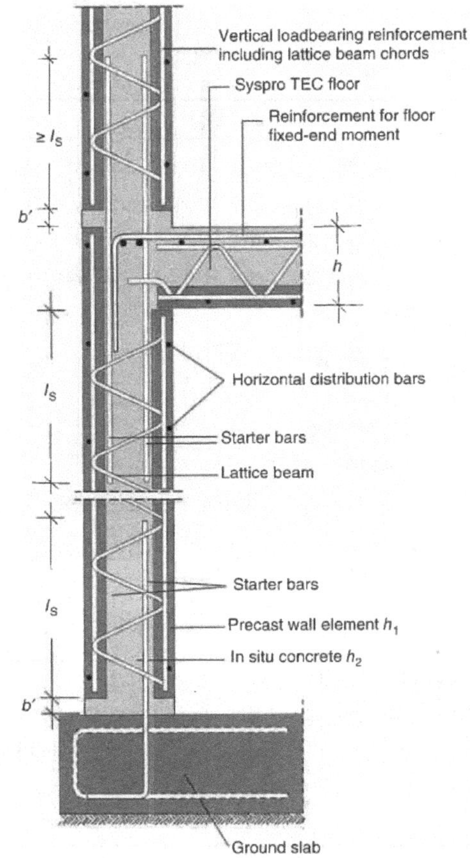	• 가설재 사용 감소로 안전사고 위험성 감소 • 거푸집 해체가 필요 없어 후속공정 조기 투입 가능 • 단열비용 및 에너지 효율 증대(샌드위치벽) • 공정 단순화 • 공종간섭 최소화

[그림 4.1.13] 중공벽(더블월)의 예시(SysproPART system)[3)]

4.2 휨 설계

4.2.1 강도 설계

(1) 공칭 휨강도

일반적으로 PC 및 프리스트레스트 콘크리트(PSC) 부재의 공칭 휨강도(M_n)는 다음과 같은 설계 가정에 따른 힘의 평형조건과 변형률 적합조건에 근거하여 [그림 4.2.1]과 같이 산정할 수 있다.

1) 철근과 콘크리트의 변형률은 중립축부터 거리에 비례하는 것으로 가정할 수 있다. 그러나 KDS 14 20 20(4.2.4)에 규정된 깊은 보는 비선형 변형률 분포를 고려하여야 한다. 깊은 보의 설계에서 비선형 변형률 분포를 고려하는 대신 KDS 14 20 22(4.7.1)에 따른 스트럿-타이 모델을 적용할 수도 있다.

2) 휨모멘트 또는 휨모멘트와 축력을 동시에 받는 부재의 콘크리트 압축연단의 극한변형률은 콘크리트의 설계기준압축강도가 40 MPa 이하인 경우에는 0.0033으로 가정하며, 40 MPa을 초과할 경우에는 매 10 MPa의 강도 증가에 대하여 0.0001씩 감소시킨다. 콘크리트의 설계기준압축강도가 90 MPa을 초과하는 경우에는 성능실험을 통한 조사연구에 의하여 콘크리트 압축연단의 극한변형률을 선정하고 근거를 명시하여야 한다.

3) 철근의 응력이 설계기준항복강도 f_y 이하일 때 철근의 응력은 그 변형률에 E_s를 곱한 값으로 하고, 철근의 변형률이 f_y에 대응하는 변형률보다 큰 경우 철근의 응력은 변형률에 관계없이 f_y로 하여야 한다.

4) 콘크리트의 인장강도는 KDS 14 20 60(4.2.1)의 규정에 해당하는 경우를 제외하고는 철근콘크리트 부재 단면의 축강도와 휨강도 계산에서 무시할 수 있다.

5) 콘크리트 압축응력의 분포와 콘크리트 변형률 사이의 관계는 직사각형, 사다리꼴, 포물선형 또는 강도의 예측에서 광범위한 실험의 결과와 실질적으로 일치하는 어떤 형상으로도 가정할 수 있다.

6) 상기 5)의 규정은 다음에 정의되는 포물선-직선 형상의 응력-변형률 관계로 나타낼 수 있다.

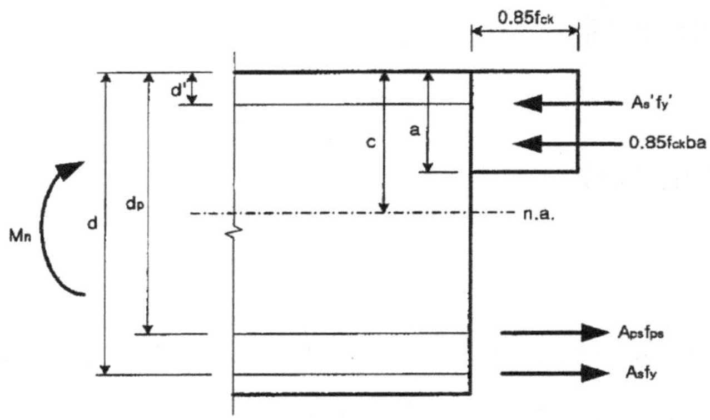

평형방정식으로부터 $0.85f_{ck}ba = A_{ps}f_{ps} + A_s f_y - A_s' f_y'$

$$M_n = A_{ps}f_{ps}(d_p - \frac{a}{2}) + A_s f_y (d - \frac{a}{2}) - A_s' f_y' (\frac{a}{2} - d')$$

[그림 4.2.1] 공칭 휨강도(Mn)[6)]

① 원점에서 최대 응력에 처음 도달할 때까지의 상승 곡선부는 식 (4.2.1)에 의해 계산하고, 이후 극한변형률 ε_{cu}까지는 식 (4.2.2)에 의해 계산한다.

$$f_c = 0.85 f_{ck}\left[1 - \left(1 - \frac{\varepsilon_c}{\varepsilon_{co}}\right)^n\right] \qquad \text{식 (4.2.1)}$$

$$f_c = 0.85 f_{ck} \qquad \text{식 (4.2.2)}$$

여기서, n은 상승 곡선부의 형상을 나타내는 지수, ε_c는 콘크리트의 압축변형률, ε_{co}는 최대 응력에 처음 도달할 때의 변형률이다.

② 콘크리트 압축강도가 40 MPa 이하인 경우 n, ε_{co}, ε_{cu}는 각각 2.0, 0.002, 0.0033으로 한다. 콘크리트 압축강도가 40 MPa을 초과하는 경우, n은 식 (4.2.3)에 따라 결정하며 매 10 MPa의 강도 증가에 대하여 식 (4.2.4)와 같이 ε_{co}의 값을 0.0001씩 증가시키고 식 (4.2.5)와 같이 ε_{cu}의 값을 0.0001씩 감소시킨다.

$$n = 1.2 + 1.5\left(\frac{100 - f_{ck}}{60}\right)^4 \leq 2.0 \qquad \text{식 (4.2.3)}$$

$$\varepsilon_{co} = 0.002 + \left(\frac{f_{ck} - 40}{100{,}000}\right) \geq 0.002 \quad \text{식 (4.2.4)}$$

$$\varepsilon_{cu} = 0.0033 - \left(\frac{f_{ck} - 40}{100{,}000}\right) \leq 0.0033 \quad \text{식 (4.2.5)}$$

단, 콘크리트의 압축강도가 90 MPa을 초과하는 경우에는 성능실험을 통한 조사연구에 의하여 이 값들을 선정하고 근거를 명시하여야 한다.

③ 포물선-직선 형상의 응력-변형률 관계에 의하여 콘크리트에 작용하는 압축응력의 평균값은 $\alpha(0.85 f_{ck})$로, 압축연단으로부터 합력의 작용위치는 중립축 깊이 c에 대한 β의 비율로 나타내며, 응력분포의 각 변수 및 계수는 [표 4.2.1]의 값을 적용한다.

[표 4.2.1] 응력분포의 변수 및 계수 값

f_{ck}(MPa)	≤40	50	60	70	80	90
n	2.0	1.92	1.50	1.29	1.22	1.20
ε_{co}	0.002	0.0021	0.0022	0.0023	0.0024	0.0025
ε_{cu}	0.0033	0.0032	0.0031	0.003	0.0029	0.0028
α	0.80	0.78	0.72	0.67	0.63	0.59
β	0.40	0.40	0.38	0.37	0.36	0.35

7) 상기 5)의 규정은 상기 6)에 규정된 포물선-직선 형상의 응력-변형률 관계 대신 다음에 정의되는 등가 직사각형 압축응력블록으로 나타낼 수 있다.

① 단면의 가장자리와 최대 압축변형률이 일어나는 연단부터 $a = \beta_1 c$ 거리에 있고 중립축과 평행한 직선에 의해 이루어지는 등가 압축영역에 $\eta(0.85 f_{ck})$인 콘크리트 응력이 등분포하는 것으로 가정한다.

② 최대 변형률이 발생하는 압축연단에서 중립축까지 거리 c는 중립축에 대해 직각방향으로 측정한 것으로 한다.

③ 계수 η와 β_1은 [표 4.2.2]의 값을 적용한다.

[표 4.2.2] 등가직사각형 응력분포 변수 값

f_{ck}(MPa)	≤40	50	60	70	80	90
ε_{cu}	0.0033	0.0032	0.0031	0.003	0.0029	0.0028
η	1.00	0.97	0.95	0.91	0.87	0.84
β_1	0.80	0.80	0.76	0.74	0.72	0.70

8) 횡방향 철근으로 구속된 휨부재와 압축부재는 KDS 14 20 20(4.1.1 (9))의 규정과 같이 횡구속 효과를 고려한 응력-변형률 관계를 사용하여 단면의 강도와 변형 성능을 검증할 수 있다.

(2) 긴장재의 응력

PC 및 PSC 부재의 공칭 휨강도 산정 시 긴장재의 응력(f_{ps})은 변형률 적합조건을 기초로 계산할 수 있으나 f_{pe}의 값이 $0.5f_{pu}$ 이상이면 아래 1) 또는 2)에 따라 근사식을 이용하여 구할 수 있다.

1) 부착긴장재를 가진 부재에 대한 f_{ps}는 식 (4.2.16)에 의해 구할 수 있다.

$$f_{ps} = f_{pu}\left[1 - \frac{\gamma_p}{\beta_1}\left\{\rho_p \frac{f_{pu}}{f_{ck}} + \frac{d}{d_p}(\omega - \omega')\right\}\right] \qquad \text{식 (4.2.16)}$$

여기서, f_{pu}는 긴장재의 인장강도, β_1은 등가직사각형 응력블록계수, ρ_p는 긴장재의 비($\rho_p = A_{ps}/(bd_p)$), ω는 인장철근의 강재지수($\omega = \rho f_y/f_{ck}$), ω'은 압축철근의 강재지수($\omega' = \rho' f_y/f_{ck}$), ρ는 인장철근의 비($\rho = A_s/(bd)$), ρ'은 압축철근의 비($\rho' = A_s'/(bd)$), A_{ps}는 긴장재의 단면적, A_s는 인장철근의 단면적, A_s'은 압축철근의 단면적, f_y는 철근의 항복강도, f_{ck}는 콘크리트의 압축강도, b는 부재의 폭, d_p는 압축 연단에서 긴장재 단면 중심까지의 거리, d는 압축 연단에서 인장철근 단면 중심까지의 거리, a는 등가직사각형 응력블록의 깊이, γ_p는 긴장재의 종류에 따른 계수로 $f_{py}/f_{pu} \geq 0.8$인 경우 $\gamma_p = 0.55$, $f_{py}/f_{pu} \geq 0.85$인 경우 $\gamma_p = 0.40$, $f_{py}/f_{pu} \geq 0.9$인 경우 $\gamma_p = 0.28$이다. f_{ps} 계산에서 압축철근을 고려할 경우

$\left\{\rho_p \frac{f_{pu}}{f_{ck}} + \frac{d}{d_p}(\omega - \omega')\right\}$의 값은 0.17 이상이 되어야 하며, 압축 연단에서 압축철근의 단면 중심까지의 거리(d')은 $0.15d_p$ 이하가 되어야 한다.

2) 비부착긴장재를 가진 부재에 대한 f_{ps}는 다음 식 (4.2.17)와 식 (4.2.18)에 따라 구할 수 있다.

- 깊이에 대한 경간의 비가 35 이하인 경우

$$f_{ps} = f_{pe} + 70 + \frac{f_{ck}}{100\rho_p} \qquad \text{식 (4.2.17)}$$

여기서, f_{ps}는 f_{py}와 $(f_{pe} + 420)$ MPa 이하로 하여야 한다.

- 깊이에 대한 경간의 비가 35보다 큰 경우

$$f_{ps} = f_{pe} + 70 + \frac{f_{ck}}{300\rho_p} \qquad \text{식 (4.2.18)}$$

여기서, f_{ps}는 f_{py}와 $(f_{pe} + 210)$ MPa 이하로 하여야 한다.

긴장재와 함께 사용되는 철근도 휨강도를 계산할 때 인장력을 발휘하는 것으로 볼 수 있으며, 이때 인장력은 변형률 적합조건에 의한 해석으로 산정된 철근의 응력에 근거하여야 한다.

(3) 플랜지가 있는 부재(I형과 T형보)

PC 및 PSC 부재의 단면은 효율적으로 하중을 저항하기 위하여 직사각형이 아닌 I형 또는 T형 단면을 이루어 등가직사각형 응력블록의 깊이(a)가 플랜지의 두께(h_f)내에 있는 경우 [그림 4.2.1]과 같이 구할 수 있으며, 등가직사각형 응력블록의 깊이는 힘의 평형조건을 이용해 식 (4.2.19)와 같이 산정한다.

$$a = \frac{A_{ps}f_{ps} + A_sf_y - A_s^{'}f_y^{'}}{0.85f_{ck}b} \qquad \text{식 (4.2.19)}$$

그러나 $a > h_f$이며 압축철근이 없는 경우, 공칭 휨강도는 식 (4.2.20)과 같다. $a > h_f$이며 압축철근이 있는 경우, 공칭 휨강도를 산정하기 위하여 변형의 적합조건 또는 f_{ps}에 대한 합리적인 근사치를 산정해 구해야 한다.

$$M_n = A_{ps}f_{ps}d_p + A_sf_yd - A_s^{'}f_y^{'}d^{'} - 0.85f_{ck}(A_f\frac{h_f}{2} + A_w\frac{a}{2}) \qquad \text{식 (4.2.20)}$$

(4) 강도감소계수

강도설계법은 식 (4.2.21)과 같이 외력에 의해 발생하는 소요휨강도(M_u)가 철근과 콘크리트의 내력에 의한 설계휨강도(ϕM_n) 이하가 되도록 하여야 한다. 강도감소계수(ϕ)는 설계기준에서 요구하는 조건에 맞추어 계산해야 하며, 설계에서는 인장연단에 가장 가까운 철근의 변형률(ε_t)에 따라 [그림 4.2.2]와 같이 단면을 세 종류로 구분하여 강도감소계수를 제시하고 있다.

$$\phi M_n \geq M_u \qquad \text{식 (4.2.21)}$$

- $\varepsilon_t < \varepsilon_{a,\min}$ 인 경우

  축력없이 휨모멘트만 받는 부재의 경우에 설계 불가

- $\varepsilon_{a,\min} \leq \varepsilon_t < \varepsilon_{a,t}$ 인 경우

$$(\text{띠철근})\ \phi = 0.65 + \frac{0.85 - 0.65}{\varepsilon_{a,t} - \varepsilon_y}(\varepsilon_t - \varepsilon_y) \qquad \text{식 (4.2.22)}$$

$$(\text{나선형철근})\ \phi = 0.70 + \frac{0.85 - 0.70}{\varepsilon_{a,t} - \varepsilon_y}(\varepsilon_t - \varepsilon_y) \qquad \text{식 (4.2.23)}$$

• $\varepsilon_t \geq \varepsilon_{a,t}$ 인 경우

$$\phi = 0.85 \qquad \text{식 (4.2.24)}$$

여기서, $\varepsilon_{a,\min}$은 항복강도가 400 MPa인 철근을 기준으로 0.004와 $2.0\varepsilon_y$ 중에서 큰 값을 사용, $\varepsilon_{a,t}$는 항복강도가 400 MPa인 철근을 기준으로 0.005와 $2.5\varepsilon_y$ 중에서 큰 값을 사용해야 한다.

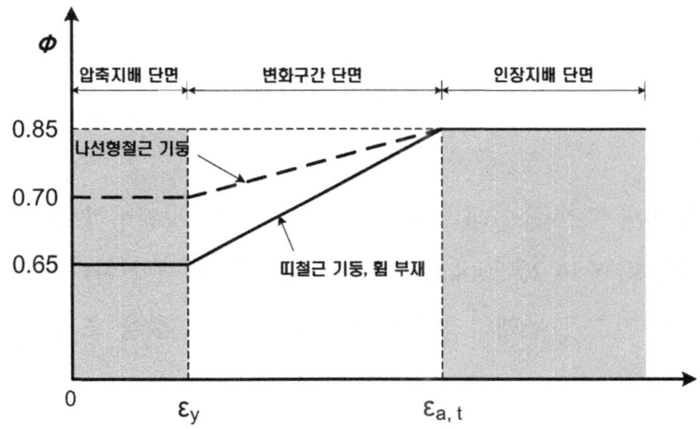

[그림 4.2.2] 철근의 변형률과 강도감소계수의 관계

(5) 최소 철근량

1) 해석에 의하여 인장철근 보강이 요구되는 휨부재의 모든 단면에 대하여 다음 2)와 3)에 규정된 경우를 제외하고는 설계 휨강도가 식 (4.2.25)의 조건을 만족하도록 인장철근을 배치하여야 한다.

$$\phi M_n \geq 1.2 M_{cr} \qquad \text{식 (4.2.25)}$$

휨균열모멘트는 식 (4.2.26)과 같이 구할 수 있다.

$$M_{cr} = \lambda f_r S_b + P_e\left(\frac{r_c^2}{y_b} + e\right) \text{ 또는 } M_{cr} = \lambda f_r S_b + P_e\left(\frac{S_b}{A_c} + e\right) \qquad \text{식 (4.2.26)}$$

여기서, f_r은 콘크리트의 휨균열강도로 $0.63\sqrt{f_{ck}}$이며, λ는 경량콘크리트계수, S_b는 단면 중립축에서 단면 하부면까지의 단면계수, P_e는 긴장재의 유효긴장력, r_c는 단면 2차 반경, y_b는 단면 중립축에서 단면 하부면까지의 거리, e는 단면 중립축에서 긴장재 중심까지의 거리이다.

2) 부재의 모든 단면에서 해석에 의해 필요한 철근량보다 1/3 이상 인장철근이 더 배치되어 식 (4.2.27)의 조건을 만족하는 경우는 상기 1)의 규정을 적용하지 않을 수 있다.

$$\phi M_n \geq \frac{4}{3} M_u \qquad \text{식 (4.2.27)}$$

3) 두께가 균일한 구조용 슬래브와 기초판에 대하여 경간방향으로 보강되는 휨철근의 단면적은 KDS 14 20 50(4.6)에 규정한 값 이상이어야 한다. 철근의 최대 간격은 슬래브 또는 기초판 두께의 3배와 450 mm 중 작은 값을 초과하지 않도록 하여야 한다.

(6) 최소 부착철근량

비부착 긴장재를 사용한 PSC 부재는 콘크리트와 직접 부착되어 있지 않기 때문에 극한 상태에 도달 시 휨거동에 의한 큰 폭의 인장균열이 국부적으로 발생될 수 있어 휨균열의 분산을 위하여 부착철근이 필요하다. 철근이나 긴장재를 포함한 부착 보강재는 일부 혹은 전부를 가능한 인장연단에 가깝게 프리스트레스 압축 인장력에 균등하게 배근하여야 하며, 사용하중에 의한 응력 상태에 관계없이 KDS 14 20 60(4.4.3)에 규정한 최소 부착철근량을 만족시켜야 한다. 최소 부착철근량은 식 (4.2.28)에 따라 구할 수 있다.

$$A_s = 0.004 A_{ct} \qquad \text{식 (4.2.28)}$$

(7) 위험단면

PC 및 PSC 부재의 위험단면은 긴장재의 편심거리에 따라 달라질 수 있으며, [그림 4.2.3]에 나타낸 바와 같이 일반적으로 등분포하중을 받는 단순지지 보의 휨설계를 위한 위험단면은 경간의 중앙에서 발생하게 된다. 그러나 일부 PC 및 PSC 보 부재의 경우 단부에서 응력손실을 감소시키기 위해 긴장재를 경간의 중앙부에서 V자 형태로 절곡하여 배근 또는 단부에서 일정한 길이만큼 비부착을 하는데 V자 형태로 절곡한 긴장재를 사용한 보 부재는 위험단면을 보통 $0.4l$로 가정할 수 있다. 직선으로 배근된 긴장재를 사용한 보 부재는 위험단면이 경간의 중앙부에서 발생되나 단부에 비부착 긴장재를 사용한 경우에는 추가적으로 위험단면이 비부착 구간의 단부에서 나타날 수 있다.

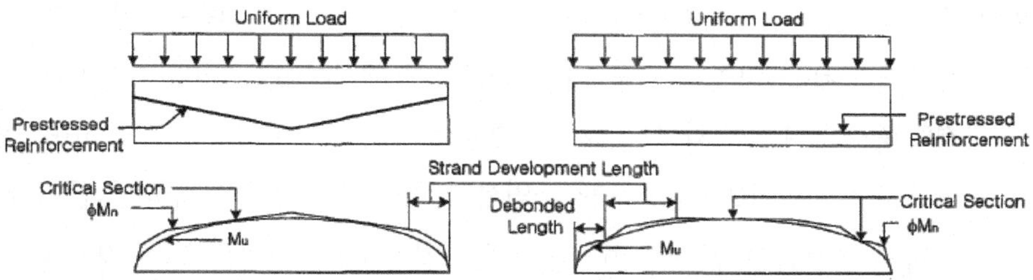

(a) 등분포하중이 작용하면서 경간의 중앙에서 V자형으로 꺾인 긴장재를 갖는 보

(b) 단부근처에서 일부는 디본딩되고 일부는 직선으로 배치된 긴장재를 갖는 보

[그림 4.2.3] 휨설계를 위한 위험단면[1)]

4.2.2 사용성 설계

(1) 균열제어

1) 프리스트레스를 도입하지 않은 부재는 일반적인 휨부재의 설계과정에 따라 설계할 수 있으나 부재의 노출 정도와 적용 부위에 따라 균열 발생 정도를 검토하여야 하며, 인장연단에 가장 가까이 배근되는 긴장재의 중심 간격(s)을 식 (4.2.29)와 식 (4.2.30) 중에서 작은 값 이하가 되도록 한다.

$$s = 375\left(\frac{k_{cr}}{f_s}\right) - 2.5c_c \qquad \text{식 (4.2.29)}$$

$$s = 300\left(\frac{k_{cr}}{f_s}\right) \qquad \text{식 (4.2.30)}$$

여기서, k_{cr}은 KDS 14 20 30의 부록에 정의된 건조환경에 노출되는 경우에는 280이고, 그 외의 환경에 노출되는 경우에는 210이다. c_c는 인장철근이나 긴장재의 표면과 콘크리트 표면 사이의 최소 두께이다. 철근이 하나만 배치된 경우에는 인장연단의 폭을 s로 하며, f_s는 사용하중 상태에서 인장연단에서 가장 가까이에 위치한 철근의 응력이다. 다만, 간단한 방법으로 균열을 검증하고자 할 때 f_s는 f_y의 2/3를 근사적으로 사용할 수 있다.

2) 보나 장선의 깊이(h)가 900 mm를 초과하면 종방향 표피철근을 인장연단부터 $h/2$ 지점까지 부재 양쪽 측면을 따라 균일하게 배치하여야 한다. 이때 표피철근의 간격(s)은 식 (4.2.29)와 식 (4.2.30) 중에서 작은 값 이하가 되도록 하며, 여기서 c_c는 표피철근의 표면에서 부재 측면까지 최단 거리이다. 개개의 철근이나 철망의 응력을 결정하기 위하여 변형률 적합조건에 따라 해석을 하는 경우 이러한 철근은 강도계산에 포함될 수 있다.

(2) 사용하중에 의한 단면의 등급

PSC 부재는 초기긴장, 즉시응력손실, 자중작용, 균형응력, 영점감압, 균열 발생, 탄성한계, 철근항복, 극한하중과 같이 각 단계에 따라서 부재의 응력을 검토해야 한다. 긴장력 도입, 사용하중이 작용할 때, 그리고 균열하중이 작용할 때의 응력계산은 다음과 같이 가정에 근거한 선형탄성이론에 따라야 한다.

1) 변형률은 중립축에서 떨어진 거리에 비례한다.
2) 균열단면에서 콘크리트는 인장력에 저항할 수 없다.

PSC 부재의 인장구역에서 사용하중에 의한 단면의 등급은 KDS 14 20 60(4.1.2)와 같이 인장연단응력(f_t)에 따라 비균열등급, 부분균열등급, 완전균열등급으로 구분된다. 2방향을 갖는 PSC 슬래브는 $f_t \leq 0.5\sqrt{f_{ck}}$를 만족하는 비균열등급 부재로 설계되어야 하며, 비균열등급과 부분균열등급 휨부재의 사용하중에 의한 응력은 비균열단면을 사용하여 계산하여야 한다. 완전균열단면 휨부재의 사용하중에 의한 응력은 KDS 14 20 30(4.2.3)에 따라 균열 환산단면을 사용하여 계산하여야 한다.

- 비균열등급 : $f_t \leq 0.63\sqrt{f_{ck}}$
- 부분균열등급 : $0.63\sqrt{f_{ck}} < f_t \leq 1.0\sqrt{f_{ck}}$
- 완전균열등급 : $f_t > 1.0\sqrt{f_{ck}}$

(3) PSC의 허용응력

1) 프리스트레스 도입 직후, 시간이 경과함에 따라 프리스트레스 손실이 일어나기 전의 응력은 KDS 14 20 60(4.2.1)에 제시된 바와 같이 다음 값 이하로 하여야 한다.

- 휨압축응력(단순지지 부재 단부의 휨압축응력의 경우 제외) $0.60f_{ci}$
- 단순지지 부재 단부의 휨압축응력 $0.70f_{ci}$
- 휨인장응력(단순지지 부재 단부의 휨인장응력의 경우 제외) $0.25\sqrt{f_{ci}}$
- 단순지지 부재 단부의 휨인장응력 $0.50\sqrt{f_{ci}}$

계산된 인장응력이 위의 휨인장응력 또는 단순지지 부재 단부의 휨인장응력값을 초과하는 구역에는 비균열단면으로 가정하여 계산된 전체 인장력에 저항할 수 있는 추가 부착강재(긴장되지 않은 강재 또는 프리스트레싱 강재)를 인장구역에 배근하여야 한다.

2) 비균열등급 또는 부분균열등급 PSC 부재에서 모든 프리스트레스 손실이 일어난 후 사용하중에 의한 콘크리트의 휨응력은 KDS 14 20 60(4.2.1)에 규정된 바와 같이 다음 값 이하로 하여야 한다. 이때 단면의 특성은 비균열단면으로 가정하여 산정하며, 시험 또는 정밀한 해석에 의하여 안전성이 확인된 경우에는 1)과 2)에 나타낸 허용응력을 초과할 수 있다.

- 압축연단응력(유효프리스트레스+지속하중) $0.45\,f_{ck}$
- 압축연단응력(유효프리스트레스+전체하중) $0.60\,f_{ck}$

(4) 프리스트레싱 긴장재의 허용응력

1) 긴장재의 허용응력은 KDS 14 20 60(4.2.2)에 규정된 바와 같이 다음 조건을 충족하여야 한다.

- 긴장을 할 때 긴장재의 인장응력은 $0.80f_{pu}$ 또는 $0.94f_{py}$ 중 작은 값 이하로 하여야 한다. 또한 긴장재나 정착장치 제조사가 제시하는 최댓값도 초과하지 않아야 한다.
- 프리스트레스 도입 직후에 긴장재의 인장응력은 $0.74\,f_{pu}$와 $0.82\,f_{py}$ 중 작은 값 이하로 하여야 한다.
- 정착구와 커플러의 위치에서 프리스트레스 도입 직후 포스트텐션 긴장재의 응력은 $0.70\,f_{pu}$ 이하로 하여야 한다.

2) 유효프리스트레스를 결정하기 위하여 고려되어야 하는 프리스트레스 손실은 KDS 14 20 60(4.3)에 규정된 바와 같이 아래의 손실 원인을 고려하여야 한다.

- 정착장치의 활동
- 콘크리트의 탄성수축
- 포스트텐션 긴장재와 덕트 사이의 마찰
- 콘크리트의 크리프
- 콘크리트의 건조수축
- 긴장재 응력의 릴랙세이션

3) 포스트텐션 긴장재의 마찰손실

포스트텐션 긴장재의 마찰손실은 식 (4.2.31)로 계산하여 구할 수 있으며, $(Kl_{px}+\mu_p\alpha_{px})$ 값이 0.3 이하인 경우 식 (4.2.32)와 같이 근사식을 사용할 수 있다. 마찰손실을 계산할 때 파상마찰계수(K)와 곡률마찰계수(μ_p)는 시험에 근거하여 결정하여야 하며, 긴장 작업을 할 때 이를 검증하여야 한다. 또한, 설계할 때 사용한 파상마찰계수와 곡률마찰계수의 값은 설계도면에 제시하여야 하며, 인접 구조와의 연결로 인하여 부재에서 프리스트레스 손실이 발생될 때에는 그 손실량을 설계에 고려하여야 한다.

$$P_{px} = P_{pj}e^{-(Kl_{px} + \mu_p \alpha_{px})} \qquad \text{식 (4.2.31)}$$

$$P_{px} = P_{pj}/(1 + Kl_{px} + \mu_p \alpha_{px}) \qquad \text{식 (4.2.32)}$$

(5) 긴장력 도입 및 사용하중 단계에서의 응력 검토

1) 긴장력을 도입한 직 후, 긴장력과 부재의 자중에 의하여 휨응력이 발생하는데 이 때의 응력은 다음의 식으로 검토한다.

$$f_t(=f_{ti}) = -\frac{P_i}{A_c} + \frac{P_i \times e}{I_c} y_t - \frac{M_{SW}}{I_c} y_t \qquad \text{식 (4.2.33)}$$

$$f_b(=f_{ci}) = -\frac{P_i}{A_c} - \frac{P_i \times e}{I_c} y_b + \frac{M_{SW}}{I_c} y_b \qquad \text{식 (4.2.34)}$$

여기서, f_t는 단면 상부면의 콘크리트 응력, f_b는 단면 하부면의 콘크리트 응력, f_{ti}는 콘크리트의 초기인장응력, f_{ci}는 콘크리트의 초기압축응력, P_i는 긴장재의 초기긴장력, y_t는 단면 중립축에서 단면 상부면까지의 거리, y_b는 단면 중립축에서 단면 하부면까지의 거리, e는 단면 중립축에서 긴장재의 중심까지 거리, M_{SW}는 자중에 의한 모멘트이다.

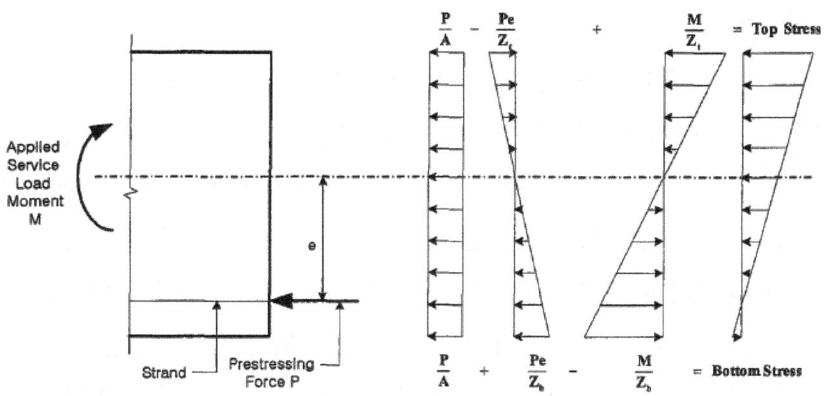

[그림 4.2.4] 사용하중 단계의 응력 상태[1)]

2) [그림 4.2.4]와 같이 사용하중 단계는 긴장재의 초기긴장력이 콘크리트에 전달된 이후에 크리프, 건조수축, 릴랙세이션 등에 의해 장기응력손실이 발생하여 긴장력이 감소하는데 이때의 유효긴장력과 전체하중이 작용하는 상태에서의 응력은 다음의 식으로 검토한다. 균열등급 부재는 균열이 발생한 후에 단면의 응력이 선형적으로 변화하지 않기 때문에 탄성해석을 사용하여 계산할 수 없고 강도설계법에 의해 설계해야 한다.

$$f_t\,(=f_c) = -\frac{P_e}{A_c} + \frac{P_e \times e}{I_c} y_t - \frac{M_T}{I_c} y_t \qquad \text{식 (4.2.35)}$$

$$f_b\,(=f_t) = -\frac{P_e}{A_c} - \frac{P_e \times e}{I_c} y_b + \frac{M_T}{I_c} y_b \qquad \text{식 (4.2.36)}$$

여기서, f_t는 콘크리트의 인장응력, f_c는 콘크리트의 압축응력, P_e는 긴장재의 유효긴장력, M_T는 전체하중에 의한 휨모멘트($M_T = M_{SW} + M_D + M_L$), M_D는 추가고정하중에 의한 휨모멘트, M_L는 활하중에 의한 휨모멘트이다.

4.2.3 비대칭 단면에서의 휨

(1) 단면 특성

일반적인 PC 및 PSC 단면은 수직축에 대하여 대칭을 이루고 있으나 [그림 4.2.5]와 같이 경기장에 사용되는 일부 부재들은 비대칭 단면을 이루는 경우가 있다. 비대칭 단면에서의 휨강도는 [그림 4.2.5]에 나타나듯이 주축을 수평축 X-X 및 Y-Y가 아닌 X'-X' 및 Y'-Y'를 기준으로 다음과 같이 강축과 약축에 대한 휨모멘트를 산정해야 하며, 사용하중 응력과 설계 휨강도는 각 주축에 대해 구한 값을 합하여 전체 영향이 고려되어야 한다. 일반적으로 균열단면의 주축은 전체 단면과 같지는 않으나 전체 단면에 대한 주축을 사용하여도 설계 휨강도 예측이 가능하다. 합성부재는 합성단면을 이용하여 응력 계산과 설계 휨강도 산정 시 휨에 의하여 발생되는 수평전단력에 대한 안정성이 고려되어야 한다.

$$M_{X'} = \cos(\theta)M_X + \sin(\theta)M_Y \qquad 식\ (4.2.37)$$

$$M_{Y'} = \cos(\theta)M_Y - \sin(\theta)M_X \qquad 식\ (4.2.38)$$

여기서, θ는 수평축과 비대칭 단면의 주축이 이루는 각도이다.

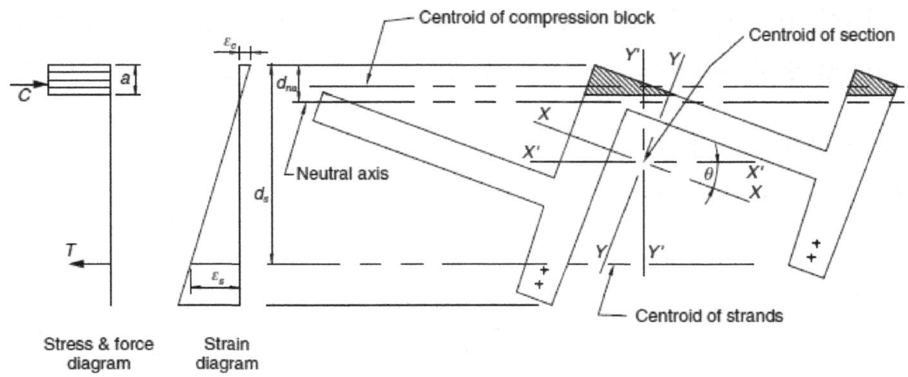

[그림 4.2.5] 사용하중 응력의 산정[1)]

(2) 사용하중 응력

비대칭 단면에서의 사용하중 응력은 식 (4.2.39)와 같이 각 주축으로부터 개별적으로 산정된 응력을 합하여 구할 수 있으며, 이때 비틀림에 대한 효과는 무시한다.

$$f = f_{X'} + f_{Y'} + (P_e / A_c) \qquad 식\ (4.2.39)$$

식 (4.2.39)에서 각 주축에 대한 응력은 다음의 식을 이용해 산정한다.

$$f_{X'} = \frac{(P_e \times e_{X'} + M_{X'})(y)}{I_{X'}} \qquad 식\ (4.2.40)$$

$$f_{Y'} = \frac{(P_e \times e_{Y'} + M_{Y'})(x)}{I_{Y'}} \qquad 식\ (4.2.41)$$

여기서, x와 y는 단면 중심에서 극단 표면까지의 거리이다.

(3) 설계 휨강도

비대칭 단면의 휨강도는 [그림 4.2.5]에 나타나듯이 변형의 적합조건과 힘의 평형조건을 이용해 다음과 같이 구할 수 있다. 다음의 순서에서 힘의 평형조건에 따라 압축력과 인장력이 균형을 이루지 못하는 경우 중립축 깊이의 추정값을 조정하며 2)에서 6)까지의 단계를 반복적으로 수행한다. 설계 휨강도 산정 시 압축영역에서 콘크리트의 응력이 삼각형 형태에 따른 압축응력블록의 깊이 중심을 구하기 어려운 경우에는 $2a/3$를 압축력의 위치로 하여 산정한다.

1) 중립축 깊이(d_{na}) 계산

2) 철근의 변형률(ε_s) 계산

$$\varepsilon_s = \varepsilon_c \frac{d_s - d_{na}}{d_{na}} + \varepsilon_{se} \qquad \text{식 (4.2.42)}$$

3) 긴장재의 응력(f_s) 계산

4) 인장력(T) 계산

$$T = A_s f_s \qquad \text{식 (4.2.43)}$$

5) 콘크리트의 압축응력블록 깊이(a) 계산

$$a = \beta_1 d_{na} \qquad \text{식 (4.2.44)}$$

6) 압축력(C) 계산

$$C = 0.85 f_{ck} A_c \qquad \text{식 (4.2.45)}$$

7) ε_s에 대한 수치를 이용하여 감도감소계수(ϕ) 결정

$$a = \beta_1 d_{na} \qquad \text{식 (4.2.46)}$$

8) 설계 휨강도(ϕM_n) 계산

$$\phi M_n = \phi F\left(d_s - \frac{2a}{3}\right) \qquad \text{식 (4.2.47)}$$

4.3 전단설계

4.3.1 콘크리트의 전단강도

(1) 전단설계 원칙

PCS 및 프리스트레스가 도입되지 않은 철근콘크리트 부재의 전단설계 원칙은 KDS 14 20 22(4.1)에 규정에 적합하도록 해야 한다.

1) KDS 14 20 24에 따라 설계할 수 있는 부재를 제외하고는 전단력이 작용하는 단면은 다음 식 (4.3.1)을 기본으로 설계하여야 한다.

$$V_u \leq \phi V_n \qquad \text{식 (4.3.1)}$$

여기서, V_u는 해당 단면의 계수전단력이며, V_n은 공칭전단강도로 $V_n = V_c + V_s$, V_c는 콘크리트에 의한 공칭전단강도이며, V_s는 전단철근에 의한 공칭전단강도이다.

2) 전단강도 V_n을 결정할 때, 부재에 개구부가 있는 경우에는 그 영향을 고려하여야 한다.

3) 전단강도 V_c를 결정할 때, 구속된 부재에서 크리프와 건조수축으로 인한 축방향 인장력의 영향을 고려하여야 하며, 깊이가 일정하지 않은 부재의 경사진 휨압축력의 영향도 고려하여야 한다.

4) $\sqrt{f_{ck}}$의 값은 8.4 MPa을 초과하지 않도록 하여야 한다. 그러나 KDS 14 20 22(4.3.3)의 규정에 따라 최소 전단철근이 배근된 철근콘크리트 또는 PSC 보와 콘크리트 장선구조에 있어 V_c와 V_{ci} 및 V_{cw}를 계산할 때 $\sqrt{f_{ck}}$ 값이 8.4 MPa을 초과할 수 있다.

5) 아래 ①의 조건을 모두 만족한다면, 다음 ② 또는 ③에 따라 받침부의 최대 계수 전단력 V_u를 산정할 수 있다.

① 작용전단력 방향으로 받침부 반력이 부재의 단부를 압축하고 하중은 부재의 윗면 또는 그 근처에 작용하며, 받침부 내면과 아래의 ② 또는 ③에서 정의되는 위험단면 사이에 집중하중이 작용하지 않을 경우

② 철근콘크리트 부재의 경우 받침부 내면에서 거리 d 이내에 위치한 단면을 거리 d에서 구한 계수전단력 V_u의 값

③ PSC 부재의 경우 받침부 내면에서 $0.5h$거리 이내에 위치한 단면을 $0.5h$ 거리에서 구한 것과 동일한 계수전단력 V_u의 값

(2) 철근콘크리트 부재의 콘크리트에 의한 전단강도

철근콘크리트 부재의 콘크리트에 대한 전단강도는 KDS 14 20 22(4.2.1)에 따라 다음과 같이 산정한다.

1) 약산식

• 전단력과 휨모멘트만을 받는 부재의 경우

$$V_c = \frac{1}{6}\lambda\sqrt{f_{ck}}\,b_w d \qquad \text{식 (4.3.2)}$$

여기서, λ는 경량콘크리트계수, b_w는 부재의 폭, d는 인장철근의 중심에서 압축콘크리트 연단까지의 거리이다.

• 축방향 압축력을 받는 부재의 경우

$$V_c = \frac{1}{6}\left(1 + \frac{N_u}{14A_g}\right)\lambda\sqrt{f_{ck}}\,b_w d \qquad \text{식 (4.3.3)}$$

여기서, N_u는 V_u와 동시에 발생하는 단면에 수직한 크리프와 건조수축으로 인한 인장의 영향을 포함하는 계수축력, A_g는 부재의 전체 단면적이다.

2) 정밀식

• 전단력과 휨모멘트만을 받는 부재의 경우

$$V_c = \left(0.16\lambda\sqrt{f_{ck}} + 17.6\rho_w \frac{V_u d}{M_u}\right)b_w d \qquad \text{식 (4.3.4)}$$

여기서, V_c의 값은 $0.29\lambda\sqrt{f_{ck}}\,b_w d$를 초과할 수 없으며, $V_u d/M_u$의 값은 1.0을 초과할 수 없다.

• 축방향 압축력을 받는 부재의 경우 식 (4.3.4)의 M_u를 아래와 같이 구한 M_m으로 대체하여 V_c를 계산할 수 있으며, 이때 $V_u d/M_u$의 값은 1.0 이하라는 제한을 받지 않으나 V_c는 식 (4.3.6)에 의한 값 이하이어야 한다.

$$M_m = M_u - N_u\frac{(4h-d)}{8} \qquad \text{식 (4.3.5)}$$

$$V_c = 0.29\lambda\sqrt{f_{ck}}\,b_w d\sqrt{1 + \frac{N_u}{3.5A_g}} \qquad \text{식 (4.3.6)}$$

여기서, 식 (4.3.5)에 의해 계산된 M_m이 음(−)일 경우는 V_c를 식 (4.3.6)에 의해 계산하여야 한다.

• 현저히 큰 축방향 인장력(-)을 받는 부재의 경우

$$V_c = \frac{1}{6}\left(1 + \frac{N_u}{3.5A_g}\right)\lambda\sqrt{f_{ck}}b_w d \qquad \text{식 (4.3.7)}$$

원형단면 부재는 V_c를 계산하기 위한 단면적을 콘크리트 단면의 유효깊이와 지름의 곱으로 구하여야 하며, 단면의 유효깊이는 지름의 0.8배로 할 수 있다.

(3) PSC 부재의 콘크리트에 의한 전단강도

[그림 4.3.1]에 나타나듯이 PSC 부재의 콘크리트에 대한 전단강도는 KDS 14 20 22(4.2.2)에 따라 다음 1)과 2)의 방법 중에서 어느 하나를 선택하여 결정하여야 한다. 다만, 받침부 안쪽 면에서 $h/2$ 거리에 있는 단면부터 부재의 단부까지 거리가 프리텐셔닝 긴장재의 전달길이보다 짧거나 긴장재 일부의 부착이 부재의 단부까지 연장되어 있지 않은 부재는 2)에 따라 콘크리트에 의한 전단강도를 구하여야 한다.

1) 휨철근 인장강도의 40 % 이상의 유효프리스트레스 힘이 작용하는 부재의 경우 다음 2)의 계산에 의하지 않는 한 식 (4.3.8)에 따라 V_c를 계산한다.

$$V_c = \left(0.05\lambda\sqrt{f_{ck}} + 4.9\frac{V_u d_p}{M_u}\right)b_w d \qquad \text{식 (4.3.8)}$$

여기서, V_c는 $(\lambda\sqrt{f_{ck}}/6)b_w d$ 이상이고, $(5\lambda\sqrt{f_{ck}}/12)b_w d$ 이하이어야 하며, (3)과 (4)에서 주어진 값 이하이어야 한다. 이 식에서 $V_u d_p/M_u$는 1.0 이하, d_p는 0.8 h 이상이어야 한다.

2) 다음 식 (4.3.9)와 식 (4.3.11)에 따라 전단강도 V_c를 계산할 수 있으며, V_c는 V_{ci}와 V_{cw} 중에서 작은 값으로 한다.

• V_{ci}

$$V_{ci} = 0.05\lambda\sqrt{f_{ck}}\,b_w d_p + V_d + \frac{V_i M_{cre}}{M_{\max}} \qquad \text{식 (4.3.9)}$$

여기서, V_i는 $M_{\max}$와 동시에 일어나는 작용하중으로 인한 단면의 계수전단력, $M_{\max}$는 작용하중으로 인한 단면의 최대 계수휨모멘트, d_p는 $0.8h$ 이상이어야 하며, M_{cre}는 다음 식 (4.3.10)에 의해 계산한다.

$$M_{cre} = \left(\frac{I}{y_t}\right)(0.5\lambda\sqrt{f_{ck}} + f_{pcc} - f_d) \qquad \text{식 (4.3.10)}$$

위 식에서 $M_{\max}$과 V_i의 값을 해당 단면에 최대 휨모멘트가 일어나는 하중조합에 대하여 계산하여야 하며, V_{ci}는 $(1/6)\lambda\sqrt{f_{ck}}\,b_w d$ 이상이어야 한다.

- V_{cw}

$$V_{cw} = (0.29\lambda\sqrt{f_{ck}} + 0.3f_{pc})b_w d_p + V_p \qquad \text{식 (4.3.11)}$$

여기서, d_p를 $0.8h$보다 작게 취할 필요는 없다. 다른 방법으로서, 부재의 도심축에서 또는 도심축이 플랜지 내에 있을 때는 플랜지와 복부의 교차선에서 $\lambda\sqrt{f_{ck}}/3$의 주인장응력을 일으키는 고정하중과 활하중의 합에 해당되는 전단력으로 V_{cw}를 계산할 수 있다. 합성부재에서는 활하중을 저항하는 단면을 사용하여 주인장응력을 계산하여야 한다.

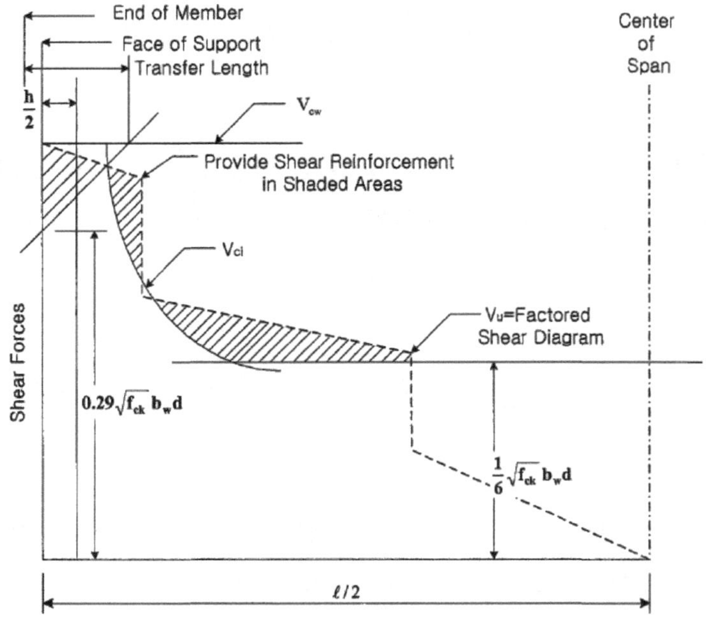

[그림 4.3.1] 전단설계 개요[1)]

3) 프리텐션 부재에서 받침부의 안쪽 면에서 $h/2$ 거리에 있는 단면부터 부재의 단부까지 거리가 프리텐셔닝 긴장재의 전달길이보다 짧은 경우에는 V_{cw}를 계산할 때 감소된 프리스트레스 힘을 고려하여야 한다. 또한 이 V_{cw}의 값을 식 (4.3.8)의 상한값으로 취하여야 한다. 프리스트레스 힘을 긴장재 끝에서 영이고, 긴장재 단부부터 전달길이 만큼 떨어진 거리에서 최댓값으로 선형적으로 변화한다고 가정하여야 한다. 긴장재의 전달길이는 강연선의 경우 지름의 50배, 단일 강선의 경우 지름의 100배로 가정할 수 있다.

4) 긴장재 일부의 부착이 부재의 단부까지 연장되어 있지 않은 프리텐션 부재의 경우, 상기 1) 또는 2)에 따라 V_c를 계산할 때 감소된 프리스트레스 힘을 사용하여야 한다. 이와 같이 감소된 프리스트레스 힘을 사용하여 계산한 V_{cw}의 값을 식 (4.3.8)의 최댓값으로 취하여야 한다. 부재의 단부까지 부착이 연장되어 있지 않은 긴장재의 프리스트레스 힘은 부착이 시작되는 점에서 영이고, 이 점에서 전달길이 만큼 떨어진 거리에서 최댓값으로 선형적으로 변화한다고 가정하여야 한다. 긴장재의 전달길이는 강연선의 경우는 지름의 50배, 단일 강선의 경우 지름의 100배로 가정할 수 있다.

(4) 합성부재의 콘크리트에 의한 전단강도

합성부재에서 콘크리트에 대한 전단강도의 산정은 전단면이 일체로 타설된 콘크리트 부재와 동일한 방법으로 산정한다. 현장타설 콘크리트, PC 및 PSC 요소의 압축강도가 상이한 경우에는 탄성계수비를 이용하여 단일한 압축강도를 갖는 등가단면의 일체로 타설된 보로 가정하여 콘크리트의 전단강도에 대한 기여분을 산정하거나 각 요소별 콘크리트의 전단강도에 대한 기여분을 산정하여 합산하는 방법 등을 적용할 수 있다.

4.3.2 전단철근의 전단강도

(1) 전단철근의 형태

철근콘크리트 부재의 경우 전단철근으로 다음과 같은 형태의 철근을 사용하여야 한다.

- 주인장 철근에 45° 이상의 각도로 설치되는 스터럽
- 주인장 철근에 30° 이상의 각도로 구부린 굽힘철근
- 스터럽과 굽힘철근의 조합

전단철근의 설계기준항복강도는 500 MPa을 초과할 수 없으나 용접 이형철망을 사용할 경우 전단철근의 설계기준항복강도는 600 MPa을 초과할 수 없다. 프리스트레스트 콘크리트 부재의 경우, 유효깊이는 압축콘크리트 연단부터 긴장재와 철근의 도심까지 거리로 하여야 하며 $0.8h$ 이상이어야 한다. 전단철근으로 사용하는 스터럽과 기타 철근 또는 철선은 콘크리트 압축연단부터 거리 d만큼 연장하여야 하며, KDS 14 20 52(4.4.4)에 따라 정착하여야 한다.

(2) 전단철근에 의한 전단강도

계수전단력 V_u가 설계전단강도 ϕV_c를 초과하는 위치에는 식 (4.3.1)을 만족시키기 위해 전단철근을 배근하여야 하며, 전단철근에 의한 전단강도 V_s는 KDS 14 20 22(4.3.4)에 따라 산정하며, 전단철근이 탄성 상태에서 콘크리트가 취성적으로 전단파괴하는 경우를 방지하기 위하여 전단강도 V_s는 $0.2(1-f_{ck}/250)f_{ck}b_w d$ 이하로 하여야 한다.

• 부재축에 직각인 전단철근을 사용하는 경우

$$V_s = \frac{A_v f_{yt} d}{s} \qquad \text{식 (4.3.12)}$$

여기서, A_v는 전단철근의 단면적, s는 전단철근의 간격, f_{yt}는 전단철근의 설계기준항복강도이다.

• 경사스터럽을 전단철근으로 사용하는 경우

$$V_s = \frac{A_v f_{yt}(\sin\alpha + \cos\alpha)d}{s} \qquad \text{식 (4.3.13)}$$

여기서, α는 경사진 경사스터럽과 부재축의 사이각이다.

• 원형 띠철근, 후프철근 또는 나선철근을 전단철근으로 사용한 경우

식 (4.3.12)를 사용하여 V_s를 산정하여야 한다. 이때 d는 원형 단면 부재에 대하여 KDS 14 20 22(4.2.1)에 규정한 값을 사용하며, A_v는 종방향 철근과 평행하게 잰 간격 s 내에 배근된 나선철근, 후프철근 또는 원형 띠철근의 두 가닥 면적에 해당한다.

• 전단철근이 1개의 굽힘철근 또는 받침부에서 모두 같은 거리에서 구부린 평행한 1조의 철근으로 구성될 경우

$$V_s = A_v f_{yt} \sin\alpha \qquad \text{식 (4.3.14)}$$

여기서, V_s는 $0.25\sqrt{f_{ck}}\, b_w d$를 초과할 수 없으며, α는 굽힘철근과 부재축의 사이각이다.

- 전단철근이 받침부에서 서로 다른 거리에서 구부린 일련의 평행한 굽힘철근 또는 여러 조의 평행한 철근으로 구성될 경우의 V_s는 식 (4.3.14)에 따라 계산한다.
- 종방향 철근을 구부려 전단철근으로 사용할 때는 그 경사길이의 중앙 3/4만이 전단철근으로서 유효하다고 보아야 한다.
- 여러 종류의 전단철근이 부재의 같은 부분을 보강하기 위해 사용되는 경우의 전단강도 V_s는 각 종류별로 구한 V_s를 합한 값으로 하여야 한다.

(3) 최소 전단철근량

우발적인 과도한 전단력에 의한 취성적인 파괴를 방지하기 위하여 최소 전단철근이 다음과 같이 배근되어야 한다.

- $V_u \geq \frac{1}{2}\phi V_c$인 경우

  휨철근 인장강도의 40 % 미만의 유효프리스트레스 힘이 작용하는 부재

$$A_{v,\min} = 0.0625\sqrt{f_{ck}}\frac{b_w s}{f_{yt}} \geq 0.35\frac{b_w s}{f_{yt}} \qquad \text{식 (4.3.15)}$$

- $V_u < \frac{1}{2}\phi V_c$인 경우

  휨철근 인장강도의 40 % 이상의 유효프리스트레스 힘이 작용하는 부재, 최소 전단철근량은 식 (4.3.15)와 식 (4.3.16)에 의해 구한 값 중 작은 값 이상으로 하여야 한다.

$$A_{v,\min} = \frac{A_{ps}}{80}\frac{f_{pu}}{f_{yt}}\frac{s}{d}\sqrt{\frac{d}{b_w}} \qquad \text{식 (4.3.16)}$$

- 최소 전단철근을 배근할 필요가 없는 경우
  - 슬래브와 기초판
  - KDS 14 20 10(4.11)에서 규정한 콘크리트 장선구조
  - 전체 깊이가 250 mm 이하이거나 I형보, T형보에서 그 깊이가 플랜지 두께의 2.5배 또는 복부 폭의 1/2 중 큰 값 이하인 보
  - 교대 벽체 및 날개벽, 옹벽의 벽체, 암거 등과 같이 휨이 주거동인 판부재
  - 순 단면의 깊이가 315 mm를 초과하지 않는 중공 부재에 작용하는 계수전단력이 $0.5\phi V_{cw}$를 초과하지 않는 경우
  - 보의 깊이가 600 mm를 초과하지 않고 설계기준압축강도가 40 MPa을 초과하지 않는 강섬유콘크리트 보에 작용하는 계수전단력이 $\phi(1/6)\lambda\sqrt{f_{ck}}b_w d$를 초과하지 않는 경우

(4) 전단철근의 간격 제한

전단철근의 간격은 KDS 14 20 22(4.3.2)의 규정에 준하여 결정되어야 한다.

- $V_s \le \dfrac{1}{3}\lambda\sqrt{f_{ck}}b_w d$인 경우

  부재축에 직각으로 배근된 전단철근의 간격은 철근콘크리트 부재일 경우는 $d/2$ 이하, 프리스트레스트 콘크리트 부재일 경우는 $0.75h$ 이하이어야 하고, 또 어느 경우이든 600 mm 이하로 하여야 한다. 경사스터럽과 굽힘철근은 부재의 중간 높이인 $0.5d$에서 반력점 방향으로 주인장철근까지 연장된 45°선과 한 번 이상 교차되도록 배치하여야 한다.

- $V_s > \dfrac{1}{3}\lambda\sqrt{f_{ck}}b_w d$인 경우

  $V_s \le \dfrac{1}{3}\lambda\sqrt{f_{ck}}b_w d$인 경우에서 규정한 최대 간격을 절반으로 감소시켜 배근해야 한다.

4.3.3 합성부재의 수평전단강도

(1) 수평전단강도 개요

PC 및 PSC 부재는 공장에서 부재를 제작한 이후 현장에서 연결하여 구조물을 완성한다. 부재의 연결은 일체성 확보를 위하여 현장타설 콘크리트에 의해 이루어지며, 연결된 부재 사이에는 수평전단력과 직접전단력이 발생하게 된다. 수평전단력은 합성부재가 휨모멘트를 받을 경우에 두 부재의 접합면에 휨모멘트의 차이에 의해 발생하는 전단력이며, 직접전단력은 단면의 일부와 일부의 경계면, 콘크리트와 강재 사이의 경계면 등에서 직접적으로 발생하는 전단력이다.

합성부재의 설계 수평전단강도는 계수전단강도 이상이 되도록 하고 있다.

$$V_u \le \phi V_{nh} \qquad \text{식 (4.3.17)}$$

여기서, V_u는 계수전단강도(계수전단력), V_{nh}은 공칭수평전단강도이다.

[그림 4.3.2]에 나타낸 바와 같이 PC 및 PSC 부재의 접합면에 작용하는 수평전단응력은 식 (4.3.18)과 같이 구할 수 있다.

$$v_h = \frac{F_h}{b_v l_{vh}} \qquad \text{식 (4.3.18)}$$

여기서, F_h는 접합면의 수평전단력, b_v는 현장타설(덧침)콘크리트의 폭(접합면의 폭), l_{vh}는 수평전달길이(최대 휨 모멘트와 반곡점 사이의 거리)이다.

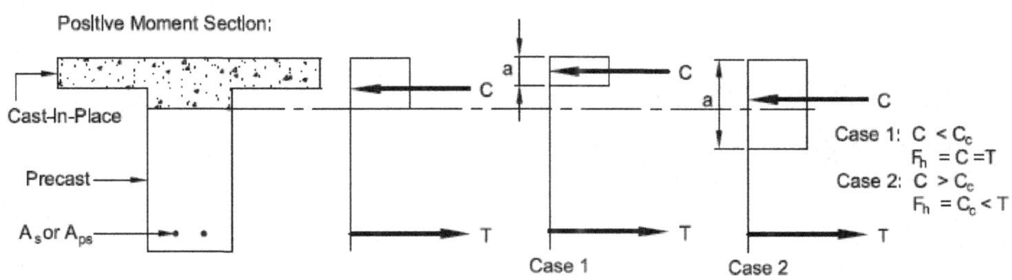

[그림 4.3.2] 합성부재의 수평전단력 산정방법[1)]

(2) 수평전단강도 설계

공칭수평전단강도(V_{nh})는 다음과 같이 두 가지로 구분하여 계산한다.

1) $V_u \leq \phi(0.35 b_v d)$인 경우

- 식 (4.3.15)에 의한 최소 전단연결재가 없으며, 접촉면이 청결하고 부유물이 없는 상태로, 표면을 의도적으로 거칠게 처리한 경우

$$V_{nh} \leq 0.56 b_v d \qquad \text{식 (4.3.19)}$$

- 식 (4.3.15)에 의한 최소 전단연결재가 있으며, 접촉면이 청결하고 부유물이 없는 상태로, 표면을 의도적으로 거칠게 처리하지 않은 경우

$$V_{nh} \leq 0.56 b_v d \qquad \text{식 (4.3.19)}$$

- 식 (4.3.15)에 의한 최소 전단연결재가 있으며, 접촉면이 청결하고 부유물이 없는 상태로, 표면을 의도적으로 대략 6 mm 깊이로 거칠게 처리한 경우

$$V_{nh} = (1.8 + 0.6 \rho_v f_{yt}) \lambda b_v d \qquad \text{식 (4.3.20)}$$

여기서, V_{nh}는 $3.5 b_v d$ 이하가 되어야 하며, ρ_v는 전단연결재의 철근비로 $\rho_v = A_v / (b_v s)$, λ는 경량콘크리트계수로 f_{sp}값이 규정되어 있지 않은 경우 $\lambda = 1$(일반콘크리트), $\lambda = 0.85$(모래경량콘크리트), $\lambda = 0.75$(전경량콘크리트)이며, f_{sp}값이 주어진 경우 $\lambda = f_{sp} / (0.56 \sqrt{f_{ck}}) \leq 1.0$이다.

2) $V_u > \phi(0.35 b_v d)$인 경우

전단마찰 규정에 의하여 설계한다.

4.3.4 전단마찰

(1) 전단마찰 설계 일반

전단마찰 설계 시 전단력 전달 면은 식 (4.3.1)을 기본으로 설계하여야 하며, KDS 14 20 22(4.6)의 규정에 준하여 계산되어야 한다. 균열은 해당 전단면에 걸쳐 발생한다고 가정하며, 전단전달 설계 방법에 의하여 예측된 강도가 다양한 실험결과와 실질적으로 일치하는 경우 그 설계 방법을 적용하여야 한다.

(2) 전단마찰 설계

전단마찰 설계는 균열면에 배근된 철근의 각도에 따라 다음과 같이 계산할 수 있다.

1) 전단마찰철근이 전단력 전달 면에 수직한 경우

$$V_n \leq \mu A_{vf} f_{yt} \qquad \text{식 (4.3.21)}$$

2) 전단마찰철근이 전단력 전달 면과 경사를 이루어 작용 전단력에 의해 전단마찰철근에 인장력이 일어날 경우

$$V_n \leq A_{vf} f_{yt} (\mu \sin\alpha_f + \cos\alpha_f) \qquad \text{식 (4.3.22)}$$

여기서, α_f는 전단마찰철근과 전단면 사이의 각이다.

3) 식 (4.3.21)과 식 (4.3.22)에서 마찰계수(μ)는 다음 값이어야 한다.

- 일체로 친 콘크리트 1.4λ
- 표면을 거칠게 만든 굳은 콘크리트에 새로 친 콘크리트(접촉면의 처리 1)) 1.0λ
- 일부러 거칠게 하지 않은 굳은 콘크리트에 새로 친 콘크리트 0.6λ
- 전단연결재나 철근에 의해 구조용 강재에 정착된 콘크리트 0.7λ

4) 일체로 친 콘크리트나 접촉면의 처리 (1)의 규정에 따라 표면을 거칠게 만든 굳은 콘크리트에 새로 친 보통콘크리트의 경우 전단강도 V_n은 $0.2f_{ck}A_c$, 또한 $(3.3+0.08f_{ck})A_c$ 이하로 하여야 한다. 그 밖의 경우 전단강도 V_n은 $0.2f_{ck}A_c$, 또한 $5.5A_c$ 이하로 하여야 한다. 강도가 서로 다른 콘크리트를 친 경우 낮은 강도 콘크리트의 f_{ck} 값을 사용하여 전단강도 V_n을 산정하여야 한다.

5) 전단마찰철근의 설계기준항복강도는 500 MPa 이하로 하여야 한다.

6) 전단면에 순인장력이 작용할 때는 이에 저항하기 위해서 철근을 추가로 두어야 한다. 한편 소요철근량 A_{vf}를 계산할 때, 전단면에 영구적으로 작용하는 순압축력은 전단마찰철근이 저항하는 힘 $A_{vf}f_y$에 추가되는 힘으로 고려할 수 있다.

7) 전단마찰철근을 전단면에 걸쳐 적절하게 배치하여야 하며, 철근 양쪽에 정착길이를 확보하거나 갈고리 또는 특수한 장치에 용접하여 철근이 설계기준항복강도를 발휘할 수 있도록 양측에 정착시켜야 한다.

(3) 접촉면의 처리

1) 전단마찰 설계의 규정을 효과적으로 적용하기 위해서 이미 굳은 콘크리트에 새로운 콘크리트를 칠 때는 전단전달을 위한 접촉면은 깨끗하고 레이턴스가 없도록 하여야 한다. μ가 1.0λ와 같다고 가정하는 경우의 접촉면은 그 요철의 크기가 대략 6 mm 정도 되도록 거칠게 만들어야 한다.

2) 스터드를 사용하거나 철근을 용접하여 구조용 강재와 콘크리트 사이에서 전단력이 전달되는 경우에 강재는 깨끗하고 페인트가 묻어 있지 않아야 한다.

4.4 압축 설계

4.4.1 압축강도 설계

(1) 설계 일반

1) 철근의 배치 유무에 관계없이 축력 또는 휨모멘트와 축력을 동시에 받는 PSC 부

재는 철근콘크리트 부재에 적용하는 KDS 14 20 60의 강도설계법에 따라 설계하여야 한다.

2) 압축부재를 설계할 때 프리스트레스, 크리프, 건조수축과 온도변화에 대한 영향을 고려하여야 한다.

3) 유효프리스트레스에 의한 콘크리트의 평균 압축응력이 1.6 MPa 미만인 부재에 대해서, 기둥의 경우 KDS 14 20 20(4.3.2), KDS 14 20 50(4.4.2)에 따라 그리고 벽체의 경우 KDS 14 20 72(4.2)에 따라 최소 철근을 배치하여야 한다.

4) 벽체를 제외하고 유효프리스트레스에 의한 콘크리트의 평균 압축응력이 1.6 MPa 이상인 부재에 대해서는 KDS 14 20 60(4.6.2 (2))에 따라 나선철근 또는 띠철근으로 모든 긴장재를 둘러싸야 한다.

5) 유효프리스트레스에 의한 콘크리트의 평균 압축응력이 1.6 MPa 이상인 벽체에서 구조해석 결과 충분한 강도와 안정성을 보여주는 경우 KDS 14 20 72(4.2)에서 요구하는 최소 철근 규정을 따르지 않을 수 있다.

6) 휨모멘트의 작용 여부에 관계없이 축력을 받는 벽체의 설계는 KDS 14 20 72의 규정을 충족하여야 하며, 캔틸레버식 옹벽의 설계는 KDS 14 20 74(4.1)에 따라야 한다.

(2) 압축 설계의 제한사항

1) 압축부재의 설계단면치수

① 둘 이상의 맞물린 나선철근을 가진 독립 압축부재의 유효단면의 한계는 나선철근의 최외측에서 KDS 14 20 50(4.3)에서 요구되는 콘크리트 최소 피복 두께에 해당하는 거리를 더하여 취하여야 한다.

② 콘크리트 벽체나 교각구조와 일체로 시공되는 나선철근 또는 띠철근 압축부재의 유효단면의 한계는 나선철근이나 띠철근 외측에서 40 mm보다 크지 않게 취하여야 한다.

③ 정사각형, 팔각형 또는 다른 형상의 단면을 가진 압축부재 설계에서 전체 단면적을 사용하는 대신에 실제 형상의 최소 치수에 해당하는 지름을 가진 원형단면을 사용할 수 있다. 이 경우 고려되는 부재의 전체 단면적, 요구되는 철근비 및 설계강도는 위의 원형단면을 기준으로 하여야 한다.

④ 하중에 의해 요구되는 단면보다 큰 단면으로 설계된 압축부재의 경우, 감소된 유효단면적을 사용하여 최소 철근량과 설계강도를 결정할 수 있다. 이때 감소된 유효단면적은 전체 단면적의 1/2 이상이어야 한다.

2) 압축부재의 철근량 제한

① 비합성 압축부재의 축방향 주철근 단면적은 전체 단면적 A_g의 0.01배 이상, 0.08배 이하로 하여야 한다. 축방향 주철근이 겹침이음되는 경우의 철근비는 0.04를 초과하지 않도록 하여야 한다.

② 압축부재의 축방향 주철근의 최소 개수는 사각형이나 원형 띠철근으로 둘러싸인 경우 4개, 삼각형 띠철근으로 둘러싸인 경우 3개, 상기 ③에 규정하는 나선철근으로 둘러싸인 철근의 경우 6개로 하여야 한다.

③ 나선철근비 ρ_s는 다음 값 이상으로 하여야 한다.

$$\rho_s = 0.45\left(\frac{A_g}{A_{ch}} - 1\right)\frac{f_{ck}}{f_{yt}} \quad \text{식 (4.4.1)}$$

여기서, A_{ch}는 나선철근의 바깥선을 지름으로 하여 측정된 나선철근 기둥의 심부 단면적, 나선철근의 설계기준 항복강도 f_{yt}는 700 MPa 이하로 하여야 하며, 400 MPa을 초과하는 경우에는 KDS 14 20 50(4.4.2 (2))에 따른 겹침이음을 할 수 없다.

3) 벽체의 수직 및 수평 최소 철근비

① 벽체의 수직 및 수평 최소 철근비는 ② 및 ③의 규정을 따라야 한다. 다만, KDS 14 20 22(4.9.2 (5)), (4.9.3)의 규정에 의해 요구되는 전단보강철근의 소요량이 더 큰 경우에는 그 소요량을 적용하여야 한다.

② 벽체의 전체 단면적에 대한 최소 수직철근비는 다음 규정을 따라야 한다.

- 설계기준 항복강도 400 MPa 이상으로서 D16 이하의 이형철근 0.0012
- 기타 이형철근 0.0015
- 지름 16 mm 이하의 용접철망 0.0012

③ 벽체의 전체 단면적에 대한 최소 수평철근비는 다음에 따라야 한다.

- 설계기준 항복강도 400 MPa 이상으로서 D16 이하의 이형철근 $0.0020\dfrac{400}{f_y}$
- 기타 이형철근 0.0025
- 지름 16 mm 이하의 용접철망 0.0020

④ 두께 250 mm 이상의 벽체에 대해서는 다음의 각 항에 따라 수직 및 수평철근을 벽면에 평행하게 양면으로 배치하여야 한다. 다만, 지하실 벽체에는 이 규정을 적용하지 않을 수 있다.

- 벽체의 외측 면 철근은 각 방향에 대하여 전체 소요철근량의 1/2 이상, 2/3 이하로 하며, 외측 면부터 50 mm 이상, 벽 두께의 1/3 이내에 배치하여야 한다.
- 벽체의 내측 면 철근은 각 방향에 대한 소요철근량의 잔여분을 내측 면부터 20 mm 이상, 벽 두께의 1/3 이내에 배치하여야 한다.

⑤ 수직 및 수평철근의 간격은 벽 두께의 3배 이하, 또한 450 mm 이하로 하여야 한다.

⑥ 수직철근이 집중 배치된 벽체부분의 수직철근비가 0.01배 이상인 경우 KDS 14 20 50(4.4.2)의 규정에 따른 횡방향 띠철근을 설치하여야 하며, 이외의 경우에는 횡방향 띠철근을 설치하지 않을 수 있다. 이때 띠철근의 수직간격은 벽체 두께 이하로 하여야 하며, 수직철근이 압축력을 받는 철근이 아닌 경우에는 횡방향 띠철근을 설치할 필요가 없다.

⑦ 모든 창이나 출입구 등의 개구부 주위에는 ①에 규정된 최소 철근량 이외에도 수직 및 수평방향으로 이열 배근된 벽체에서 두 개의 D16 이상 철근, 일렬 배근된 벽체에서 한 개의 D16 이상의 철근을 창이나 출입구 등의 개구부 주변에 배치하여야 한다. 이때 이러한 철근은 개구부 모서리에서 설계기준항복강도를 발휘할 수 있도록 정착되어야 한다.

(3) 압축력에 대한 설계

1) 기둥 부재

휨모멘트나 축력 또는 휨모멘트와 축력을 동시에 받는 부재의 설계는 KDS 14 20 20(4.1.1)과 (4.1.2)에 따라야 하며, 축하중을 받는 부재는 식 (4.4.2)와 같이 설계 축력이 소요축력 이상이 되도록 해야 한다.

$$\phi P_n \geq P_u \qquad \text{식 (4.4.2)}$$

여기서, P_n은 공칭축력, P_u는 소요(계수)축력, ϕ는 강도감소계수로 4.2.1의 (4)와 같다.

압축력만 작용하는 경우의 공칭축력은 식 (4.4.3)과 같이 계산한다.

$$P_n = \phi_o P_o \qquad \text{식 (4.4.3)}$$

식 (4.4.3)에서 ϕ_o는 최소 편심과 시공오차에 의한 강도감소계수이다. 기둥 부재는 시공오차나 주변 부재의 영향으로 해석에서 예측하지 못한 최소 편심이 발생하게 되는데, 설계에서는 이를 고려하여 ϕ_o를 다음과 같이 규정하고 있다.

- 띠철근 기둥 $\phi_o = 0.80$
- 나선철근 기둥 $\phi_o = 0.85$

식 (4.4.3)에서 P_o는 순수한 축하중으로 다음의 식 (4.4.4)에 의하여 계산한다.

$$P_o = 0.85 f_{ck}(A_g - A_{st} - A_{pst}) + f_y A_{st} + f_{ps} A_{pst} \qquad \text{식 (4.4.4)}$$

여기서, f_{ck}는 콘크리트의 압축강도, f_y는 철근의 항복강도, f_{ps}는 긴장재의 응력, A_g는 기둥의 전체 단면적, A_{st}는 철근의 전체 단면적, A_{pst}는 긴장재의 전체 단면적이며, 콘크리트 압축강도(f_{ck})에 0.85를 고려한 이유는 콘크리트에 장기하중이 작용할 경우에 콘크리트 압축강도가 감소하기 때문이다.

2) 벽체 부재

축력을 받거나 축력과 휨모멘트를 동시에 받는 벽체의 설계는 KDS 14 20 20(4.1), (4.4), (4.5), (4.6.1), (4.7)과 KDS 14 20 72(4.1), (4.2)의 규정에 따라야 한다. 다만, 해당 조건을 만족할 경우 실용 설계법을 따를 수 있으며, 실용 설계법은 다음과 같다.

① 직사각형 단면의 벽체로서 KDS 14 20 20(4.1), (4.2) 및 (4.3.2)의 모든 요구 조건을 만족하고 계수하중의 합력이 벽 두께의 중앙 1/3 이내에 작용하는 경우에는 실용 설계법에 의하여 설계할 수 있다.

② 상기 ①의 규정에 부합될 때 벽체의 설계 축하중 ϕP_{nw}는 식 (4.4.5)에 의하여 산정하여야 한다. 다만, KDS 14 20 72(4.3.1)의 규정에 의할 때에는 이를 적용하지 않는다.

$$\phi P_{nw} = 0.55\phi f_{ck} A_g \left[1 - \left(\frac{kl_c}{32h}\right)^2\right] \qquad \text{식 (4.4.5)}$$

여기서, ϕ는 0.65이고 유효길이계수 k는 다음과 같다. 상·하단이 횡구속 벽체로서 상·하 양단 중의 한쪽 또는 양쪽의 회전이 구속된 경우 0.8, 상·하 양단 모두 회전이 구속되지 않은 경우 1.0, 비횡구속 벽체의 경우에는 2.0이다.

③ 벽체의 최소 두께는 다음에 따라야 한다.

ⓐ 벽체의 두께는 수직 또는 수평받침점 간 거리 중에서 작은 값의 1/25 이상이어야 하고, 또한 100 mm 이상이어야 한다.

ⓑ 지하실 외벽 및 기초 벽체의 두께는 200 mm 이상으로 하여야 한다.

3) 슬래브 구조를 지지하는 압축부재

① 슬래브를 지지하는 압축부재

KDS 14 20 70(1.2)의 규정에 따르는 슬래브 구조를 지지하는 모든 축력을 받는 부재는 KDS 14 20 20과 KDS 14 20 70의 요구사항에 맞도록 설계되어야 한다.

② 바닥판 구조를 통한 기둥하중의 전달

ⓐ 기둥 콘크리트의 설계기준압축강도가 바닥판 구조에 사용된 콘크리트 강도의 1.4배를 초과하는 경우, 바닥판 구조를 통한 하중의 전달은 다음의 ⓑ에서 ⓓ까지 방법 중 한 가지에 의해 이루어져야 한다. 그러나 1.4배 이하인 경우는 특별한 조치를 취할 필요가 없다.

ⓑ 기둥 주변의 바닥판은 기둥과 동일한 강도를 가진 콘크리트로 시공하여야 한다. 기둥 콘크리트의 윗면은 기둥면에서 슬래브 내로 600 mm 정도 확대하고, 기둥 콘크리트와 바닥판 콘크리트가 일체화되도록 기둥 콘크리트가 굳지 않은 상태에서 바닥판 콘크리트를 시공하여야 한다.

ⓒ 바닥판 구조를 통과하는 기둥의 강도는 소요 연직 다월철근과 나선철근을 가진 콘크리트 강도의 하한값을 기준으로 하여야 한다.

ⓓ 깊이가 거의 같은 보나 슬래브로 네 면이 횡방향으로 구속된 기둥의 접합부 강도는 기둥 콘크리트 강도의 75 %와 바닥판 콘크리트 강도의 35 %를 합한 콘크리트의 강도로 가정하여 계산할 수 있다. 여기서, 기둥의 콘크리트 강도는 바닥판 콘크리트 강도의 2.5배를 초과할 수 없다.

4) 압축강도가 서로 다른 합성부재

수직중공이 있는 프리캐스트 기둥 또는 벽체에 콘크리트가 충전되는 합성부재에서 프리캐스트 부재와 중공내 충전콘크리트의 압축강도가 서로 다른 경우에는 두 재료의 탄성계수비와 단면상 면적비를 고려한 식 (4.4.6)과 같은 유효압축강도를 부재의 강도로 하여 합성단면의 압축력에 대한 설계를 할 수 있다.

$$f_{ck,e} = f_{cc,pc} - \frac{A_{hc}}{A_g}(f_{cc,pc} - f_{ck,hc}) \qquad \text{식 (4.4.6)}$$

여기서, $f_{cc,pc}$는 PC와 중공내 충전콘크리트의 탄성계수비를 고려한 PC 기둥 또는 벽체의 압축강도로 $f_{cc,pc} = f_{ck,hc}(E_{c,pc}/E_{c,hc})$, $f_{ck,e}$는 유효압축강도, $f_{ck,hc}$는 중공내 충전콘크리트의 압축강도, $E_{c,pc}$와 $E_{c,hc}$는 각각 PC 기둥 또는 벽체와 중공내 충전콘크리트의 탄성계수, A_{hc}는 충전콘크리트가 채워진 중공의 단면적이다.

5) 지압강도

① 콘크리트의 설계 지압강도는 $\phi(0.85 f_{ck} A_1)$을 초과할 수 없다. 그러나 지지표면이 재하면보다 모든 측변에서 큰 경우, 재하면의 설계 지압강도는 $\phi(0.85 f_{ck} \sqrt{A_2/A_1}) A_1$까지 증가시킬 수 있으나 $\sqrt{A_2/A_1}$ 값은 2 이하로 하여야 한다.

② ①은 포스트텐셔닝 정착부에는 적용할 수 없다.

4.4.2 편심하중을 받는 부재

(1) 균열 발생 이전의 응력

균열 발생 이전의 응력은 탄성해석법에 근거하여 계산한다. [그림 4.4.1]과 같이 부재의 도심에서 편심거리(e)만큼 떨어진 위치에 긴장재가 직선으로 배치된 부재에 축하중(P_n)이 작용할 경우에 콘크리트의 응력은 다음과 같다.

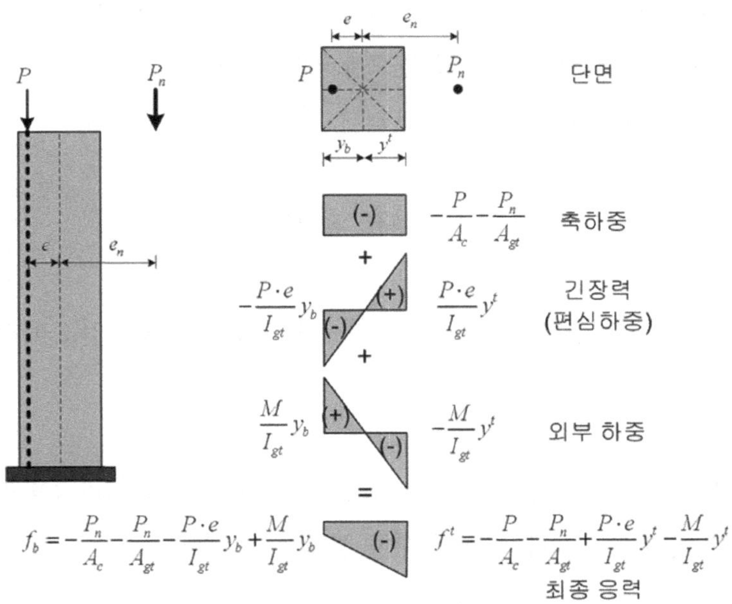

[그림 4.4.1] PSC 기둥의 응력[7)]

1) 긴장재의 축하중에 의한 축응력 : $f = -\frac{P}{A_c}$

2) 외력(고정하중, 활하중 등)에 의한 축응력 : $f = -\frac{P_n}{A_{gt}}$

3) 긴장재의 편심하중에 의한 휨응력 : $f = \pm\frac{P\times e}{I_{gt}}y$

4) 외력(고정하중, 활하중 등)에 의한 휨응력 : $f = \pm\frac{P_n \times e_n}{I_{gt}}y = \pm\frac{M}{I_{gt}}y$

5) 전체응력 : $f = -\frac{P}{A_c} - \frac{P_n}{A_{gt}} \pm \frac{P\times e}{I_{gt}}y \pm \frac{M}{I_{gt}}y$

여기서, P는 긴장력, P_n은 외부 축력, A_c는 콘크리트의 단면적, A_{gt}는 강재를 콘크리트로 환산한 전체 단면적, e는 긴장재의 편심거리, M은 외부하중에 의한 모멘트, I_{gt}는 강재를 콘크리트로 환산한 전단면2차모멘트이다.

(2) 휨모멘트와 축력을 동시에 받는 기둥의 설계

휨모멘트나 축력 또는 휨모멘트와 축력을 동시에 받는 기둥의 설계는 KDS 14 20 20(4.1.1)과 (4.1.2)에 따라야 하며, 휨모멘트를 받는 기둥은 식 (4.4.7)과 같이 설계모멘트가 소요모멘트 이상이 되도록 해야 한다.

$$\phi M_n \geq M_u \quad \text{식 (4.4.7)}$$

여기서, M_n은 공칭모멘트, M_u는 소요(계수)모멘트, ϕ는 강도감소계수로 4.2.1의 (4)와 같다.

휨모멘트와 축력을 동시에 받는 기둥의 경우 [그림 4.2.2]에 나타나듯이 압축지배 단면, 변화구간 단면, 인장지배 단면에 대한 설계가 가능하며, 순서는 다음과 같다.

1) 인장연단에 가장 가까운 철근(또는 긴장재)의 변형률($\varepsilon_t = \varepsilon_{s1}$)을 가정한다.

2) 중립축까지의 거리(c)를 식 (4.4.8)에 의하여 계산한다.

$$c = \left(\frac{\varepsilon_{cu}}{\varepsilon_{cu} - \varepsilon_{si}}\right)d_{si} \quad \text{또는} \quad c = \left(\frac{\varepsilon_{cu}}{\varepsilon_{cu} - \varepsilon_{psi}}\right)d_{\pi} \qquad \text{식 (4.4.8)}$$

3) 중립축까지의 거리를 이용하여 등가직사각형 응력블록의 깊이(a)를 계산한다. 이 때 등가직사각형 응력블록의 깊이가 부재의 깊이(h)보다 큰 경우에는 $a = h$로 한다.

$$a = \beta_1 c \qquad \text{식 (4.4.9)}$$

4) 각 열에 배근된 철근의 변형률(ε_{si})과 긴장재의 변형률(ε_{psi})을 식 (4.4.10)에 의하여 계산한다.

$$\varepsilon_{si} = \left(\frac{c - d_{si}}{c}\right)\varepsilon_c \quad \text{또는} \quad \varepsilon_{psi} = \left(\frac{c - d_{psi}}{c}\right)\varepsilon_c \qquad \text{식 (4.4.10)}$$

5) 재료의 구성법칙에 의하여 각 열에 배근된 철근의 응력(f_{si})과 긴장재의 응력(f_{ps})을 식 (4.4.11)과 식 (4.4.12)에 의하여 계산한다.

$$\varepsilon_{si} < \varepsilon_y \text{ 일 때} \qquad f_{si} = E_s \varepsilon_{si} \qquad \text{식 (4.4.11)}$$

$$\varepsilon_{si} \geq \varepsilon_y \text{ 일 때} \qquad f_{si} = f_y$$

$$f_{ps} = E_{ps}\varepsilon_{ps}\left\{0.03 + \frac{0.97}{\left[1 + (121\varepsilon_{ps})^6\right]^{1/6}}\right\} \leq 1{,}860 \text{ MPa} \qquad \text{식 (4.4.12)}$$

6) 각 열에 배근된 철근의 내력(N_{si})과 긴장재의 내력(N_{pi})을 압축 내력과 인장 내력으로 구분하여 식 (4.4.13)에 의하여 계산한다.

$$\text{인장철근} \qquad N_{si} = f_{si} A_{si} \qquad \text{식 (4.4.13)}$$

$$\text{압축철근} \qquad N_{si} = (f_{si} - 0.85 f_{ck}) A_{si}$$

$$\text{인장긴장재} \qquad N_{pi} = f_{psi} A_{psi}$$

압축긴장재 $N_{pi} = (f_{psi} - 0.85 f_{ck}) A_{psi}$

7) 부재축방향의 힘의 평형을 이용하여 1)에서 가정한 철근(또는 긴장재)의 변형률(ε_{s1})에 의하여 계산한 내력의 평형식이 만족하는지 식 (4.4.14)를 이용하여 검토한다. 이때 옳지 않으면 새로운 ε_{s1}를 가정해야 한다.

$$P_n = 0.85 f_{ck} ab + \sum_{i=1}^{n} N_{si} + \sum_{i=1}^{n} N_{pi} \qquad \text{식 (4.4.14)}$$

8) 휨모멘트를 단면의 중심을 기준으로 식 (4.4.15)와 같이 계산한다.

$$M_n = P_n \cdot e \qquad \text{식 (4.4.15)}$$

$$M_n = 0.85 f_{ck} ab\left(\frac{h}{2} - \frac{a}{2}\right) + \sum_{i=1}^{n} N_{si}\left(\frac{h}{2} - d_{si}\right) + \sum_{i=1}^{n} N_{pi}\left(\frac{h}{2} - d_{pi}\right)$$

9) 강도감소계수(ϕ)가 고려된 설계 축력과 설계 휨모멘트를 계산한다.

(3) 세장한 벽체의 대체설계법

세장한 벽체의 대체설계법은 KDS 14 20 72(4.3.3)의 규정을 충족하여야 한다.

1) 휨인장이 벽체의 면외방향 설계를 지배하는 경우, 이 절의 규정을 따르면 KDS 14 20 20(4.4.1)을 만족시키는 것으로 볼 수 있다.
2) KDS 14 20 72(4.3.3)에 따라 설계된 벽체는 다음의 규정이 만족되도록 하여야 한다.
   ① 벽판은 단순지지되고 벽체 중앙에서 최대 모멘트 및 최대 처짐이 발생되는 면외 균등한 횡하중을 받는 압축부재로 고려하여 설계하여야 한다.
   ② 단면적은 전 높이에 대하여 일정한 것으로 한다.
   ③ 벽체는 인장이 지배적인 거동을 하도록 설계하여야 한다.
   ④ 철근은 식 (4.4.16)과 같은 설계 휨강도를 확보하도록 산정하여야 한다.

$$\phi M_n \geq M_{cr} \qquad \text{식 (4.4.16)}$$

⑤ 벽체의 설계 휨 단면 상부에 작용되는 집중 수직하중은 아래와 같은 폭에 분포된 것으로 가정하여야 한다.

⑥ 벽체 높이의 중앙부분에서 수직응력 P_u/A_g는 $0.06f_{ck}$을 초과하지 않아야 한다.

3) 축력과 휨모멘트를 받는 벽체 높이의 중앙부 설계 휨강도(ϕM_n)는 식 (4.4.7)과 같은 조건을 만족하여야 하며, M_u는 식 (4.4.17)과 같다.

$$M_u = M_{ua} + P_u \Delta_u \qquad \text{식 (4.4.17)}$$

여기서, M_{ua}는 계수횡하중과 편심 수직하중에 의한 벽체 높이 중앙부의 최대 계수휨모멘트로서 $P-\Delta$ 효과를 고려하지 않은 값이며 Δ_u는 식 (4.4.18)에 의하여 계산한 값이다.

$$\Delta_u = \frac{5M_u l_c^2}{(0.75)48E_c I_{cr}} \qquad \text{식 (4.4.18)}$$

M_u는 처짐을 반복적으로 대입하거나 계산하거나 식 (4.4.19)를 이용하여 직접 계산할 수 있다.

$$M_u = \frac{M_{ua}}{1 - \dfrac{5P_u l_c^2}{(0.75)48E_c I_{cr}}} \qquad \text{식 (4.4.19)}$$

여기서, I_{cr}은 다음 식 (4.4.20)과 같다.

$$I_{cr} = \frac{E_s}{E_c}\left(A_s + \frac{P_u}{f_y}\frac{h}{2d}\right)(d-c)^2 + \frac{l_w c^3}{3} \qquad \text{식 (4.4.20)}$$

여기서, E_s/E_c는 6 이상이어야 한다.

4) $P-\Delta$ 효과를 고려한 사용하중에 의한 최대 면외 처짐 Δ_s는 $l_c/150$을 초과하지 않아야 하고, 사용 횡하중과 편심 수직하중에 의한 벽체 높이 중앙부의 최대 휨모멘트로서 $P-\Delta$ 효과를 고려한 M_a가 $(2/3)M_{cr}$을 초과한다면, Δ_s는 식 (4.4.21)에 의해 계산하여야 한다.

$$\Delta_s = (2/3)\Delta_{cr} + \frac{(M_a - (2/3)M_{cr})}{(M_n - (2/3)M_{cr})}(\Delta_n - (2/3)\Delta_{cr}) \qquad \text{식 (4.4.21)}$$

여기서, M_a가 $(2/3)M_{cr}$을 초과하지 않는다면, Δ_s는 식 (4.4.22)에 의해 계산하여야 한다.

$$\Delta_s = \left(\frac{M_a}{M_{cr}}\right)\Delta_{cr} \qquad \text{식 (4.4.22)}$$

식 (4.4.21)과 식 (4.4.22)의 Δ_{cr}과 Δ_n은 각각 다음 식 (4.4.23)과 식 (4.4.24)와 같다.

$$\Delta_{cr} = \frac{5M_{cr}l_c^2}{48E_cI_g} \qquad \text{식 (4.4.23)}$$

$$\Delta_n = \frac{5M_nl_c^2}{48E_cI_{cr}} \qquad \text{식 (4.4.24)}$$

여기서, I_{cr}은 식 (4.4.20)에 의해 계산하고 M_a는 면외 처짐을 반복적으로 대입하여 계산한다.

4.4.3 장주효과

(1) 압축부재의 장주효과

1) 다음의 조건을 만족하는 경우에는 압축부재의 장주효과를 무시할 수 있다.

- 비횡구속 골조의 압축부재의 경우

$$\frac{kl_u}{r} \le 22 \qquad \text{식 (4.4.25)}$$

- 횡구속 골조의 압축부재의 경우

$$\frac{kl_u}{r} \le 34 - 12(M_1/M_2) \qquad \text{식 (4.4.26)}$$

여기서, M_1/M_2의 값은 기둥이 단일 곡률일 때 양(+)으로 이중 곡률일 때 음(-)으로 취하며, $[34-12(M_1/M_2)]$는 40을 초과할 수 없다.

2) 횡변위에 저항하는 구조 요소 중 기둥을 제외한 구조 요소의 전체 총 강성이 해당 층에 있는 기둥 전체 강성의 12배보다 큰 골조는 횡구속 골조로 간주할 수 있다.

3) 압축부재의 비지지길이는 다음에 따라 구할 수 있다.

- 압축부재의 비지지길이 l_u는 바닥슬래브, 보, 기타 고려하는 방향으로 횡지지할 수 있는 부재들 사이의 순길이로 취하여야 한다.
- 기둥머리나 헌치가 있는 경우의 비지지길이는 검토하고자 하는 면에 있는 기둥머리나 헌치의 최하단까지 측정된 거리로 하여야 한다.

4) 회전반지름(r)은 직사각형 압축부재의 경우 좌굴안정성이 고려되는 방향의 단면 치수의 0.3배, 원형 압축부재의 경우 지름의 0.25배로 사용할 수 있다. 그 이외의 형상에 대한 회전반지름은 콘크리트 전체 단면적에 대하여 계산할 수 있다.

(2) 확대휨모멘트에 대한 일반 사항

1) 4.4.3의 (1)에 따라 장주효과를 무시할 수 없는 경우에는 (3)이나 (4) 또는 (5)에 의한 2차 해석으로 구한 계수축력과 계수휨모멘트에 대하여 압축부재, 구속 보, 기타 지지부재를 설계하여야 한다.
2) 압축부재, 구속 보, 기타 지지부재는 2차 해석에 의한 총 휨모멘트가 탄성 1차 해석에 의한 휨모멘트의 1.4배를 초과하지 않도록 설계하여야 한다.
3) 장주효과에 의한 압축부재의 휨모멘트 증대는 압축부재 단부 사이의 모든 위치에서 고려하여야 한다. 이 효과는 6)에 따라 구할 수 있다.
4) 두 주축에 대해 휨모멘트를 받고 있는 압축부재에 있어서 각 축에 대한 휨모멘트는 해당 축의 구속조건을 기초로 하여 각각 증대시켜야 한다.

(3) 비선형 2차 해석

1) 비선형 2차 해석은 재료의 비선형성, 균열, 부재곡률, 횡방향 변위, 재하기간, 건조수축과 크리프, 지지 기초와의 상호작용 등의 영향을 고려하여야 한다.
2) 장주효과에 대한 비선형 2차 해석은 부정정 콘크리트 구조물의 기둥에 대한 강도 실험결과와 유사한 결과를 예측하는 해석방법을 사용하여야 한다.

(4) 탄성 2차 해석

1) 탄성 2차 해석은 축력의 영향, 부재 길이에 걸쳐있는 균열 구역, 하중지속효과 등을 고려하여 계산된 부재의 단면 특성을 사용하여야 한다.
2) 탄성 2차 해석을 위한 구조물 부재의 단면 특성으로 다음 값을 사용할 수 있다.

- 탄성계수 E_c (KDS 14 20 10(4.3 (1)) 참조)
- 단면2차모멘트 :

기둥	$0.70I_g$
비균열 벽체	$0.70I_g$
균열 벽체	$0.35I_g$
보	$0.35I_g$
플랫 플레이트 및 플랫 슬래브	$0.25I_g$

- 단면적 $1.0A_g$

3) 횡방향 지속하중이 작용할 경우에는 상기 2)로 구한 압축부재의 단면2차모멘트를 $(1+\beta_{ds})$로 나누어야 한다. β_{ds}는 1개 층 전체의 최대 계수전단력에 대한 최대 계수지속전단력의 비로서 1.0 이하의 값을 사용하여야 한다.

(5) 휨모멘트 확대 일반 사항

1) 구조물의 기둥과 층은 다음 2) 또는 3)에 따라 횡구속의 경우와 비횡구속의 경우로 구분되어야 하며, 횡구속 골조나 층의 기둥설계는 (6)에 따라야 하고, 비횡구속 골조나 층의 기둥의 설계는 (7)에 따라야 한다.
2) 2차 해석에 의한 기둥 단부 휨모멘트의 증가량이 탄성 1차 해석에 의한 단부 휨모멘트의 5 %를 초과하지 않는 경우에 이 구조물의 기둥은 횡구속 구조물로 가정할 수 있다.
3) 식 (4.4.27)의 층 안정성 지수가 0.05 이하일 경우 해당 구조물 층은 횡구속 구조물로 가정할 수 있다.

$$Q=\frac{\Delta_o \Sigma P_u}{V_u l_c} \qquad \text{식 (4.4.27)}$$

여기서, ΣP_u와 V_u는 각각 해당 층의 전체 수직 축력과 층전단력이다. 그리고 Δ_o는 V_u로 인한 해당 층의 상단과 하단 사이의 탄성 1차 해석에 의한 상대변위이다.

(6) 횡구속 골조 압축부재의 확대휨모멘트

1) 횡구속 골조의 압축부재는 계수축력 P_u와 부재의 곡률 영향을 고려하여 구한 확대계수휨모멘트 M_c에 대하여 설계하여야 한다.

$$M_c=\delta_{ns} M_2 \qquad \text{식 (4.4.28)}$$

여기서,

$$\delta_{ns} = \frac{C_m}{1 - \dfrac{P_u}{0.75P_c}} \geq 1.0 \qquad \text{식 (4.4.29)}$$

2) 식 (4.4.29)에서 P_c는 식 (4.4.30)에 따라 계산할 수 있다.

$$P_c = \frac{\pi^2 EI}{(kl_u)^2} \qquad \text{식 (4.4.30)}$$

3) 식 (4.4.30)의 EI는 식 (4.4.31) 또는 식 (4.4.32)에 따라 계산할 수 있다.

$$EI = \frac{(0.2E_cI_g + E_sI_{se})}{1+\beta_{dns}} \qquad \text{식 (4.4.31)}$$

$$EI = \frac{0.4E_cI_g}{1+\beta_{dns}} \qquad \text{식 (4.4.32)}$$

4) 하중지속효과를 고려하는 β_{dns}는 각각의 하중조합에서 축방향 계수지속하중을 최대 축방향 계수하중으로 나눈 값으로, 1.0 이하의 값을 사용하여야 한다.
5) 유효길이계수(k)는 1.0을 사용할 수 있다.
6) 식 (4.4.29)에서 기둥의 양단 사이에 횡방향 하중이 작용하지 않는 부재에 대한 C_m은 다음 값을 사용하여야 한다.

$$C_m = 0.6 + 0.4\frac{M_1}{M_2} \qquad \text{식 (4.4.33)}$$

여기서, M_1/M_2는 기둥이 단일 곡률로 변형될 때는 양(+)의 값을 취하고, 기둥의 양단 사이에 횡하중이 있는 경우에는 C_m을 1.0으로 취하여야 한다.

7) 식 (4.4.28)의 계수휨모멘트(M_2)는 각 주축에 대하여 다음 값 이상으로 하여야 한다.

$$M_{2,\min} = P_u e_{\min} \qquad \text{식 (4.4.34)}$$

$$e_{\min} = 15 + 0.03h \qquad \text{식 (4.4.35)}$$

여기서, 15와 h는 mm 단위이다. 그러나 $M_{2,\min}$이 M_2보다 큰 부재에 대해서 식 (4.4.33)의 C_m 값은 1.0으로 취하거나 계산된 단부 휨모멘트 M_1과 M_2의 비를 이용하여 구하여야 한다.

(7) 비횡구속 골조 압축부재의 확대휨모멘트

1) 비횡구속 골조 압축부재의 양단 휨모멘트 M_1과 M_2는 다음과 같이 계산하는 확대휨모멘트(M_2)와 계수축력(P_u)에 의해 설계하여야 한다.

$$M_1 = M_{1ns} + \delta_s M_{1s} \qquad \text{식 (4.4.36)}$$

$$M_2 = M_{2ns} + \delta_s M_{2s}$$

여기서, 비횡구속 골조의 모멘트확대계수(δ_s)는 다음 2) 또는 3)에 따라 계산하여야 한다.

2) 비횡구속 골조의 모멘트확대계수(δ_s)는 식 (4.4.37)에 따라 계산하여야 한다. 만일 이 방법으로 계산된 δ_s가 1.5를 초과하면, δ_s는 탄성 2차 해석 또는 다음 3)에 따라 계산하여야 한다.

$$\delta_s = \frac{1}{1-Q} \geq 1 \qquad \text{식 (4.4.37)}$$

3) δ_s는 다음의 방법으로도 구할 수 있다.

$$\delta_s = \frac{1}{1 - \frac{\Sigma P_u}{0.75 \Sigma P_c}} \geq 1 \qquad \text{식 (4.4.38)}$$

여기서, ΣP_u는 한 층의 모든 연직계수축력의 합이고, ΣP_c는 횡방향 변위에 저항하는 모든 기둥의 임계축력 P_c의 합이다. P_c는 다음 4)의 k와 (6)의 3) EI를 사용하여 식 (4.4.21)에 의해 계산하지만, (6)의 3) EI 계산식에서 계수축력에 의한 β_{dns} 대신 계수전단력에 의한 β_{ds}를 사용하여야 한다.

4) 비횡구속 골조의 압축부재에 대한 유효길이계수 k는 (4)의 E_c와 I 값을 사용하여 결정하며, 이 값은 1.0 이상이어야 한다.
5) 비횡구속 골조 접합부의 휨부재는 압축부재의 확대된 단부 계수휨모멘트에 대하여 설계되어야 한다.

4.5 처짐

4.5.1 탄성처짐

(1) 부재등급에 따른 처짐의 계산

PSC 부재는 프리스트레스에 의하여 부재 도심보다 위쪽으로 처짐(솟음)이 발생한다. 솟음은 지속하중을 받는 부재의 응력분포와 시간에 따라 증가 또는 감소하기도 한다. PSC 부재의 전체 처짐은 솟음과 고정하중이나 활하중 등과 같은 하중에 의한 부재의 처짐을 합하여 다음 식 (4.5.1)과 같이 계산한다.

$$\Delta_T = \Delta_P(\uparrow) + \Delta_C(\downarrow) \qquad \text{식 (4.5.1)}$$

여기서, Δ_T는 전체 처짐, Δ_P는 긴장력에 의해 부재축 위쪽으로 발생하는 처짐(솟음), Δ_C는 고정하중이나 활하중 등에 의해 부재축 아래쪽으로 발생하는 처짐이다.

또한, PSC 부재는 [그림 4.5.1]에 나타나듯이 균열 발생 여부와 사용한계도달 여부에 따라서 세 종류의 부재로 구분하여 설계할 수 있으며, [표 4.5.1]과 같이 긴장력 도입, 즉시 응력손실, 추가 고정하중 후의 장기응력손실, 활하중 작용 후, 전체하중 작용 후와 같이 각 단계에 따라서 부재의 응력은 검토되어야 한다.

1) 비균열등급 부재: 최종 하중단계에서 콘크리트의 인장응력이 제한되어 균열이 발생하지 않는 부재이다. 이 부재의 경우 처짐을 계산하기 위하여 필요한 단면2차모멘트는 비균열 전체단면에 대한 전단면2차모멘트를 사용하며, 구조 설계기준에서 요구하는 균열제어를 할 필요가 없다.
2) 부분균열등급 부재: 최종 하중단계에서 폭이 작은 균열을 허용하는 부재이다. 이 부재의 처짐을 계산하기 위해서는 균열단면2차모멘트를 사용해야 한다. 다만, 균열의 폭이 작기 때문에 비균열등급 부재에 대한 설계와 마찬가지로 구조 설계기준에서 요구하는 균열제어를 할 필요가 없다.
3) 균열등급 부재: 최종 하중단계에서 콘크리트의 인장응력에 대한 제한이 없으므로 폭이 큰 균열이 발생할 수 있는 부재이다. 이 부재의 처짐을 계산하기 위해서는 균열단면2차모멘트를 사용해야 한다. 또한, 균열의 폭이 크기 때문에 균열제어를 검토하고 비긴장재(철근)을 배근해야 한다.

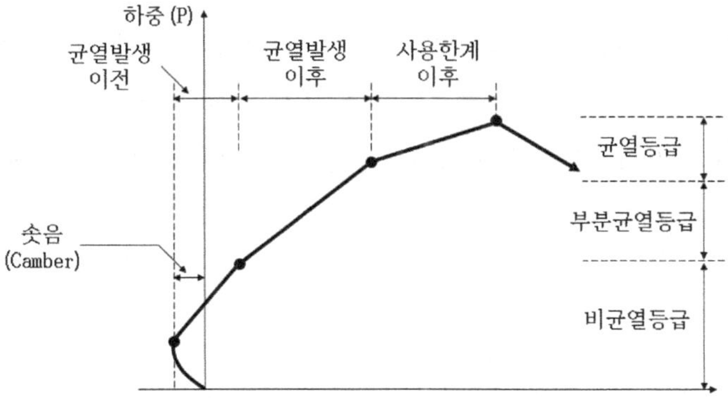

[그림 4.5.1] PSC 부재의 균열에 대한 한계[7)]

[표 4.5.1] PSC 부재의 등급

하중의 종류	PSC 부재			철근콘크리트 부재
	비균열등급 (U-class)	부분균열등급 (T-class)	균열등급 (C-class)	
거동	비균열 상태	비균열과 균열의 중간 상태	균열 상태	균열 상태
사용하중에서의 응력계산 시 단면결정	비균열 전체 단면	비균열 전체 단면	균열 단면	조건 없음
허용응력	4.2.2절 (3)의 1)항	4.2.2절 (3)의 1)항	4.2.2절 (3)의 1)항	조건 없음
비균열단면 성질로 계산한 허용압축응력	4.2.2절 3)의 (2)항	4.2.2절 3)의 (2)항	조건 없음	조건 없음
사용하중에 의한 연단 인장응력	$f_t \leq 0.63\sqrt{f_{ck}}$	$0.63\sqrt{f_{ck}} < f_t \leq 1.0\sqrt{f_{ck}}$	$f_t > 1.0\sqrt{f_{ck}}$	조건 없음
처짐 계산 근거	비균열 전체 단면	균열단면	균열단면	유효단면 2차모멘트
균열 제어	조건없음	조건없음	4.2.2절 (1)의 1)항	4.2.2절 (1)의 1)항
균열 제어를 위한 f_s 계산	-	-	균열단면해석	M/A_s 또는 $0.6f_y$
표피 철근	불필요	불필요	4.2.2절 (1)의 2)항	4.2.2절 (1)의 2)항

(2) 탄성해석법

Otto Mohr에 의한 공액보법은 보의 처짐과 처짐각을 산정하는데 편리하다. 공액보법은 곡률, 처짐각, 처짐의 상호 관계와 하중, 전단력, 휨모멘트의 상호 관계의 유사성을 이용하여 실제보를 가상의 공액보로 전환하여 처짐과 처짐각을 계산한다. 절곡된 긴장재가 사용된 프리스트레스트 콘크리트 단순보의 경우 [그림 4.5.2]에 나타나듯이 중앙점에서 발생하는 최대 처짐(Δ_{max})은 다음 식 (4.5.2)와 같이 계산할 수 있다.

$$\Delta_{max} = (A_1 + A_2 + A_3)\left(\frac{l}{2}\right) - \left[A_1 \times \frac{l}{4} + A_2 \times \left(\frac{l}{2} - a + \frac{a}{3}\right) + A_3 \times \left(\frac{l}{2} - a\right)/2\right] \qquad \text{식 (4.5.2)}$$

$$\Delta_{\max} = -\frac{Pl^2}{8EI}\left[e_1 + (e_2 - e_1)\frac{4}{3}\frac{a^2}{l^2}\right]$$

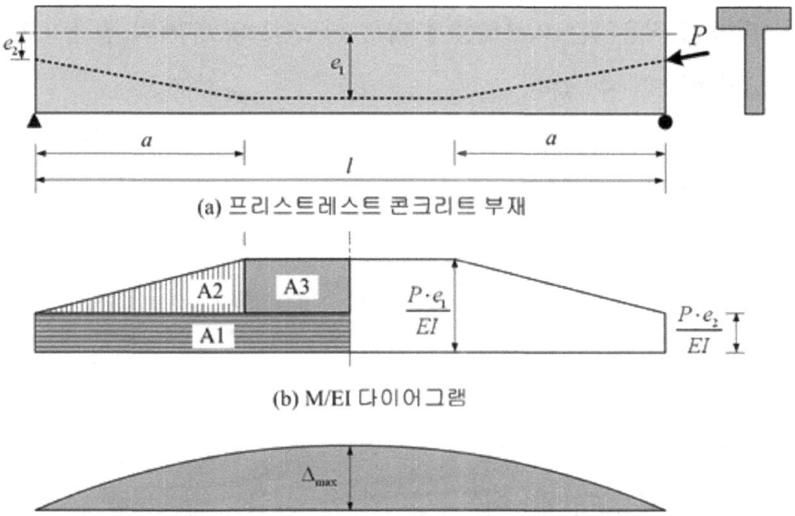

[그림 4.5.2] 공액보법에 의한 PSC 부재의 솟음 계산[7)]

(3) 탄성해석을 위한 조건

1) 단면의 환산

PSC 부재 단면은 탄성계수와 강도가 다른 강재(긴장재와 철근)와 콘크리트라는 복합재료로 구성되어 단면의 도심과 단면2차모멘트를 계산하기 위해서는 한 재료의 단면적으로 환산하여 전체 단면을 하나의 균질한 재료로 계산하는 것이 편리하다. 단면 환산은 아래와 같이 재료의 탄성계수비를 이용하여 단면적과 단면2차모멘트를 계산한다.

$$n_p = \frac{E_{ps}}{E_c} \qquad \text{식 (4.5.3)}$$

$$n_s = \frac{E_s}{E_c} \qquad \text{식 (4.5.4)}$$

여기서, n_p는 긴장재의 탄성계수비, n_s는 철근의 탄성계수비, E_{ps}는 긴장재의 탄성계수, E_s는 철근의 탄성계수, E_c는 콘크리트의 탄성계수이다.

2) 휨균열모멘트

PSC 부재의 처짐과 밀접한 관련이 있는 휨강성(EI)은 균열 발생 이전과 이후가 달라지기 때문에 휨균열의 발생 유·무를 검토하는 것은 중요하다. 휨균열 발생 여부는 부재에 작용하는 외부하중에 의한 휨모멘트와 부재의 휨균열모멘트(M_{cr})를 비교하여 예측할 수 있다.

유효긴장력(P_e)이 작용하는 PSC 부재에 균열이 발생하지 않았다면 탄성해석에 의해 다음 식 (4.5.5)와 같이 휨응력을 계산한다.

$$f_b = -\frac{P_e}{A_c} - \frac{P_e \times e}{S_b} + \frac{M_T}{S_b} \qquad \text{식 (4.5.5)}$$

여기서, f_b는 단면 인장연단의 휨모멘트, P_e는 유효긴장력, e는 긴장재의 편심거리, S_b는 인장연단에 대한 단면계수, M_T는 전체하중에 의한 휨모멘트 ($M_T = M_{SW} + M_D + M_L$)이다.

식 (4.5.5)에서 휨응력(f_b)을 휨인장강도(f_r)로 대체할 때 M_T는 휨균열모멘트 (M_{cr})가 되며, 식 (4.5.5)에 대한 단면계수(S_b)를 이용하여 M_{cr}를 식 (4.5.6)과 같이 계산한다.

$$M_{cr} = f_r S_b + P_e\left(\frac{S_b}{A_c} + e\right) \qquad \text{식 (4.5.6)}$$

여기서, f_r는 콘크리트 휨인장강도($f_r = 0.63\lambda\sqrt{f_{ck}}$)이다.

3) 단면2차모멘트

[그림 4.5.3]에 나타나듯이 균열이 발생하기 이전의 PSC 부재의 휨강성($E_c I_g$)은 균열이 발생한 이후의 휨강성($E_c I_{cr}$)과 차이가 있다. 그 이유는 균열이 발생하기 이전에는 콘크리트 전체 단면적을 단면2차모멘트로 적용할 수 있으나 균열이 발생한 이후에는 균열면과 비균열면 단면의 유효값인 유효단면2차모멘트를 사용하

여 계산해야 하기 때문이다.

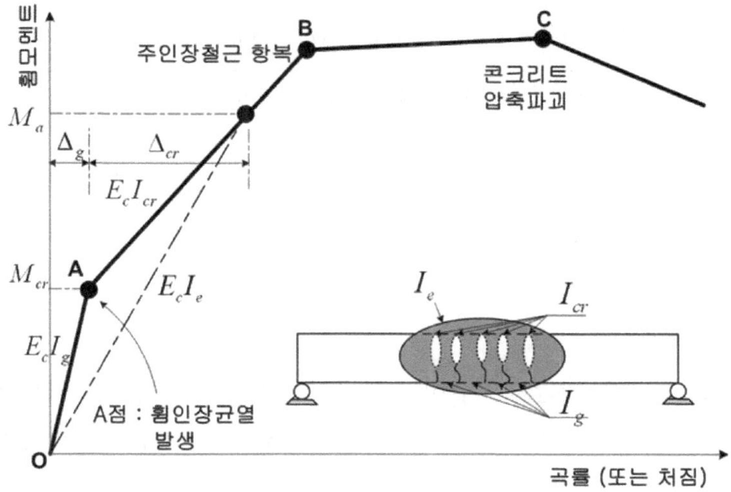

[그림 4.5.3] 휨강성의 변화[7)]

① 균열 발생 이전(전단면2차모멘트, $M < M_{cr}$)

균열이 발생하기 이전에는 콘크리트 전체 단면적을 이용하여 단면2차모멘트를 다음과 같이 계산한다.

- 정산식

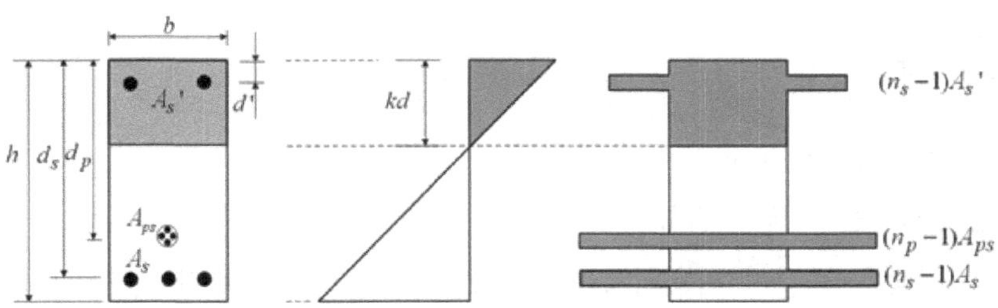

[그림 4.5.4] 단면2차모멘트 계산을 위한 단면 환산[7)]

[그림 4.5.4]와 같이 긴장재와 철근을 콘크리트로 환산 및 탄성해석에 의한 중립축을 계산하여 단면2차모멘트를 산정한다.

$$\bar{y}=\frac{(b\times h)\frac{h}{2}+(n_s-1)A_s^{'}d^{'}+(n_s-1)A_sd+(n_p-1)A_{ps}d_p}{\left(b\times h-A_s^{'}-A_s-A_{ps}\right)+n_sA_s^{'}+n_sA_s+n_pA_{ps}}$$ 식 (4.5.7)

$$=\frac{(b\times h)\frac{h}{2}+(n_s-1)A_s^{'}d^{'}+(n_s-1)A_sd+(n_p-1)A_{ps}d_p}{(b\times h)+(n_s-1)A_s^{'}+(n_s-1)A_s+(n_p-1)A_{ps}}$$

$$I_g=\frac{b(h)^3}{12}+bh\left(\bar{y}-\frac{h}{2}\right)^2+(n_s-1)A_s^{'}\left(\bar{y}-d^{'}\right)^2+(n_s-1)A_s\left(\bar{y}-d\right)^2+(n_p-1)A_{ps}\left(\bar{y}-d_p\right)^2$$ 식 (4.5.8)

- 약산식

식 (4.5.8)은 계산이 복잡하고 콘크리트의 전체 단면적이 사용될 경우 강재가 단면2차모멘트에 미치는 영향이 크지 않으므로 이를 무시하고 계산한다.

$$\bar{y}=\frac{h}{2}$$ 식 (4.5.9)

$$I_g=\frac{bh^3}{12}$$ 식 (4.5.10)

② 균열 발생 이후(유효단면2차모멘트, $M \geq M_{cr}$)

4.5.2절 유효강성에 나타낸 유효단면2차모멘트를 이용해 계산한다.

(4) 순간처짐

1) 비균열등급 부재의 순간처짐 계산

순간처짐은 하중이 가해지는 순간에 즉각적으로 발생하는 처짐으로 비균열등급 부재의 경우 균열이 허용되지 않으므로 전단면2차모멘트와 콘크리트의 탄성계수를 이용하여 탄성해석에서 유도한 처짐 계산 식 (4.5.2)에 대입하여 솟음과 처짐을 계산한다.

2) 균열등급 부재의 순간처짐 계산

균열등급 부재는 탄성해석에 의해 계산되는 처짐 계산값에 콘크리트 부재의 특성인 탄성계수와 균열 발생 여부에 따라 달라지는 단면2차모멘트를 대입하여 계산한다. 부분균열등급 부재나 균열등급 부재의 순간처짐은 다음과 같은 순서에 의해 계산한다.

① 탄성해석에 의해 보의 처짐 평가식을 유도한다.

② 식 (4.5.6)에 의해 휨균열모멘트를 계산하고 균열 발생 여부를 검토한다.

③ 균열 발생 여부에 근거하여 각 위치(단부 또는 중앙부)의 단면2차모멘트를 계산한다.

④ 평균 유효단면2차모멘트를 계산한다.

⑤ ①에서 유도한 처짐평가식에 유효단면2차모멘트 등을 대입하여 처짐값을 계산한다.

4.5.2 유효강성

(1) 유효단면2차모멘트

PSC 부재의 균열이 발생한 이후 단면2차모멘트는 균열면에 대한 단면2차모멘트와 균열이 발생하지 않은 면에 대한 단면2차모멘트로 구분하여 계산한다. 설계에서는 식 (4.5.11)과 같이 균열이 발생한 이후의 단면2차모멘트를 균열면에서의 단면2차모멘트와 비균열면에서의 단면2차모멘트의 평균값인 유효단면2차모멘트로 계산하며, 어느 경우라도 I_e는 I_g 이하이어야 한다.

$$I_e = \left(\frac{M_{cr}}{M_a}\right)^3 I_g + \left[1 - \left(\frac{M_{cr}}{M_a}\right)^3\right] I_{cr} \qquad \text{식 (4.5.11)}$$

여기서, I_e는 유효단면2차모멘트, M_{cr}은 균열모멘트, M_a는 단면2차모멘트가 계산되는 부분에서의 최대 모멘트, I_{cr}은 균열단면2차모멘트, I_g는 인장측 철근의 단면적을 무시한 전단면2차모멘트이다.

직사각형보에 대한 균열단면2차모멘트는 허용응력설계법에 의해 계산한 중립축을 기준으로 균열이 발생하지 않은 압축측 콘크리트만을 이용하여 계산한다. 이때 압축철근과 인장철근은 콘크리트 단면으로 환산하며 콘크리트의 순면적을 이용하여 단면2차 모멘트를 계산해야 한다.

$$I_{cr} = \frac{b(kd)^3}{3} + (n_s - 1)A_s^{'}(kd - d^{'})^2 + n_s A_s (kd - d)^2 + n_p A_{ps}(kd - d_p)^2 \qquad \text{식 (4.5.12)}$$

연속부재인 경우에는 정 및 부모멘트에 대한 위험단면의 유효단면2차모멘트를 식 (4.5.12)로 구하고 그 평균값을 사용할 수 있으며 지점조건에 따라 다음과 같이 계산한다.

• 양단이 연속인 보

$$I_{e,ave} = 0.7 I_{em} + 0.15(I_{e1} + I_{e2}) \qquad \text{식 (4.5.13)}$$

• 한쪽 단이 단순지지이고 다른 단이 연속인 보

$$I_{e,ave} = 0.85 I_{em} + 0.15(I_{e,con}) \qquad \text{식 (4.5.14)}$$

여기서, I_{em}은 보의 중앙부에서의 I_e의 값, I_{e1}과 I_{e2}는 보의 양단에서의 I_e의 값, $I_{e,con}$은 보의 연속되는 단부에서의 I_e의 값이다.

(2) 이단선형법에 의한 단면2차모멘트

KDS 14 20 30(4.2.3)에서는 식 (4.5.11)의 유효단면2차모멘트를 이용하여 처짐을 계산하는 것과 함께, Branson 등이 제안한 이단선형법(bilinear method)을 이용하여 처짐을 계산할 수 있도록 허용하고 있다. 이단선형법은 [그림 4.5.3]에 나타낸 바와 같이 휨균열 발생(A점)을 경계로 하여 균열이 발생하기 전에는 전단면2차모멘트(I_g)를, 휨균열이 발생한 후에는 균열단면2차모멘트(I_{cr})를 이용하여 처짐을 계산한 후에 두 값을 더하여 전체 처짐을 계산하는 방법이다.

$$\Delta_T = \Delta_G + \Delta_{CR} \qquad \text{식 (4.5.15)}$$

여기서, Δ_T는 전체 처짐, Δ_G는 균열 발생 이전의 처짐, Δ_{CR}은 균열 발생 이후의 처짐이다.

이단선형법에서는 균열단면2차모멘트(I_{cr})를 다음과 같이 계산한다.

- 전체 PSC 부재의 경우

$$I_{cr} = n_p A_{ps} d_p^2 \left(1 - 1.6\sqrt{n_p \rho_p}\right) \qquad \text{식 (4.5.16)}$$

- 부분 PSC 부재의 경우

$$I_{cr} = \left(n_p A_{ps} d_p^2 + n_s A_s d_s^2\right)\left(1 - 1.6\sqrt{n_p \rho_p + n_s \rho_s}\right) \qquad \text{식 (4.5.17)}$$

여기서, ρ_p는 긴장재비$(= A_{ps}/(b\cdot\ d_p))$, ρ_s는 철근비$(= A_s/(b\cdot\ d_s))$이다.

4.5.3 장기처짐

(1) 장기처짐 계산

PSC 부재의 장기처짐은 콘크리트의 특성에 의해 발생하는 시간종속적 처짐으로 콘크리트의 주요한 특성 중의 하나인 크리프와 건조수축과 밀접한 관계가 있다. 콘크리트 타설 이후에 장기적으로 하중이 가해질 경우, 시간 경과에 따라 콘크리트는 크리프나 건조수축에 의해 압축변형이 증가하게 되며 압축연단의 변형률 증가 시 곡률 또한 증가하여 처짐은 증가하게 된다. 장기처짐은 식 (4.5.18)과 같이 순간처짐에 지속하중에 의한 영향계수를 곱하여 계산한다.

$$\Delta_{LT} = \Delta_L + \lambda_\Delta(\Delta_{sus}) = \Delta_L + \lambda_\Delta(\Delta_{SW} + \Delta_D + \Delta_{LS}) \qquad \text{식 (4.5.18)}$$

여기서, Δ_{LT}는 장기처짐, Δ_L은 활하중에 의한 순간처짐, Δ_{SW}는 고정하중에 의한 순간처짐, Δ_D는 추가고정하중에 의한 순간처짐, Δ_{sus}는 지속되는 하중에 의한 처짐 ($\Delta_{SW}+\Delta_D+\Delta_{LS}$), Δ_{LS}은 지속되는 활하중에 의한 처짐, λ_Δ는 지속하중에 대한 계수이다.

식 (4.5.18)에서 활하중에 의한 처짐(Δ_L)과 지속적으로 작용하는 활하중(Δ_{LS})에 의한 처짐으로 구분한 이유는 지속적으로 작용하는 활하중이 콘크리트의 크리프에 영향을 주어 장기처짐을 증가시키기 때문이다. 지속하중계수(λ_Δ)는 압축철근비(ρ')와 시간경과계수(ξ)를 이용하여 식 (4.5.19)에 의해 계산한다.

$$\lambda_\Delta = \frac{\xi}{1+50\rho'} \qquad \text{식 (4.5.19)}$$

여기서, ρ'는 단순 및 연속경간인 경우 보 중앙에서, 캔틸레버인 경우 받침부에서 구한 값으로 한다. 지속하중에 대한 시간경과계수 ξ는 5년 이상일 때 2.0, 12개월은 1.4, 6개월은 1.2, 3개월은 1.0이다.

(2) 처짐에 대한 검토

철근콘크리트 및 PSC 보의 처짐에 대한 검토는 각각 KDS 14 20 30(4.2.1) 및 (4.2.3)에 따르며, 합성보에 대한 처짐 검토는 KDS 14 20 30(4.2.4)에 따른다.

1) PSC 보의 처짐 검토

① KDS 14 20 60의 규정에 의해 설계된 휨부재에 대하여, 순간처짐은 일반적인 처짐 해석방법이나 탄성처짐 공식으로 계산하여야 한다. 이때 KDS 14 20 60(4.1.2 (3))에 규정된 비균열등급 부재는 콘크리트 전체 단면의 단면2차모멘트 I_g를 사용할 수 있다.

② KDS 14 20 60(4.1.2 (3))에 규정된 완전균열등급과 부분균열등급 부재의 처짐은 균열환산단면 해석에 기초하여 2개의 직선으로 구성되는 모멘트-처짐 관계([그림 4.5.4] 참조)나 식 (4.5.11)에 따른 유효단면2차모멘트 I_e를 적용하여 계산하여야 한다.

③ PSC 부재의 추가 장기처짐은 지속하중이 작용할 때 콘크리트와 철근의 응력을 고려하고, 콘크리트의 크리프 및 건조수축과 긴장재의 릴랙세이션의 영향을 고려하여 계산하여야 한다.

PCI Design Handbook에서는 일반적으로 권장되는 경간-높이 비에 만족하는 프리스트레스트 콘크리트 부재의 경우 지속하중에 의한 설치 및 최종 단계에서 장기처짐의 산정을 [표 4.5.2]와 같은 값을 적용하여 산정하도록 제안하고 있다.

④ 상기 ①과 ②에 의해 계산된 처짐은 [표 4.5.3]과 KDS 14 20 30(4.2.1 (7))에 규정된 제한값을 초과하지 않도록 하여야 한다.

2) 합성보에 대한 처짐 검토

① 합성 휨부재가 시공 중 가설 지주로 지지되어 고정하중이 작용하기 전에 일체가 된 경우에 대한 처짐을 계산할 때, 합성부재는 일체로 제작된 부재와 동등하다고 볼 수 있다. 프리스트레스되지 않은 부재의 경우 부재의 압축을 받는 부분의 콘크리트에 의해 [표 4.5.4]의 보통중량콘크리트 또는 경량콘크리트 중 어느 것에 대해 적용할 것인지를 결정하여야 한다. 처짐을 계산할 경우에 프리캐스트 부분과 현장치기 부분의 건조수축 차이에 의한 곡률과 PSC 부재의 경우 축방향 크리프 영향을 고려하여야 한다.

② 가설 지주가 설치되지 않은 구조물의 경우, 프리스트레스되지 않은 프리캐스트 휨부재의 두께가 [표 4.5.4]에 규정된 값 이상인 경우는 처짐을 계산할 필요가 없다. 프리스트레스되지 않은 합성부재의 두께가 [표 4.5.4]의 규정을 만족하는 경우, 부재가 합성된 후에 생기는 처짐은 계산할 필요가 없으나, 합성작용의 효과를 나타내기 이전 하중의 크기와 지속 시간에 대하여 프리캐스트 부재의 장기처짐은 검토하여야 한다.

③ 상기 ①과 ②에 따라 계산한 처짐은 [표 4.5.3]과 KDS 14 20 30(4.2.1 (7))에서 규정한 제한값 이하이어야 한다.

[표 4.5.2] PSC 부재의 장기 솟음과 처짐 계산의 계수값

구 분	합성 덧침이 없을 때	합성 덧침이 있을 때
설치 시		
(1) 처짐(하향) : 긴장력 도입 시 부재중량에 의한 탄성 처짐 적용	1.85	1.85
(2) 솟음(상향) : 긴장력 도입 시 부재중량에 의한 탄성 솟음 적용	1.80	1.80
최종		
(1) 처짐(하향) : 긴장력 도입 시 부재중량에 의한 탄성 처짐 적용	2.70	2.40
(2) 솟음(상향) : 긴장력 도입 시 진장력에 의한 탄성 솟음 적용	2.45	2.20
(3) 처짐(하향) : 추가 고정하중으로 인한 탄성 처짐 적용	3.00	3.00
(4) 처짐(하향) : 합성토핑에 의해 발생하는 탄성 처짐 적용	-	2.30

[표 4.5.3] 최대 허용처짐

<table>
<tr><th>부재의 형태</th><th>고려하여야 할 처짐</th><th>처짐 한계</th></tr>
<tr><td>과도한 처짐에 의해 손상되기 쉬운 비구조 요소를 지지 또는 부착하지 않은 평지붕구조</td><td>활하중 L에 의한 순간처짐</td><td>$\frac{l}{180}$ [1)]</td></tr>
<tr><td>과도한 처짐에 의해 손상되기 쉬운 비구조 요소를 지지 또는 부착하지 않은 바닥구조</td><td>활하중 L에 의한 순간처짐</td><td>$\frac{l}{360}$</td></tr>
<tr><td>과도한 처짐에 의해 손상되기 쉬운 비구조 요소를 지지 또는 부착한 지붕 또는 바닥구조</td><td rowspan="2">전체 처짐 중에서 비구조 요소가 부착된 후에 발생하는 처짐부분(모든 지속하중에 의한 장기처짐과 추가적인 활하중에 의한 순간처짐의 합)[3)]</td><td>$\frac{l}{480}$ [2)]</td></tr>
<tr><td>과도한 처짐에 의해 손상될 염려가 없는 비구조 요소를 지지 또는 부착한 지붕 또는 바닥구조</td><td>$\frac{l}{240}$ [4)]</td></tr>
</table>

주 1) 이 제한은 물 고임에 대한 안전성을 고려하지 않았다. 물 고임에 대한 적절한 처짐 계산을 검토하되, 고인 물에 대한 추가 처짐을 포함하여 모든 지속하중의 장기적 영향, 솟음, 시공오차 및 배수설비의 신뢰성을 고려하여야 한다.

2) 지지 또는 부착된 비구조 요소의 피해를 방지할 수 있는 적절한 조치가 취해지는 경우에 이 제한을 초과할 수 있다.

3) 장기처짐은 KDS 14 20 30 (4.2.1 (5)) 또는 (4.2.3 (2))에 따라 정해지나 비구조 요소의 부착 전에 생긴 처짐량을 감소시킬 수 있다. 이 감소량은 해당 부재와 유사한 부재의 시간-처짐 특성에 관한 적절한 기술자료를 기초로 결정하여야 한다.

4) 비구조 요소에 의한 허용오차 이하이어야 한다. 그러나 전체 처짐에서 솟음을 뺀 값이 이 제한값을 초과하지 않도록 하면 된다. 즉 솟음을 했을 경우에 이 제한을 초과할 수 있다.

[표 4.5.4] 처짐을 계산하지 않는 보 또는 1방향 슬래브의 최소 두께

부재	최소 두께			
	단순 지지	1단 연속	양단 연속	캔틸레버
	큰 처짐에 의해 손상되기 쉬운 칸막이벽이나 기타 구조물을 지지 또는 부착하지 않은 부재			
• 1방향 슬래브	$l/20$	$l/24$	$l/28$	$l/10$
• 보 • 리브가 있는 1방향 슬래브	$l/16$	$l/18.5$	$l/21$	$l/8$

이 표의 값은 보통중량콘크리트(m_c = 2,300 kg/m^3)와 설계기준항복강도 400 MPa 철근을 사용한 부재에 대한 값이며, 다른 조건에 대해서는 이 값을 다음과 같이 보정하여야 한다.

1) 1,500 ~ 2,000 kg/m^3 범위의 단위질량을 갖는 구조용 경량콘크리트에 대해서는 계산된 h 값에 (1.65 - 0.00031 m_c)를 곱하여야 하나, 1.09 이상이어야 한다.

2) f_y가 400 MPa 이외인 경우는 계산된 h 값에 (0.43 + f_y /700)를 곱하여야 한다.

4.5.4 균열에 대한 검토

철근콘크리트 및 PSC 보의 균열에 대한 검토는 아래 1)에서 4)항과 같이 KDS 14 20 30(4.1)에 따른다.

1) 다음 2) 및 3)의 경우를 제외하고는 KDS 14 20 20(4.2.3)을 포함하여 이 구조기준의 다른 모든 규정을 만족하는 경우 균열에 대한 검토가 이루어진 것으로 간주할 수 있다.
2) 특별히 수밀성이 요구되는 구조는 적절한 방법으로 균열에 대한 검토를 하여야 한다. 이 경우 소요 수밀성을 갖도록 하기 위한 허용균열폭을 설정하여 검토할 수 있다.
3) 미관이 중요한 구조는 미관상의 허용균열폭을 설정하여 균열을 검토할 수 있다.
4) 부재는 하중에 의한 균열을 제어하기 위해 필요한 철근 외에도 필요에 따라 온도 변화, 건조수축 등에 의한 균열을 제어하기 위한 추가적인 보강철근을 KDS 14 20 50(4.6)에 따라 배치하여야 한다. 그리고 균열 제어를 위한 철근은 필요로 하는 부재 단면의 주변에 분산시켜 배치하여야 하고, 이 경우 철근의 지름은 가능한 한 작게, 철근의 간격은 가능한 한 좁게 하여야 한다.

참고문헌

1. Precast/prestressed concrete Institute (2010), "PCI design handbook (7th edition)", Precast/prestressed concrete Institute
2. https://www.bca.gov.sg/publications/buildabilityseries/others/bsl_cp3.pdf
3. Alfred Steinle (2018), "Precast Concrete Structures", Willey
4. https://www.pinterest.co.kr/pin/329959110190059401/
5. https://www.archiexpo.com/prod/pretersa-prenavisa/product-124637-1520753.html
6. 이범식, 손정락, 천영수, 김상연, 권석민, 김경진, 오영균, 이종윤(2019), "미래수요대응형 LH 공동주택 건식공법 적용방안 : [1편] LH PC 구조 공동주택 구조 설계 및 시공지침(안)", 토지주택연구원
7. 이정윤(2020), "프리스트레스트 콘크리트 구조", 동화기술

제5장 접합부 설계

5.1 접합부 설계방법

5.1.1 설계 개념

PC 구조의 설계목표는 현장타설 철근콘크리트구조와 동등한 성능을 확보하기 위하여 접합부 및 연결장치를 설계하는 동등형 설계(emulative design method), 그리고 조립 또는 시공의 편의성을 장점으로 살리기 위한 비동등형 설계(non-emulative design method)로 구분할 수 있다. 이러한 PC 구조의 설계목표는 [표 5.1.1]에 간단하게 요약한 비교를 나타내었다.

[표 5.1.1] PC 구조의 설계목표와 접합부 설계

설계목표	특징	접합부 설계	도해 예시
동등형 설계 (emulative design method)	현장타설 철근콘크리트구조와 동등한 성능을 확보함	연성 접합부 강도 접합부	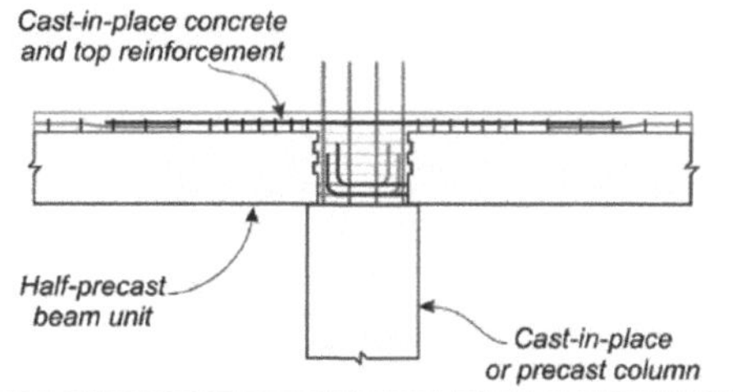
비동등형 설계 (non-emulative design method)	PC 구조의 특성을 장점으로 활용함	-	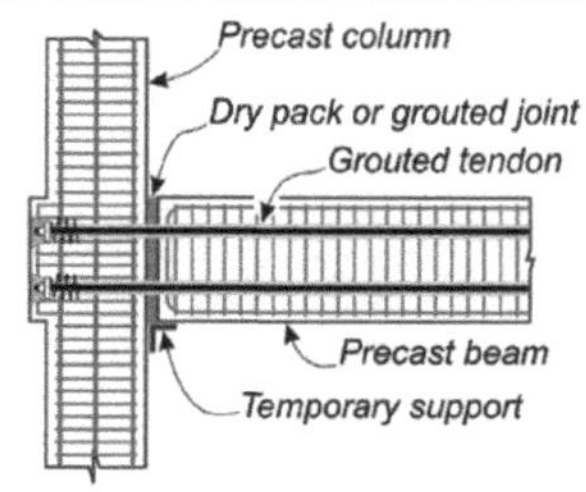

ACI 318-19[1)]에서는 PC 구조의 접합부를 연성 접합부(ductile connection)와 강도 접합부(strong connection)로 구분하고 있으며, 각각의 접합부에 대하여 상세조건을 규정하고 있다. 이러한 접합부의 구분은 접합부 내에서의 항복 여부에 따라 분류한 것으로서 강도 접합부는 접합부를 충분히 강하게 설계하여 지진하중에 의한 비탄성 변형 상태에서도 접합부는 탄성 상태를 유지하도록 설계한다. 한편 연성 접합부는 접합부 내에서의 항복변형과 접합부의 비탄성 거동을 허용하여 설계한다.

접합부 설계는 PC 부재의 접합부와 연결부 또는 부재와 부재의 접합면에서 하중전달 메카니즘에 적합하게 설계하여야 한다. PC 구조의 접합부를 힘의 전달에 따라 기능을 분류하면 다음과 같다.

1) 축하중의 전달 : PC 바닥판 부재를 PC 보 위에 설치할 때 형성되는 접합부와 같이 중력방향 하중을 전달하는 경우
2) 전단력의 전달 : PC 바닥판 부재와 PC 바닥판 부재의 접합부와 같이 수직전단력이나 수평전단력 또는 이 둘 모두를 전달하는 경우
3) 모멘트의 전달 : PC 기둥과 기초 또는 PC 벽체와 기초의 접합부와 같이 휨에 의한 인장력과 압축력을 전달하는 경우

4) 조합하중의 전달: 모멘트와 전단력과 같은 하중의 조합을 접합부에서 전달하는 경우

5) 구조일체성 : 비정상적인 하중으로 부재의 손상이나 파괴가 발생할 경우 구조 설계에서 의도한 하중 전달경로의 완전한 손상과 연속적인 붕괴를 방지하기 위하여 대체 하중전달경로 또는 인장연결철근 등의 구조상세를 적용하여 안전성을 확보하기 위한 성능

한편 접합부의 설계는 하중전달을 위한 연결재로 사용된 강재의 항복을 통하여 연성파괴가 발생하도록 하는 것이 바람직하다. 이러한 연성거동은 지진하중을 저항하는 경우에 필요한 구조성능이 된다. 또한 하중전달은 가능하면 단순해야 하고 접합부의 효율을 증가시킬 수 있도록 명확하게 이루어져야 한다.

5.1.2 설계 고려사항

접합부와 인접한 부재의 소요강도는 KDS 41 10 15[2]와 KDS 14 20 10[3]에 따라 산정되어야 한다. PC 접합부의 설계강도는 고려해야 할 하중조합으로 구한 소요강도 이상의 값을 갖도록 하며, 설계강도 산정을 위한 강도감소계수는 KDS 14 20 10에 따라 산정되어야 한다. 접합부를 충전하는 콘크리트 또는 그라우트의 설계기준압축강도는 21MPa 이상으로 하여야 한다.

이 지침에서 규정되지 않은 새로운 형태의 접합부는 성능실험과 구조해석 또는 특별한 조사연구에 의하여 접합부 성능을 적합하게 입증하는 경우, 해당 접합부를 사용할 수 있다. 접합부의 성능검증을 위한 실험과 평가는 ACI 374.1-05[4], ACI ITG-5.1-07[5], ACI 374.2R-13[6] 등에 따를 수 있으며 관련 구조 설계 기준에서 요구하는 강도와 변형능력 등이 만족되고 이 성능이 구조해석 또는 설계에 반영될 수 있음이 입증되어야 한다. 단, ACI 374.1-05와 ACI ITG-5.1-07은 특수 모멘트골조와 특수 전단벽체에 각각 적용한다.

5.2 힘의 전달과 연결 방식

PC 접합부는 다양한 연결재를 사용하여 응력전달이 가능하도록 설계할 수 있으며, 이러한 연결재에 따라 여러 가지 접합부 상세를 개발할 수 있다. 즉 접합부는 부재축과 동일 평면상에 작용하는 면내력 또는 부재축에 수직되는 부재력 등을 전달할 수 있는 연결재와 응력전달 성능을 갖추어야 한다.

접합부의 응력전달은 원칙적으로 하나의 연결재를 선택하여 설계하는 것이 바람직하다. 그러나 두 가지 이상의 연결재에 의해 힘을 전달하고자 할 경우, 개별 연결재의 하중-변위 특성이 의도한 응력전달을 하는데 적합한지 검토하여야 한다.

5.2.1 압축력의 전달

PC 부재에서 콘크리트 사이의 경계면에 작용하는 압축력의 전달은 접촉면의 압축력 전달 또는 지압으로 설계한다. 콘크리트 경계면에 작용하는 축력과 전단력에 의한 조합응력의 전달은 작용하는 응력과 허용되는 변형에 따라 접합면 압축응력 전달, 전단마찰, 전단키와 철근의 장부작용 등에서 하나를 선택하여 설계한다.

철근에 작용하는 압축력의 전달은 철근의 이음으로 설계한다.

5.2.2 인장력의 전달

접합부에 작용하는 인장력은 연결재를 사용하여 [그림 5.2.1], [그림 5.2.2] 또는 [그림 5.2.3]과 같이 인접한 부재에 전달되도록 설계할 수 있다. 접합부의 연결재는 부재의 주근을 정착, 이음 또는 용접하거나, 기계적이음 또는 정착장치 등을 사용할 수 있다. 이때 접합부의 연결재는 KDS 14 20 52[7]에 따라 요구되는 이음강도를 확보하거나 기계식 이음장치에 요구되는 성능을 확보하여야 한다. PC 부재의 연결을 위해 앵커를 사용할 경우, 앵커의 설계는 KDS 14 20 54[8]에 따른다.

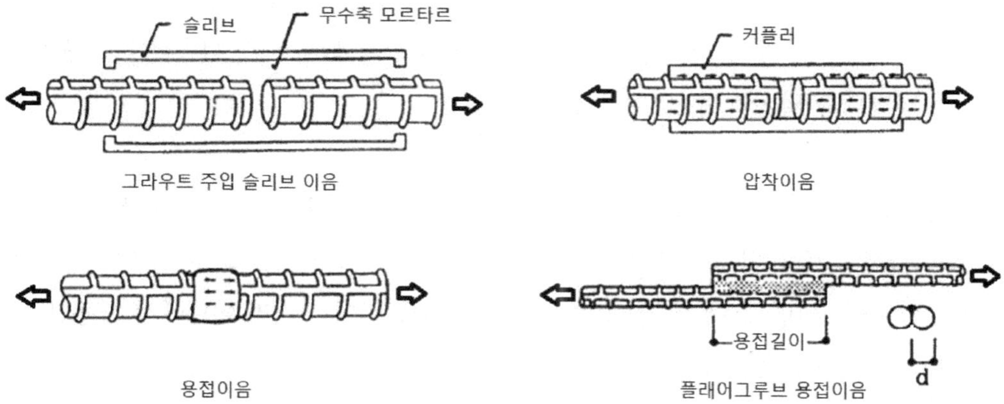

[그림 5.2.1] 철근과 철근의 직접적인 응력전달방법 예시

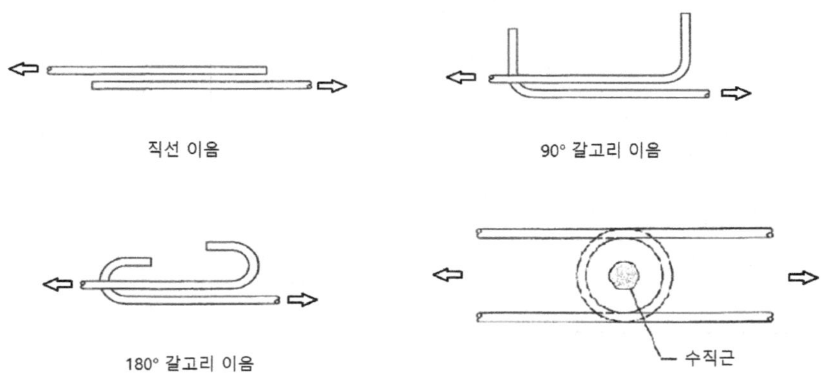

[그림 5.2.2] 철근과 철근의 간접적인 응력전달방법 예시

D35를 초과하지 않는 철근은 겹침이음할 수 있으며, 철근의 이음길이는 KDS 14 20 52에 따른다. 이때 철근의 겹침이음은 A급 이음과 B급 이음으로 구분하며, A급 이음은 배치된 철근량이 이음부 전체 구간에서 해석결과 요구되는 소요철근량의 2배 이상이고 소요 겹침이음 길이 내 겹침이음된 철근량이 전체 철근량의 1/2 이하인 경우이며, B급 이음은 A급 이음에 해당되지 않는 경우이다.

용접이음은 용접용 철근을 사용해야 하며 철근의 설계기준항복강도 f_y의 125 % 이상을 발휘할 수 있는 완전용접이어야 한다. 기계적이음은 철근의 설계기준항복강도 f_y의 125 % 이상을 발휘할 수 있는 완전 기계적이음이어야 한다.

기계적이음은 다음의 유형 1 이음 또는 유형 2 이음으로 분류할 수 있다.

1) 유형 1 기계적이음은 KDS 14 20 52(4.5.1)의 규정에 따라야 한다.
2) 유형 2 기계적이음은 KDS 14 20 52(4.5.1)의 규정에 따르고, 이음철근은 규정한 인장강도를 달성할 수 있어야 한다.

내진설계 대상 구조형식의 구조물(연성도 확보가 요구되는 구조물)에서 유형 1의 기계적이음은 기둥이나 보의 단부로부터 또는 비선형 횡변위의 결과로 인하여 철근이 항복할 수 있는 단면으로부터 부재 깊이의 두 배만큼 떨어진 거리 이내에서 사용할 수 없으며, 유형 2의 기계적이음은 어떤 위치에서든 사용할 수 있다.

[표 5.2.1] 설계기준의 기계적이음과 성능기준

설계기준	이음 명칭	이음 철근의 응력 조건	이음 철근의 변형도 조건	최대 슬립양	이음 위치 제한
KDS 14 20 52 ACI 318	Type 1	$1.25f_y$	없음	없음	○
	Type 2	$1.0f_u$			없음
AASHTO[9]	Full-mechanical connection	$1.25f_y$	없음	0.25 mm (D10~D41)	○
Caltrans SDC[10]	Service	없음	> 2%	< ϵ_y	○
	Ultimate		D32이하 9% D35이상 6%	< 2%	

인장력을 받는 용접이형철망 및 원형철망의 정착길이는 KDS 14 20 52에 따라 산정하며, 이음길이는 KDS 14 20 52에 따라 산정한다.

정착되는 철근에 작용하는 인장력 또는 압축력이 부재 단면의 양측에서 발휘될 수 있도록 묻힘길이, 갈고리, 기계적 정착 또는 이들의 조합에 의하여 철근을 정착하여야 한다. 이때 갈고리는 압축철근의 정착에 유효하지 않은 것으로 본다.

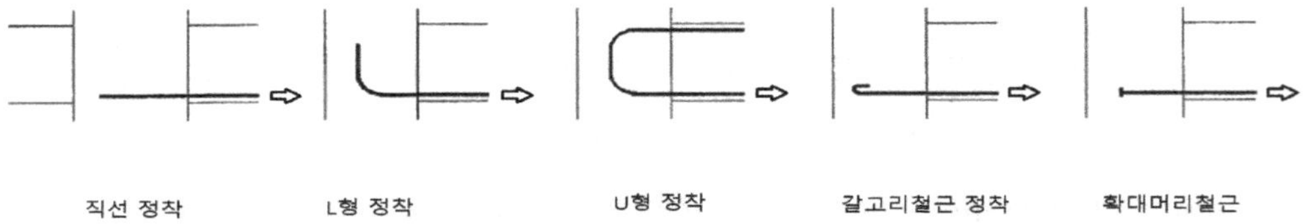

[그림 5.2.3] 정착에 의한 콘크리트와 인장철근의 응력전달방법

5.2.3 전단력의 전달

접합부의 전달력 전달 요소는 접합면의 콘크리트접촉면, 접합면을 가로질러 배근한 보강근 또는 전단연결재가 있다. 접합면을 가로질러 배근한 보강근은 부재의 주근 또는 보강근 등이 있다. 접합부는 중력하중에 대한 사용성과 안전성을 확보할 수 있어야 하며, 횡하중을 고려한 하중조합으로 구한 소요전단강도 이상의 설계전단강도를 갖도록 설계하여야 한다. 접합부의 전단력 전달설계는 접합면에 작용하는 응력조건과 접합부의 상세를 고려하여 KDS 14 20 66(4.2.2 수평전단강도)[11] 또는 KDS 14 20 22(4.6 전달마찰)[12]의 규정을 따른다. 전단키가 있는 접합부의 콘크리트 전단강도는 접합부 그라우트의 전단강도와 전단키의 전단강도 중 작은 값으로 한다.

PC 부재가 연결되는 접합부에서 부재가 접합되는 면은 균열이 발생하거나 발생할 가능성이 있으며, 서로 다른 재료 간의 접촉면 또는 서로 다른 시기에 타설한 콘크리트 사이의 접촉면으로 형성된다. 이 때 균열은 해당 접촉면에 걸쳐 발생한다고 가정하여야 하며, 전단력전달 설계방법에 의하여 예측된 강도가 다양한 실험결과와 실질적으로 일치하는 경우 그 설계방법을 적용할 수 있다.

PC 부재 사이의 전단력은 접합면의 전단전달, 전단키에 의한 전단저항, 직교철근의 장부 작용, 용접 또는 다른 기계식이음을 통해 전달할 수 있다. 또한 전단 응력이 낮은 경우에는 프리캐스트와 현장타설 부재 사이의 부착에 의해 전단력을 전달하기도 한다. 전단마찰에 의한 전단 전달을 위해서는 영구적인 압축력이 작용하고 있어야 하며, 이 힘은 접촉면을 가로 질러 배치된 보강철근, 긴장재 또는 영구적 중력하중으로부터 가능하다.

접합부의 접합면에서 전단력 전달은 골재간의 맞물림 작용 및 접합면 전단 전달에 의한 수평전단력 전달 기구와 접합면의 미끄러짐에 저항하는 전단철근의 마찰력을 사용하는 전단마찰 기구로 구분할 수 있다. KDS 및 ACI 318-19, PCI Design Handbook[13]에서는 수평전단력 전달과 전단마찰에 의한 접합면의 전단설계방법을 [표 5.2.2]와 같이 구분하여 규정하고 있다. 수평전단강도의 검토는 접촉면의 상태와 접촉면에서의 압축력이나 인장력의 실제 변화량을 고려하여 KDS 14 20 66(4.2.2)에 따라 수평전단력을 전달할 수 있도록 하여야 한다. 수평전단력에 저항하는 전단연결재를 배치할 때, 전단연결재의 간격과 단면적은 부재 내의 전단력 분포를 반영하여 정한다. 전단연결재의 간격은 지지 요소의 최소 치수의 4배, 또한 600 mm 이하이어야 하며 전단연결재는 단일 철근이나 철선, 다중 스터럽 또는 용접철망 등이 사용될 수 있다. 모든 전단연결재는 상호 연결된 요소들에 충분히 정착되어야 한다.

[표 5.2.2] 접합면의 전단력 전달 설계방법

구분	수평전단력 전달	전단마찰
KDS 14 20 (콘크리트구조 설계)	KDS 14 20 66 (합성콘크리트부재) 4.2.2 수평전단강도 4.2.3 수평전단에 대한 연결재	KDS 14 20 22 (전단설계) 4.6.2 전단마찰 설계방법
ACI 318-19	16.4 horizontal shear transfer in composite members	22.9 shear friction
PCI Design Handbook (2017)	5.3.5 horizontal shear transfer in composite members	5.3.4 shear friction

접합면을 가로지르는 철근과 같은 보강재를 배근함으로써, [그림 5.2.4]와 같이 장부작용에 의해 부재들 사이에 전단력을 전달할 수 있다. 장부작용은 접합면에서 전단력이 콘크리트의 접촉 응력에 의해 지지되어 장부철근에서 상당한 휨 변형을 일으키게 된다. 극한 상태에서 콘크리트는 접촉된 부분에서 국부적으로 파괴되고 철근이 항복하게 된다. 따라서 전단성능은 콘크리트의 강도와 철근의 직경에 따라 변하게 되며 이 철근이 접촉면에서 떨어진 편심 전단력을 받게 되면 장부작용에 의한 성능은 상당히 감소하게 된다. 장부작용을 하는 철근이 부재의 단부 또는 모서리에 위치하게 될 경우, 이 철근 주위로 할렬방지를 위한 보강근을 배치하여야 한다. 철근이 부착 또는 단부 정착으로 충분히 정착될 경우, 전단마찰과 철근의 장부작용에 의한 합성 거동을 고려할 수 있다.

표면에 전단키가 있는 부재는 접합면에 현장타설 콘크리트 또는 그라우트를 충전함으로서 부재들 간의 전단력 전달을 위한 전단키 접합면을 형성할 수 있다. 전단키는 계면에서의 큰 미끄러짐을 방지하는 잠금 장치의 역할을 한다.

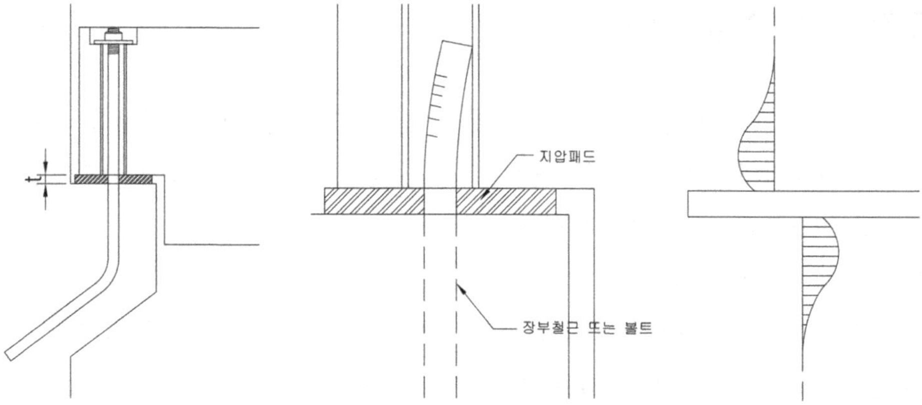

(a) 보강근 접합 (b) 작용 힘 (c) 콘크리트의 응력분포

[그림 5.2.4] 철근의 장부작용에 의한 힘의 전달 (Fib Bulletin 74[14)])

5.2.4 휨과 축력의 전달

접합부에 작용하는 휨모멘트와 축방향 인장력은 연결재를 사용하여 인접한 부재에 전달되도록 설계할 수 있다. 접합부의 연결재는 부재의 주근을 정착이나 이음 또는 용접하거나, 기계적이음이나 정착장치 등을 사용할 수 있다. 이때 접합부의 연결재는 KDS 14 20 52에 따라 요구되는 이음강도를 확보하거나 기계식이음장치에 요구되는 성능을 확보하여야 한다. PC 부재의 연결을 위해 앵커를 사용할 경우, 앵커의 설계는 KDS 14 20 54에 따른다.

인장력을 받는 용접이형철망 및 원형철망의 정착길이는 KDS 14 20 52에 따라 산정한다. 인장력을 받는 용접이형철망 및 원형철망의 이음은 KDS 14 20 52에 따라 이음길이를 산정한다. 정착되는 철근에 작용하는 인장력 또는 압축력이 부재 단면의 양측에서 발휘될 수 있도록 묻힘길이, 갈고리, 기계적 정착 또는 이들의 조합에 의하여 철근을 정착하여야 한다. 이때 갈고리는 압축철근의 정착에 유효하지 않은 것으로 본다.

5.3 지압부 설계

PC 구조에서 지붕 또는 바닥부재와 같은 수평부재가 기둥이나 벽체와 같은 수직부재 위에 단순지지되는 경우 수평부재로부터 전달되는 지압력은 부재에 국부적인 지압파괴를 발생시키기지 않고 수직부재로 전달되어야 한다.

받침부재와 지지되는 부재 사이의 접합면의 허용지압응력은 받침부재나 지지면의 지압강도를 초과하지 않아야 한다. 콘크리트의 설계지압강도는 $\phi(0.85 f_{ck} A_1)$을 초과할 수 없다. 그러나 지지표면이 재하면보다 모든 측변에서 큰 경우, 재하면의 설계지압강도는 $\phi(0.85 f_{ck}\sqrt{A_2/A_1})A_1$까지 증가시킬 수 있다. 다만, $\sqrt{A_2/A_1}$ 값은 2 이하로 한다. BS 8110-1[15]에서는 넓은 슬래브가 받침부재 위에 있는 경우와 그렇지 않은 경우에 따라 지압성능을 구분하고 있고, 슬래브가 있는 경우는 다음 식으로 산정하도록 하고 있다.

$$f_b = \frac{P_b}{l_b \cdot l_w} \qquad \text{식 (5.3.1)}$$

여기서, l_b는 슬래브 경간에 직교방향인 지압길이로서 다음 중 작은 값으로 한다.

① 실제 지압 길이, ② 실제 지압길이/2 + 100 mm, ③ 600 mm

l_w는 지압 폭 (경간에 나란한 방향의 폭)으로서, 공칭 지압 폭에서 지압부와 지지부재에서 비유효 지압폭과 시공허용오차를 뺀 값이다. 다음과 같은 조건에 따라 최소 공칭 지압 폭은 60~75 mm가 권장된다.

설계 극한 지압응력은 BS 8110-1 5.2.3.4에서 다음과 같이 정하고 있다.

① 콘크리트 위 건식 지압 : 부재강도의 40 % $0.4f_{cu}$

② 콘크리트 또는 모르타르 위 습식 지압 : $0.6f_{cu}$

③ 유연한 패딩: $0.4f_{cu}$와 $0.6f_{cu}$사이의 값 : $0.5f_{cu}$ 또는 f_c(지압 재료)

BS 8110-1 Table 5.2에서는 박락에 대한 허용, 비유효 지압 폭을 정하고 있는데, 이를 정리하면 [표 5.3.1]에 나타낸 바와 같다.

접합부 표면은 불규칙한 경우가 많기 때문에 PC 부재들 사이에 압축력을 직접 전달하기 위해서 중간재를 사용할 수 있다. 현장타설 모르타르, 고운 콘크리트 또는 그라우팅과 같은 시멘트계 재료가 기둥과 벽의 하중지지 요소와 보 및 바닥 요소 사이의 접합부에 종종 사용된다. 이들 재료의 공칭 두께는 모르타르 및 그라우트의 경우 약 10~30 mm, 콘크리트의 경우 30~50 mm이다. 이들 중간재에는 철근이 없고 주로 평면 응력 조건 하에서 통상 가장자리가 떨어져 나가기 쉽기 때문에 일반적으로 낮은 설계 강도가 사용된다. 이 때문에 균일하지 않은 응력 분포가 될 가능성이 있다. 접합 강도를 감소시키는 다른 요인으로서, 재료와 PC 사이의 탄성계수에 큰 차이가 있을 때 [그림 5.3.1]과 같이 국부적인 수축과 측방향 인장 응력을 초래할 수 있다. 이와 같은 효과는 접합부 두께가 50 mm 이상일 때 더 중요해진다.

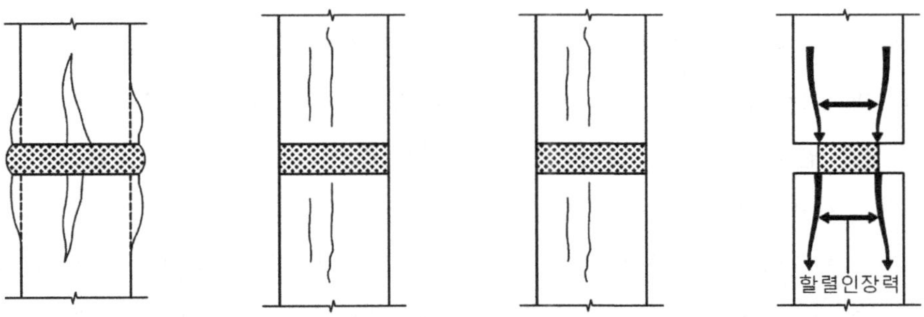

(a) 탄성계수가 PC 부재보다 작은 경우

(b) 탄성계수가 PC 부재와 같은 경우

(c) 탄성계수가 PC 부재보다 큰 경우

(d) 탄성계수가 PC 부재보다 크지만 폭은 PC 부재보다 작은 경우

[그림 5.3.1] 중간재의 탄성계수에 따른 파괴양상 (Structural PC Handbook, 2001[16])

[표 5.3.1] 비유효 지압폭 (BS 8110-1)

	지지 방법 / 지압부에서의 보강근	비유효 지압 폭 (mm)
지지하는 부재	강재	0
	콘크리트 $f_{ck} \geq 30$ MPa	15
	콘크리트 $f_{ck} < 30$ MPa	25
	외부 연단에서 깊이 300 mm 보다 작은 보강 콘크리트	외부 연단에서 공칭 피복
	직경이 13 mm를 초과하는 외부 연단에서 루프 보강근이 있는 콘크리트	공칭 피복 + 굽힘철근의 내부 반경
지지되는 부재	부재의 단부에 노출된 텐돈 또는 직선 철근	0
	직경 12 mm를 초과하지 않는 직선 철근, 또는 수평 또는 수직 루프	10, 단부 피복 중 큰 값
	직경 12 mm를 초과하는 루프	공칭 피복 + 굽힘철근의 내부 반경

이상과 같은 요소를 고려하여 접합 강도를 결정하기 위한 명시적인 설계식이 기준에는 명시되어 있지 않지만, 중간재가 모르타르인 접합부의 경우 압축강도를 계산할 때 접합부에서 콘크리트 접촉면적은 다음 중 큰 값으로 하는 것이 바람직하다.

- 연결재 또는 결손부와 같은 면적을 고려하지 않은 현장타설 콘크리트의 면적으로서 접촉 면적의 90 %를 초과하지 않는 면적 또는
- 실제 접촉면적의 75 %

지압패드는 지압 부위의 반력이나 집중하중을 분산시키고, 수평 또는 회전변위를 다소 허용하여 응력발생을 감소시킨다. 지압패드의 안정성 확보를 위하여, 보강되지 않은 패드의 길이와 폭은 두께의 5배 이상이 되도록 하는 것이 바람직하다. 지압패드의 두께는 2 mm에서 20 mm까지 또는 그 이상으로 다양할 수 있다. PCI design handbook에서는 중실슬래브와 중공 슬래브를 제외한 모든 PC 부재에 대하여 패드의 두께는 10 mm 이상을 권장하고 있다. 두께가 큰 패드는 연결부에서 변위와 회전을 허용하는 데 사용된다.

PC 부재 받침부에서 모서리는 큰 지압력에 파괴되지 않도록 모서리 면에서 일정 거리를 둠으로서 충분한 걸침길이를 확보할 필요가 있다. 또한 이와 같은 파괴를 방지하기 위하여 모서리는 강판이나 ㄱ형강으로 감싸서 보강할 수 있다. 특히 충분한 걸침길이를 확보하지 못한 상태에서 지압으로만 시공하중을 지지하는 경우, 시공중 지압부의 파괴 등에 의한 부재의 탈락과 같은 사고가 발생할 가능성이 있기 때문에 KDS 14 20

62(4.2.4)[17]에 따라 해설 [그림 5.3.2]와 같이 충분한 걸침길이가 확보될 수 있도록 하여야 한다.

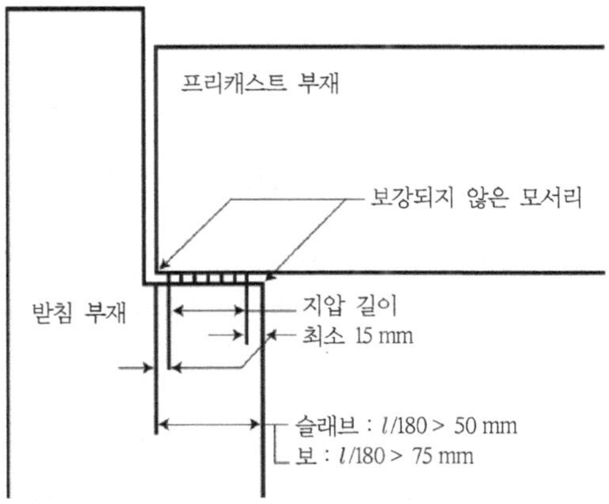

[그림 5.3.2] 지압길이에 대한 구조제한

정정구조물의 지압접합부에 대하여 KDS 14 20 52(4.4.2 정모멘트 철근의 정착)의 규정은 정모멘트 철근의 1/3 이상을 부재의 면을 따라 받침부까지 연장하여야 하고, 보의 경우 이러한 철근을 받침부 내로 150 mm 이상 연장하도록 하고 있다. PC 부재의 정모멘트에 대한 배근은 이 규정을 따를 필요는 없지만 이 경우 정착되는 철근의 1/3 이상을 KDS 14 20 50(4.2.1 (2)②)[18]에 규정된 허용오차를 고려하여 지압길이 중심까지 연장시켜야 한다.

벽체의 수평 접합부는 슬래브 등에서 전달되는 지압력에 의해 쪼개짐 파괴가 발생하지 않도록 설계하여야 한다.

5.4 인장력에 대한 설계

5.4.1 수평 접합부 인장접합

PC 부재들의 주철근들은 겹이음, 기계적 연결장치, 또는 철물 등을 이용한 볼트와 용접으로 접합부에서 인접한 PC 부재와 연결된다. 이 접합부에 인장력에 대한 성능은 연결부의 상태, 연결철물의 강도와 이들 철물의 PC 부재내 정착성능에 의해 결정된다. 후자는 통상적으로 PC 부재내의 보강철근 또는 PC 부재에 매립되는 정착철물의 단부 부착성능에 의해 확보된다.

상하 PC 부재가 결합되는 수평 접합부에서 수직방향 주철근의 수직방향 힘전달 또는 모멘트 우력에 의한 인장력과 같은 인장력의 전달에 대하여, 많이 사용되는 방법은 [그림 5.4.1]과 같이 (a) 주름관을 통한 겹이음 방식, (b) 스플라이스 슬리브와 같은 기계적이음 방식, 그리고 (c) 철물을 이용한 볼트연결 방식이다.

주름관 이음방식은 철근의 직경에 비하여 20~30 mm 큰 관을 상부 PC 부재 내에 매립해 두고 이 관 내부에 하부 PC 부재에서 돌출된 철근을 관입시킨 후 그 내부에 그라우트를 채우는 방식이다. 이때의 이음길이는 "콘크리트구조 정착 및 이음 설계기준 (KDS 14 20 52)"에 따라 산정한다. 그라우트의 충전은 두 부재를 조립한 후 중력을 이

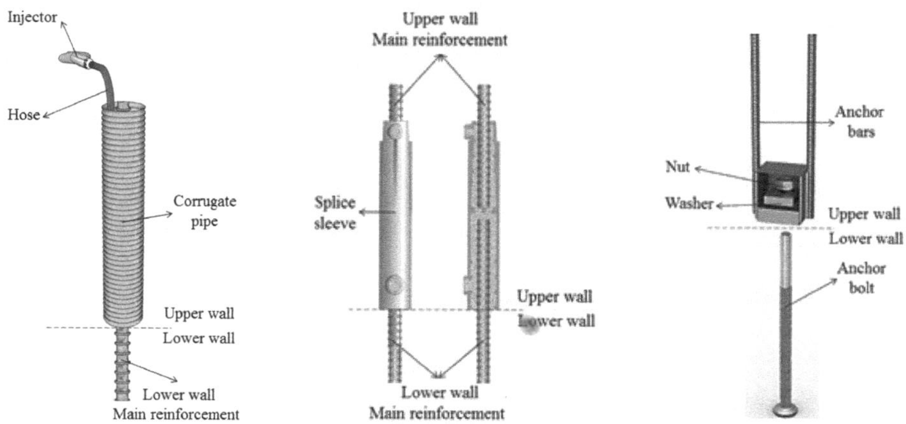

(a) 주름관을 통한 겹이음방식 (b) 스플라이스 슬리브 이음방식 (c) 박스형 철물을 통한 볼트연결방식

[그림 5.4.1] 인장력 전달 접합부[19)]

용하여 상부에서 하부로 충전한다. 관 내부에서의 그라우트 충전 상태가 양호하고 또한 적절한 겹이음 길이가 확보될 경우, 두 철근의 인장력 전달이 적절하게 이루어지게 된다. 효과적인 힘 전달을 위해서는 겹이음되는 길이를 따라 스터럽과 같은 적절한 횡보강철근을 두는 것이 바람직하다.

스플라이스 슬리브 이음방식은 두 PC 부재에서 돌출된 철근을 슬리브 내부에서 무수축 고성능 그라우트를 충전하여 연결하는 방식으로서 기계적이음 방식으로 분류된다. 그라우트의 충전 상태가 양호할 경우, 겹이음 방식에 비하여 이음길이를 줄일 수 있는 장점이 있다. 시공은 하부의 주입구에 그라우트를 압력으로 충전하여 상부 배출구로 배출되도록 하여 충전 여부를 판단한 뒤 주입구와 배출구를 막고 경화시킴으로써 완성하게 된다.

스플라이스 슬리브 이음의 성능은 기본적으로 그라우트의 강도와 슬리브내에 매립된 철근의 길이에 의해 결정되므로 시공 시 충전그라우트의 강도가 발현되지 않거나 부분적으로 충전 상태가 불량할 경우, 그리고 철근의 매립길이가 부족할 경우에는 이음강도를 확보하지 못한다. 따라서 이와 같은 시공상의 불량이 발생하지 않도록 하여야 한다. KDS 14 20 52에서는 설계기준항복강도의 125 % 이상을 발휘할 수 있는 완전 기계적이음으로 정하고 있지만, ACI 318-19에서는 철근 항복강도의 125 % 이상으로 정하고 있다. ACI 318-19에서는 모두 부재내에서 항복을 유도하여 취성파괴를 방지하기 위한 스플라이스의 최소강도를 정한 것으로서 25 %는 안전을 위한 최소값이고 경제성을 고려하여 설정되었다. 다만 국내 기준에서는 철근의 항복강도 대신에 설계기준항복강도로 하였는데, 이는 직선정착 및 겹침이음(Orangun et al.[20], Jirsa et al.[21])에서 사용한 안전율 0.8의 역수로 기계적이음이 겹침이음과 동등한 강도 성능을 갖기 위한 값으로 적용하고 특히 고강도철근의 경우 항복강도에 대한 인장강도의 비가 1.25배 되지 않는 경우를 반영한 것이다.[22]

콘크리트 구조의 내진설계와 관련하여, KDS 14 20 80[23]에서는 콘크리트 내진설계 특별 고려사항으로 특수모멘트골조와 특수철근콘크리트 구조벽체의 기계적이음 그리고 격막-횡력저항 시스템의 수직 요소 사이에 하중을 전달하기 위한 기계적이음을 사용할 때는 유형 2의 이음으로 하여야 한다고 명시하고 있다.

또한 KDS 41 17 00[24]에서는 중연성도(중간모멘트골조)와 고연성도(특수모멘트골조)가 요구되는 구조형식의 구조물에 대해서는 보와 기둥의 소성힌지구간에서는 겹침이음과 용접이음이 허용되지 않는다. KS D 0249[25]에서는 유형 1 기계식이음의 검사방법은 일방향 인장시험, 저사이클 반복시험으로 검사를 수행할 수 있으며, 유형 2 기계적이음의 검사방법은 정적내력 시험, 고응력반복내력시험, 고응력인장압축반복시험으로 성능을 확인할 수 있다. [표 5.4.1]은 KS D 0249에서 정하고 있는 기계식이음 검사방법을 나타낸다.

[표 5.4.1] KS D 0249의 기계식이음 검사방법

<table>
<tr><th colspan="2">시험항목</th><th>시험방법</th><th>적용 예 (KS 해설)</th></tr>
<tr><td rowspan="2">유형 1</td><td>일방향 인장 시험</td><td>• KS B 0802에 따른 인장시험
• 시험편이 철근항복점의 125 % 이상 또는 철근의 인장강도 이상</td><td rowspan="2">일반목적</td></tr>
<tr><td>저사이클 반복 시험</td><td>• 0 → ($0.9\sigma_y$→ $0.05\sigma_y$, 100회 반복) 후, 파단 시까지 인장 시험
• 100회 반복시험 후 파단 시의 인장강도는 철근항복점의 125 % 이상</td></tr>
<tr><td rowspan="3">유형 2</td><td>정적내력 시험</td><td>• 0 → $0.95\sigma_y$→ $0.02\sigma_y$ 후 강성 및 잔류 변형량 측정
• 잔류변형량 0.3 mm 이하
• 철근항복점의 70 % 응력에 대한 기울기가 모재 철근 이상
• 파단강도가 철근항복점의 125 % 이상 또는 철근 인장강도 이상</td><td rowspan="2">• 탄성 내진설계된 구조물의 주철근
• 저비탄성 내진설계된 구조물의 주철근
• 고비탄성 내진설계된 구조물의 소성힌지구역외의 주철근</td></tr>
<tr><td>고응력 반복시험</td><td>• 0 → ($0.95\sigma_y$→ $0.02\sigma_y$, 30회 반복) 후, 강성변화율 및 최대 변형량 측정
• 30회 반복 시 응력변형곡선 기울기가 첫 번째 재하 시 기울기의 85 % 이상
• 30회째 재하에 의한 최대 변형량은 0.3 mm 이하</td></tr>
<tr><td>고응력 인장압축 반복시험</td><td>• 0 → ($0.9\sigma_y$→ $-0.5\sigma_y$, 20회 반복) 후 0 → ($2\epsilon_y$ → $-0.5\sigma_{y0}$, 4회 반복) 후 ($5\epsilon_y$→ $-0.5\sigma_{y0}$, 4회 반복) 후 인장파단시까지 재하
• 인장-압축 반복하중에 의한 파단강도가 철근항복점의 125 % 이상 또는 철근의 인장강도 이상</td><td>고비탄성 내진설계된 구조물의 소성힌지구역 주철근</td></tr>
</table>

고연성도가 요구되는 특수모멘트골조와 특수철근콘크리트 구조벽에 기계적이음을 적용할 경우에는 유형 2의 기계적이음을 적용하는 것이 바람직하다. KS D 0249의 기계식이음 검사방법의 유형 2 검사방법에 따라 스플라이스 슬리브에 대한 성능을 검증한 결과, 모재 철근항복강도의 125 % 이상 또는 철근의 인장강도 이상을 확보하고 피로하중 및 연신율부분에서도 구조적 안전성을 확보하고 있는 것으로 확인되었다.[26]

스플라이스 슬리브 이음과 관련하여, 일본에서는 다음과 같이 철근이음의 성능을 분류하고 있다.[27] A급 이음은 부재단부를 제외한 임의 위치에 배치가 가능하고 SA급은 모든 위치에 배치가 가능하다.

- SA급 이음 : 강도, 강성, 인성 등에 관해 모재와 동급의 이음
- A급 이음 : 강도, 강성에 관해 모재와 동급이지만 그 외에 대해 모재보다 약간 부족한 이음
- B급 이음 : 강도에 관해 모재와 동급이지만 그 외에 대해 모재보다 약간 부족한 이음
- C급 이음 : 강도, 강성에 관해 모재보다 약간 부족한 이음

또한 스플라이스 슬리브의 이음성능은 단일개체 시험판정 또는 부재시험판정으로 정할 수 있도록 하고 있다. PC 구조의 접합부에 이음을 둘 경우에는 원칙적으로 실제 접합조건을 재현하는 부재의 시험결과를 병용해서 판정한다. 부재의 시험은 부재의 강도, 강성, 소성역에서의 이력감쇠성능 및 연성에 관해 철근이음 사양의 가부를 판단한다. 일본의 스플라이스 슬리브 이음 단일개체 검사방법[28]과 성능평가기준[29]은 KS D 0249와 유사하다. 다만 KS D 0249의 저사이클 반복시험 대신에 고응력 반복시험이 일본의 검사방법에는 있다는 것이 다른 부분이다. 스플라이스 슬리브의 이음성능은 KDS 14 20 52에 따른 기계식이음성능을 만족하고 특수모멘트골조와 특수철근콘크리트 구조벽에 사용될 경우에는 KDS 14 20 52을 따르고 현행 KS D 0249에 따라 검사를 실시하여 그 성능이 확인되어야 한다.

박스형 철물을 이용한 방식[30]은 PC 부재 내에 철물을 매립한 뒤 연결하고자 하는 다른 PC 부재에서 돌출된 볼트 또는 나사형 철근을 이 철물에 너트체결하여 연결하는 이음방식으로서 규격화된 제품을 사용함에 따른 연결부의 성능을 확보할 수 있다. 볼트 또는 앵커 등을 PC 부재 내에 정착해 둔 후 이들을 서로 연결하여 PC 부재들을 결합한다. 볼트연결 방식에서는 PC 부재들의 연결 시 볼트의 직경에 비하여 볼트구멍을 어느 정도 크게 하여 조립시공성을 확보할 필요가 있다. 볼트조립 후 박스내부는 무수축

그라우트로 채운다. 이와 같은 이음 방식을 사용할 경우에는 반드시, 기계식이음접합에 부합하는 구조성능의 검증이 필요하다.

5.4.2 수직 접합부 인장접합

PC 벽체의 경우 수평으로 부재가 나란하게 연결되는 수직접합부 이음에서는 PC 벽체의 철근의 응력이 인접한 PC벽체로 적절히 전달되어야 한다. 접합 방식은 연성접합과 강도접합으로 구분하여 접합상세를 선택하고 설계되어야 한다. [그림 5.42(a), (b)]와 같이 철근을 겹이음한 후 현장타설 콘크리트를 채우는 일체식 연결 방식[31], [그림 5.4.2(c)]와 같이 루프철근을 겹치고 그 내부에 직교하는 철근을 배근한 뒤 내부를 그라우트로 채워 인장력을 전달하는 방식이 있다. 이때 루프 철근은 기준에 따른 정착길이를 확보하도록 PC 부재내에 정착되어야 하며, PC 부재에서 돌출된 루프 철근은 [그림 5.4.2 (c)]와 같이 180° 구부린 형태로서 겹이음길이를 만족하여야 한다. 충분한 정착길

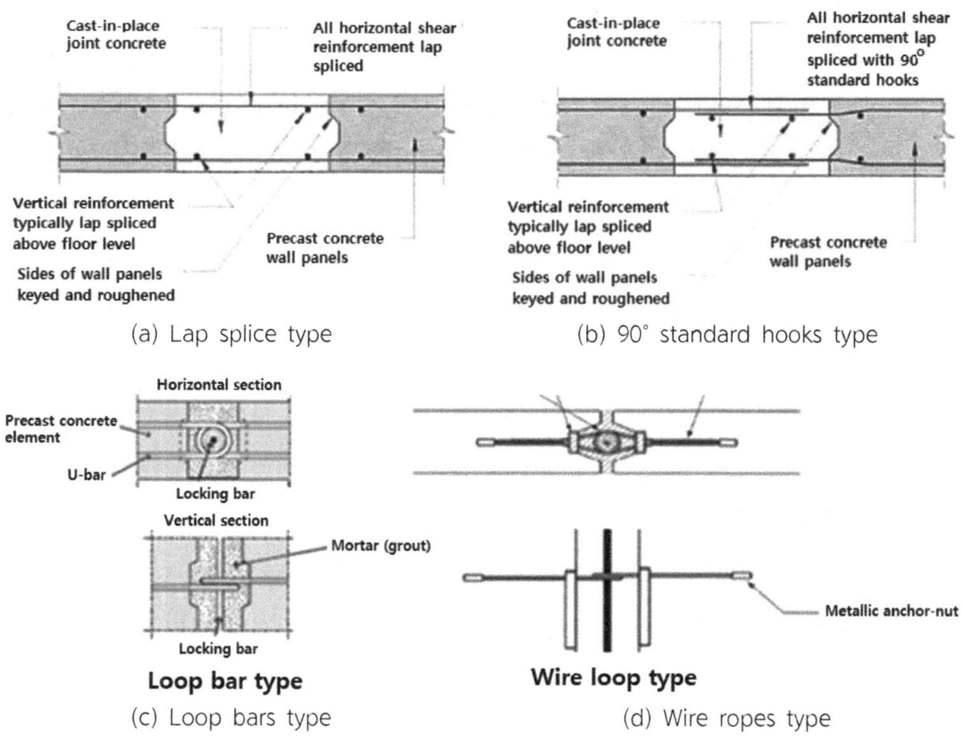

[그림 5.4.2] 수직접합부 인장력 전달 접합

이가 확보되더라도 콘크리트의 부착응력이 급격히 감소하여 접합면과 접합부의 폭이 넓은 경우에는 그 가운데에서 분리될 가능성이 있다.

[그림 5.4.2(d)]는 루프 철근 대신에 와이어 로프를 돌출시키고 이를 서로 겹치게 한 뒤 수직철근을 루프내에 관통시키고 접합부에 현장타설 콘크리트 또는 그라우트를 충전하여 형성된 접합부이다.[33] 기존 루프철근에 비하여 유연하며 휨강성이 없기 때문에 PC 벽의 설치 및 연결이 용이해지는 장점이 있다. 하지만 이 연결 방식은 매우 취성적인 거동을 보이고 Eurocode 2[34]의 연성 요구사항을 만족시키지 못한다. 인장력에 대해서는 그라우트의 취성적인 파괴에 의해 지배되므로 와이어 로프가 항복하기 보다는 강한 링커로 설계하는 것을 추천하고 있다. 이 연결을 사용하기 위해서는 상세를 고려하여 검증된 설계 프로세스에 따르고 연결부가 현행 설계기준에 부합하는지를 반드시 확인할 필요가 있다.

인접한 PC 부재의 연결을 용접 방식으로 연결할 수도 있다. 이 방식은 PC 부재 내에 고정된 철물들을 서로 직접 용접으로 연결하거나, 또는 중간 연결철물을 통하여 용접하여 연결할 수 있다. 다만, 현장 용접부의 품질확보가 될 수 있도록 엄격한 품질관리가 필요하다.

5.5 전단력에 대한 설계

5.5.1 수평전단강도 및 전단마찰설계

PC 부재들 사이에서의 전단력 전달은 부재 주철근들의 겹이음, 기계적 연결장치, 또는 철물 등을 이용한 볼트와 용접으로 연결된 접합면에서 계수전단력 V_u가 $\phi(3.5b_v d)$를 초과하지 않는 경우, 수평전단력에 대한 설계는 본 지침의 4.3.3절과 4.3.4절에 따른다.

PC 부재사이의 전단마찰설계에서 건조 상태인 각 재료의 마찰계수 최대값은 [표 5.5.1][35]에 나타낸 바와 같다. 습윤 상태에서는 마찰력이 저하되므로 그 값들을 15 %에서 20 % 저감시켜야 한다. 마찰이 일시적인 시공하중의 지지인 경우에는 안전계수 5를 고려하는 것이 바람직하다.

[표 5.5.1] 건조 상태에서 재료별 정적 마찰계수 (CPCI Design Manual, 1989)

재료	μ_s
강재 또는 콘크리트와 탄성 패드	0.7
콘크리트와 콘크리트	0.8
콘크리트와 강재	0.4
강재와 강재 (녹없음)	0.25
하드보드와 콘크리트	0.5
라미네이트된 목화 섬유와 콘크리트	0.6
폴리머 플라스틱과 콘크리트 (non-skid)	1.2
폴리머 플라스틱과 콘크리트 (smooth)	0.4

전단키는 마찰저항으로 [그림 5.5.1]과 같이 전단력에 저항하며 전단키의 크기와 깊이에 따라 다음과 같은 파괴모드를 보인다.[36)]

- 접합면을 가로지르는 사인장 균열
- 전단키의 모서리부 지압파괴와 전단파단
- 접합면과 나란한 직접 전단균열
- 접합면에서 미끄러짐

설계내력 산정은 크게 전단파단 또는 압축을 받는 부분에서의 지압파괴로 구분하고 이 두 가지에 대한 내력을 산정하여 불리한 값을 설계내력으로 한다.

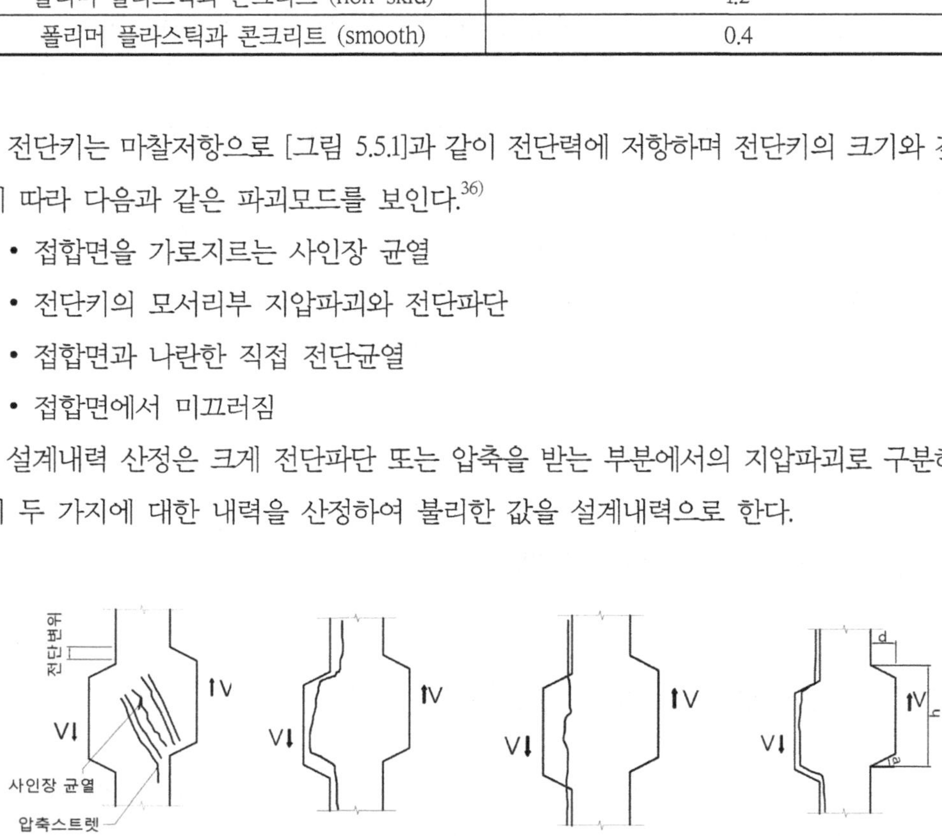

[그림 5.5.1] 전단키의 파괴기구

[그림 5.5.1(a), (c)]는 $6 \leq h/d \leq 8$이고 $\alpha = 30°$인 전단키에서 흔히 발생하는 파괴모드이다. 여기서 h와 d는 전단키의 높이와 깊이이며 α는 접촉면에서의 경사를 나타낸다. 실험결과에 따르면 d의 치수가 10 mm 이상에서 가장 높은 성능을 보이는 것으로

나타났다. 따라서 최소치수를 10 mm로 하는 것이 바람직하다.[37] 파괴모드 (b)는 $h/d > 8$인 긴 전단키에서 발생하며 이 경우 전단키의 성능이 충분히 발휘되지 않는다. (d)의 파괴는 $\alpha > 30°$에서 나타난다. 전단키의 개수와 관련하여 분포된 수직 전단력 V에 의한 단위 전단키에 작용하는 힘은 [그림 5.5.2]에 나타낸 바와 같이 구할 수 있다. 이때 각도 α에 따른 응력-전단 미끄러짐 관계는 [그림 5.5.3][38]에 나타낸 바와 같다.

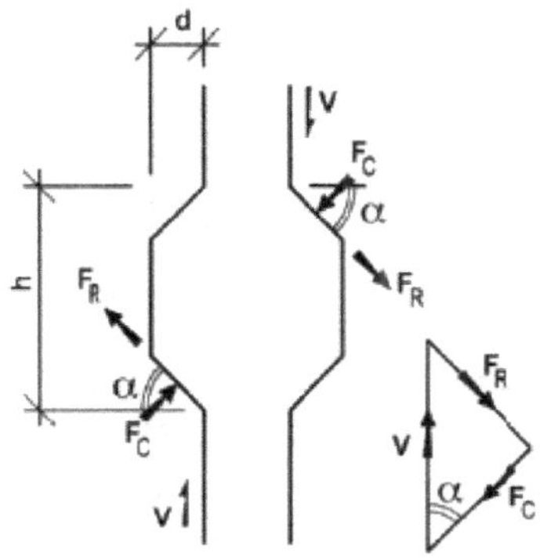

[그림 5.5.2] 전단키 접합부에서의 힘 전달

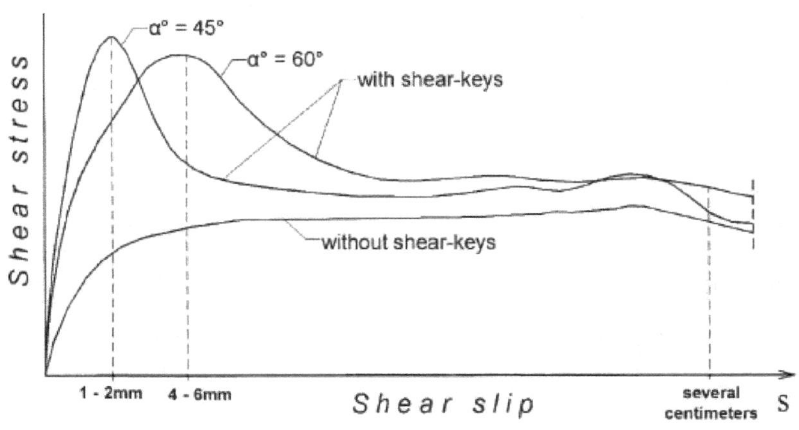

[그림 5.5.3] 전단키 각도에 따른 전단응력-미끄러짐 관계

5.5.2 벽식구조 접합부 전단설계

프리캐스트 콘크리트 벽식구조에서 벽 패널은 한 층 높이로서 수직방향으로는 각 층 바닥 사이, 그리고 수평방향으로 벽 패널들이 서로 연결되어 접합부를 형성한다. 이들 접합부는 [그림 5.5.4]와 같이 수직방향 하중에 대해서는 축력을 전달하고 횡력에 대해서는 바닥의 격막작용에 의한 수평력을 전달한다.[13)]

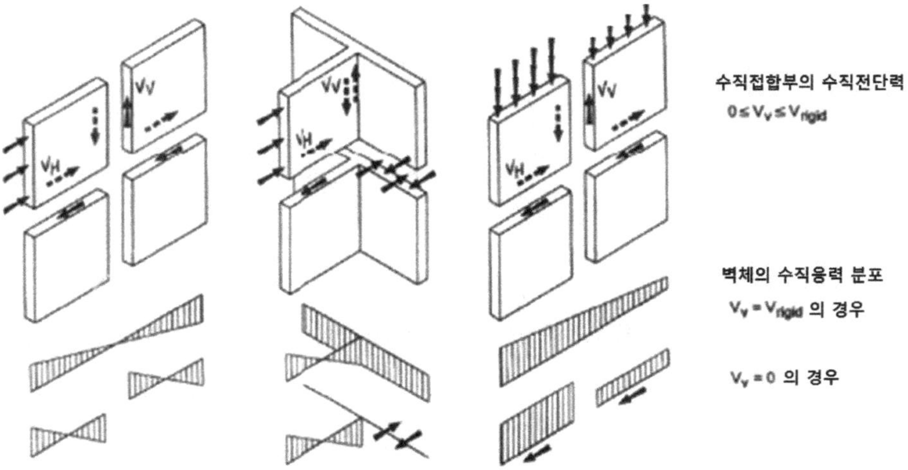

(a) 횡력작용시 (b)부등 축하중 작용시

[그림 5.5.4] 벽식구조 접합부에 작용하는 힘

프리캐스트 콘크리트 벽식구조는 벽과 벽사이에서 수직 전단력을 전달하는 수직접합부와 수평의 벽과 바닥 그리고 벽과 기초 접합부 사이에서 압축력과 인장력 그리고 전단력을 전달하는 수평 접합부로 구분할 수 있다. 이들 접합부에 작용하는 힘은 다음과 같다.

① 상부벽 패널과 슬래브로 전달되는 수직방향 압축
② 횡력과 슬래브의 격막 작용에 의한 전단력
③ 슬래브면에 작용하는 수평력
④ 벽체길이방향 면내 휨모멘트
⑤ 벽체길이 직각방향의 면외 모멘트
⑥ 수직접합부에서의 수직 전단력

전단키가 있는 접합부의 전단강도는 1992년 제정된 "프리캐스트 콘크리트 조립식건축구조기준 및 해설"[39]에 따라 산정할 수 있다.

1) 수직접합부 내의 횡방향 보강철근과 수평 접합부 보강철근은 전단강도의 산정에 포함시킬 수가 있다.

2) 수직접합부의 전단키에 의한 전단강도는 다음 ①, ②, ③ 중 작은 값으로 한다.

① 접합부 그라우트의 전단강도

$$\phi V_{nj} = \phi . \lambda . v_c . t . L \, (\phi = 0.85) \qquad \text{식 (5.5.4)}$$

여기서, $v_c = \frac{1}{6}\sqrt{f_g}$, $\lambda = 1.0$이다.

② 전단키의 전단강도는 다음 중 작은 값으로 한다.

$$\phi V_{nk} = \phi . (0.2) . \lambda . f_g . A_v \text{ 또는 } \phi . (0.56\lambda) . A_v \qquad \text{식 (5.5.5)}$$

여기서, $\phi = 0.85$, $A_v = t . h$이다.

③ 전단키 지압강도

$$\phi P_{nj} = \phi . (0.85) . f_g . A_c \, (\phi = 0.7) \qquad \text{식 (5.5.6)}$$

여기서, λ 콘크리트 종류계수, f_g는 그라우트의 압축강도, t는 전단키의 두께, L 은 벽체의 높이, h는 전단키의 높이, t_g는 전단키의 최소 두께, d는 전단키의 깊이, A_c는 전단키의 지압면적이다.

수직접합부는 전단마찰에 의한 보강철근의 강도와 전단키 강도의 합으로 산정할 수 있다. 다만, 루프철근 사용 시 철근의 설계강도 f_y는 240MPa을 초과할 수 없도록 하고 있다. 이는 접합부에서 보강철근의 연성적인 거동을 유도하기 위한 것으로서 최근 고강도철근이 사용되는 상황을 고려하면, 이 부분에 대한 개정이 필요하다. 또한 서로 겹치는 루프철근 속에는 수직철근을 끼워 넣어야 한다. 루프철근과 전단키로 구성된 대표적인 수직접합부의 상세는 [그림 5.5.5]와 같다.

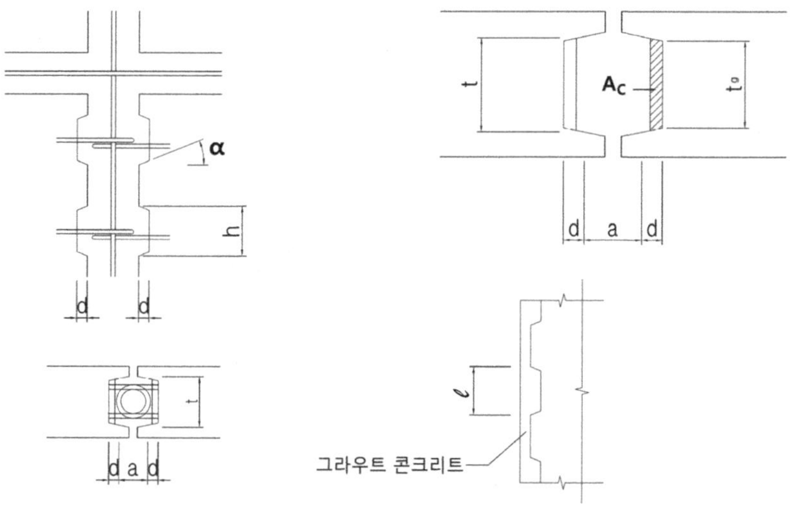

[그림 5.5.5] 전단키를 설치한 접합부

프리캐스트 콘크리트 구조벽체는 보통구조벽체, 중간구조벽체, 특수구조벽체로 설계할 수 있다. 보통구조벽체는 내진설계범주 A와 B에만 적용할 수 있다. 내진설계범주 C, D에 해당할 경우에는 중간구조벽체 또는 특수구조벽체로 설계하여야 하며, 벽체 수직접합부를 강도설계 또는 연성설계 방법으로 설계한다. 접합부의 연성능력이 요구되지 않는 경우에는 접합부의 설계강도를 $1.5s_y$로 적용한 강도설계를 수행한다. 여기서 s_y는 연결재의 항복강도로 산정한 강도 혹은 연결장치의 공칭강도를 사용하여 구한다. 접합부에서 연성능력을 기대할 수 있는 경우, 접합부의 하중전달장치 또는 연결재는 연성설계에 의해 충분한 연성능력을 발휘할 수 있도록 설계한다. 물론 이 경우에는 적절한 실험 및 해석적인 검증을 통하여 하중전달장치 또는 연결재의 성능이 규명되어야 한다.

접합부에서 요구되는 내진성능은 내진설계 규정을 적용하여 설계한다. 다만, 반복하중의 조건에서 전단키의 강도는 정적하중인 조건에 비하여 50 % 강도가 저하되므로[40] 지진하중 등과 같은 반복하중에 대한 설계 시에는 전단키의 역할을 고려하지 않고 철근에 의한 전단마찰에 의한 내력만으로 산정하는 것이 바람직하다.

수평 접합부에 작용하는 전단력에 대하여 저항하는 요소는 접합부의 그라우트 전단강도, 접합부면을 가로질러 상하벽에 정착된 수직보강철근, 접합부에 작용하는 축력이다. 이들의 영향을 고려하여, 전단마찰에 의한 전단내력을 산정할 수 있다. 벽판의 수평접합부 일부의 인장응력이 작용할 때에는 전단강도의 산정에 있어서 그 영향을 고려하여야 한다. 그리고 인장응력이 작용하는 부분은 전체접합부 길이의 1/3 이하가 되도록 하여야 하고 그 인장응력에 적절히 저항할 수 있어야 한다. 또한 인장응력과 전단력을 동시에 받을 경우에는 두 힘의 합성효과를 고려하여 설계하여야 한다. 지진과 같은 횡력이 작용하는 경우 수평 접합부에 작용하는 축응력이 변동하기 때문에 수평 접합부의 그라우트 전단강도를 안전측으로 산정하기 어려우므로 이 경우에는 전단 보강철근만의 전단강도를 수평 접합부의 전단강도로 하는 것이 바람직하다.

벽식구조의 수평 접합부에서 과도한 변형이 발생하게 되면, 수직하중의 전달에서 편심이 커지게 되어 건물 전체의 안전성에 문제가 될 가능성이 높아진다. 따라서 철근이음부에서 미끄러짐과 같은 변형이 발생하지 않도록 하여 휨모멘트와 전단력에 의한 변형이 크게 발생하지 않도록 하여야한다. 특히, 스플라이스 슬리브 등과 같은 기계적이음에서 슬리브내 충전재료의 부착강도가 충분하지 않거나 철근이 슬리브내에서 충분히 정착되지 않을 경우, 이음부에서 큰 변형이나 미끄러짐이 발생할 수 있으므로 이러한 현상이 발생하지 않도록 하여야 한다.

접합부에서 요구되는 내진성능은 내진설계 규정을 적용하여 설계한다. 다만, 지진하중과 같이 횡력이 작용하게 되면, 수평 접합부에 작용하는 축력이 변하게 되어 접합부 콘크리트의 전단강도가 변동될 수 있으므로 이를 고려하여 접합부 강도를 산정할 필요가 있다.

5.5.3 벽식구조 수직 접합부의 횡력에 대한 설계

수직 접합부의 설계는 두 가지 선택이 가능하다. 하나는 수직 접합부에 연성 접합부를 적용하여 전단 연결재가 항복을 하도록 설계하는 것이다. 이 경우에는 앞서 언급한 대로 각 수직 PC 패널이 변형에 대해 독립적으로 작용하는 것처럼 벽의 강성을 보수적으로 모델링할 필요가 있다. (예를 들어 수평 길이 L인 벽체를 연성 접합부를 적용한 수직 접합부에 의해 L/2의 수평 길이를 갖는 2개의 벽체로 모델링한다면 벽체의 강성은 길이의 3제곱에 비례하므로 각각 K/8의 강성을 갖는 2개의 벽체로 모델링한다.) 이것이 가능한 이유는 전단벽이 최하단을 고정단으로 하는 캔틸레버 거동을 하기 때문에 수직 접합부에 의해 2개의 벽체로 나누어져도 각각 캔틸레버 거동을 하는 것은 문제가 없고 또한 감소된 강성을 적용함으로써 충분히 보수적인 설계가 되기 때문이다.

다른 하나는 수직 접합부로 연결된 인접한 벽체를 일체식 거동을 하는 것으로 가정하여 접합부를 충분히 강하게 설계하는 것이다. 이 수직 접합부에서는 최하단의 휨 항복 시에도 탄성 거동을 할 수 있도록 초과강도계수(over strength factor)를 적용한 값으로 설계를 한다.

접합부에 강도 접합부를 적용하는 규정에 대해서는 기준에 따로 상세한 언급이 없다. 다만 접합부 내에서 항복이 일어나지 않고 접합부 부근에서 항복이 발생하도록 접합부를 충분히 강하게 설계하는 것이 전제이다. 이를 위해서는 해석상의 설계 강도가 아닌 초과강도를 적용한 강도를 적용하여 접합부를 설계하여야 한다. 여기서 초과강도를 어떻게 적용할 것이냐는 논란이 있을 수 있다. ACI318-19 기준의 18.5절의 '$1.5s_y$'는 초과강도를 약 1.5배 정도로 보는 것을 암시하고 있다. 내력벽식 횡력 저항 시스템의 초과강도(Ωo)는 2.5이다. 실제 적용하여야 할 초과강도는 이 사이의 어떤 값일 수도 있다. 그리고 접합부 내에 설계 휨 모멘트가 아닌 실제 배치된 강재의 휨 항복 모멘트를 기준으로 하여 나머지 요소들에 대해서는 My/Mu의 비 만큼의 설계 강도를 적용하는 것도 역시 고려한다면 초과강도계수는 2.5에 가깝거나 그보다 큰 경우도 발생할 것이다. 하지만 실제 2.5에 가까운 값의 초과강도계수를 적용한다면 필로티 등 전이구조에 적용하는 특별 지진하중과 다를 바 없는 매우 큰 하중을 적용하게 된다. 한편으로는 수직 접합부에 내재된 초과강도도 있을 수 있고 전단의 경우 휨에 비해 더 작은 강도저감계수를 사용함으로 얻는 초과강도도 있어 초과강도계수의 적용은 신중하게 접근할 필요가 있다.

ACI 318-19 기준에 근거하여 수직 접합부 설계 시 고려 사항을 정리하면 다음과 같다.

[수직 접합부 설계 시 고려 사항]

1) 연성 접합부 또는 강도 접합부를 사용한 수직 접합부의 설계 방법을 결정한다.
2) 연성 접합부를 적용할 경우, 수직 접합부에 의해 개별 벽체로 독립적으로 거동하는 것으로 해석하거나 커플링 빔으로 연결된 2개의 벽체로 해석한다. 이때 벽체 강성에 유의해야 한다.
3) 전단연결재가 항복하도록 설계하고 이때 항복 후에도 설계 변위에 해당하는 변형에 대하여 접합부의 내력은 설계 강도의 80 % 이상을 지지할 수 있도록 설계한다.
4) 접합부에서 전단연결재(연결 철물 또는 철근)의 항복 시 전단연결재를 제외한 요소 들에 대해서는 $1.5s_y$의 요구 강도를 갖도록 설계한다.
5) 강도 접합부를 적용할 경우, 수직 접합부로 인한 분절과 관계없이 벽체는 일체식 거동을 하는 것으로 보고 하나의 벽체로 해석한다.
6) 강도 접합부를 적용할 경우, 접합부 내에서의 항복은 허용되지 않으므로 접합부가 충분한 초과강도를 갖도록 설계 강도를 조정하여 설계한다.

5.6 벽식구조 수평 접합부 압축설계

벽식구조의 수평 접합부는 각 층 바닥과 벽이 만나는 접합부 또는 기초 또는 전이보와 바닥이 연결되는 부분으로서 바닥의 격막작용에 의한 수평력 뿐만 아니라 연직하중에 의한 압축력이 전달된다. 접합부는 콘크리트로 충전되므로 이 부위에서 압축응력이 안전하게 전달될 수 있어야 한다. 수평 접합부에서 수직 압축력의 전달성능은 다음과 같은 요소들에 영향을 받으므로 이를 고려하여 그 성능을 평가한다.

1) 접합부 콘크리트와 벽패널의 압축강도
2) 벽 두께에 대한 하중작용 폭의 비율
3) 접합부 두께에 대한 하중 작용폭의 비
4) 벽 단부와 접합부 콘크리트의 할렬인장강도
5) 접합부 콘크리트의 구속

바닥 부재들과 지지상세에 따라, 수평 접합부는 [그림 5.6.1]과 같이 세 가지 상세가 주로 사용된다.

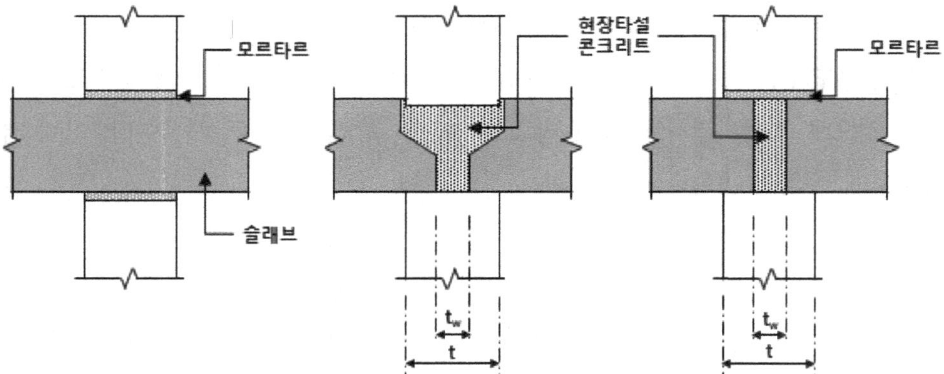

(a) 얇은 모르타르 접합부 (b) 웨지 또는 개방형 접합부 (c) 플렛폼 또는 폐쇄형 접합부

[그림 5.6.1] 벽-슬래브 수평 접합부의 종류[36)]

수평 접합부의 수직하중 지지력은 프리캐스트 콘크리트 조립식건축구조기준에 따라 다음과 같이 산정할 수 있다.

1) 중실 바닥판 또는 중공 부분이 그라우트된 바닥판으로 구성된 수평 접합부의 지지력은 접합형태에 따라 다음 식으로 산정한다.

$$P_u \leq \phi P_{nc} \qquad \text{식 (5.6.1)}$$

① 내벽의 접합 (바닥판이 양쪽에 있을 때)

$$\phi P_{nc} = \phi.(t.\,L/K).f_u.\,C.R_e\,(\phi = 0.7) \qquad \text{식 (5.6.2)}$$

② 외벽의 접합 (바닥판이 한쪽에만 있을 때)

$$\phi P_{nc} = \phi.t.\,L.f_u.\,C.R_e\,(\phi = 0.7) \qquad \text{식 (5.6.3)}$$

2) 중공 부분이 그라우트되지 않은 바닥판으로 구성된 수평 접합부의 지지력은 다음 식으로 산정한다.

$$\phi P_{nc} = \phi.(0.85).A_e.f_{ck,slab}.R_e\ (\phi = 0.7) \qquad \text{식 (5.6.4)}$$

바닥판 지지력계수 C는 다음과 같이 산정한다.

1) 중실 바닥판 및 중공 바닥판의 코어에 벽판의 벽면보다 그라우트가 2.5 cm 이상 채워져 있을 때

$$C = 1.4\sqrt{\frac{17.5}{f_g}} \geq 1.0 \text{ (내벽, 즉 양쪽에 바닥판이 있을 때)} \qquad \text{식 (5.6.5)}$$

$$C = 1.2\sqrt{\frac{17.5}{f_g}} \geq 1.0 \text{ (외벽, 즉 양쪽에 바닥판이 있을 때)} \qquad \text{식 (5.6.6)}$$

2) 중실 바닥판 및 중공 바닥판의 코어에 벽판의 벽면보다 그라우트가 2.5 cm 이하로 채워져 있을 때

$$C = 1.0 \qquad \text{식 (5.6.7)}$$

그라우트 설계기준 강도 f_u는 그라우트의 압축강도 f_g 또는 벽판 콘크리트의 압축강도 $f_{ck,wall}$ 중 작은 값으로 한다. 다만 벽판 상하단에 쪼갬 보강철근이 없거나 또는 중공 바닥판 일 때에는 $0.8f_{ck,wll}$ 이하로 한다.

$$K = 0.65 + \left(\frac{f_g - 17.5}{350}\right) \qquad \text{식 (5.6.8)}$$

$$R_e = 1 - \frac{2e}{h} \qquad \text{식 (5.6.9)}$$

$$A_e = b_b(tr) \qquad \text{식 (5.6.10)}$$

이들 식은 Johal & Hanson[41]에 의해 제안되어 PCI manual[42]에서 수평 접합부 압축 내력계산을 위해 사용되고 있는 식과 동일하다. 국내의 PC 수평 접합부 실험 데이터를 분석한 결과, 내벽에서 그라우트 기둥을 통한 하중 전달계수 K가 과대평가되는 양상을 보이므로 이에 대해서는 상기식의 적용에 대한 검토가 필요하다.

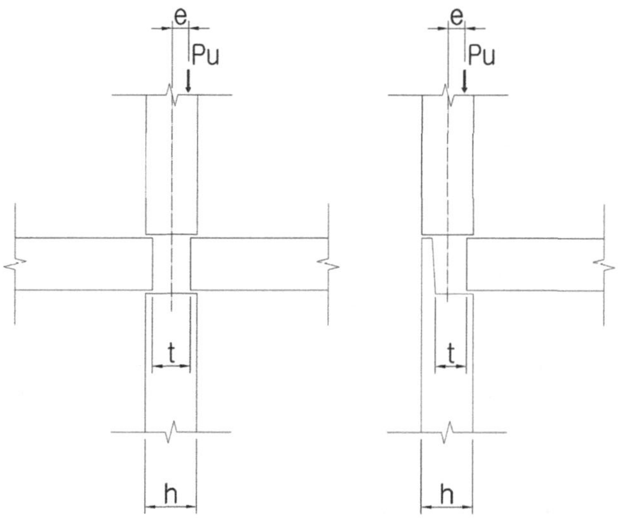

(a) 내부 수평 접합부 (b) 외부 수평 접합부

[그림 5.6.2] 인접 슬래브의 개수에 따른 수평 접합부의 구분

5.7 벽식구조 수평 접합부 횡력에 대한 설계

내력벽 시스템을 거대한 캔틸레버 전단벽으로 보면 휨 항복이 일어나는 주철근, 즉 수직 철근이 수평 접합부에 의하여 단절되므로 결국 PC 구조벽체의 연성 확보는 수평 접합부의 성능에 달려 있다고 생각할 수 있다. 현장타설 콘크리트 전단벽의 비탄성 거동은 전단벽과 기초가 만나는 최하단 또는 각 층에서의 휨 변형으로 이루어진다. 캔틸레버 전단벽의 거동 특성상 휨모멘트가 가장 큰 최하단에서 휨 항복이 먼저 발생할 가능성이 크다. 하지만 각 층에서의 휨 배근량 차이로 인해 휨 항복이 반드시 최하층이 아닌 일반 층에서 먼저 발생하는 경우도 있을 것이다. 현장타설 콘크리트 전단벽의 이러한 거동과 동등하도록 설계하는 것이 일체식 시스템을 적용한 PC 구조벽체의 성능

목표이다. 따라서 설계자는 각 수평 접합부에 적절한 방식의 설계를 적용해야 한다. 예를 들면 비탄성 거동을 최하단으로 한정하고 나머지 접합부는 최하단의 비탄성 거동 시 일체로 거동(monolithic behavior)하도록 설정하여 최하단에는 연성 접합부에 의해 설계하고, 나머지는 강도 접합부를 적용하여 최하단이 소성 변형을 하는 동안에도 나머지 부분들은 탄성 영역 안에 있도록 설계할 수 있다. 다른 방법으로 최하단뿐만 아니라 각층에서도 비탄성 거동을 할 수 있도록 수평 접합부를 연성 접합부에 의해 설계할 수도 있다.

수평 접합부에는 수직하중과 횡력에 의한 휨모멘트의 조합에 의해 압축력과 인장력이 발생한다. 압축은 현장타설 구조벽체와 마찬가지로 콘크리트 면의 지압과 연결 철근에 의해 전달된다. 인장은 연결 철물이나 철근에 의해 전달되는데 연성 접합부를 적용하였다면 인장 측에서 연결 철물이나 철근이 항복하도록 설계하여야 한다. 다만, 여기서 주의할 점은 접합부의 연결 철물이나 철근이 항복을 하더라도 설계 변위에 해당하는 변형점에서 접합부 강재의 내력은 설계 강도의 80 % 이상을 지지할 수 있어야 한다는 것이다. 그리고 이때 만약 주근을 직접 연결하는 기계적이음을 적용한다면 기계식이음의 예상 강도(probable strength)는 적어도 철근 항복 강도의 1.5배 이상이어야 한다. 즉, 유형 2의 기계적이음을 사용해야 한다.

각층의 PC 구조벽체의 수평 접합부의 면은 일반적으로 면과 면 사이를 모르타르로 채우므로 현장타설 구조벽체의 해당 위치의 면보다 매끄럽다. 현장타설 구조벽체도 공정상 각 층에서 끊어 치는 것이 일반적이므로 완전한 일체 타설은 아니지만 PC에 비해서는 충분히 거친 면을 갖고 있다 할 수 있다. 따라서 이 접합면의 전단 미끄러짐에 대해 PC 구조가 훨씬 불리하다. 또한 횡력에 의한 휨모멘트는 수평 접합부에 인장과 압축 응력을 유발한다. 이때 인장 측에서 PC 부재의 들림(joint opening)이 발생하여 접합부의 마찰력을 감소시킨다. 물론 반대로 압축 측에서는 마찰력이 증가하게 되나 보수적으로 접근하여 마찰력을 무시하고 수평 접합부 설계 시 전단력에 대해 추가의 철물이나 철근을 배치하여 전단마찰 설계하는 것이 안전하다. ACI318-19 기준에 근거하여 수평 접합부 설계 시 고려 사항을 정리하면 다음과 같다.

[수평 접합부 설계 시 고려 사항]

1) 응력의 커넥터 집중, PC 부재의 들림, PC 부재의 균열 등을 고려하여 해석 시 부재의 강성은 전체 단면 성능의 40~70 % 수준으로 저감한다.
2) 두 가지 설계 방법을 고려할 수 있다. 하나는 최하단은 연성 접합부를 사용하여 휨 항복이 일어나도록 설계하며, 상부 층의 수평 접합부에서는 강도 접합부를 이용하여 탄성 상태에 있도록 충분히 강하게 설계하는 것이다. 다른 하나는 최하단을 포함한 매 층에서 항복이 일어나도록 설계(ductile connection)하는 것이다.
3) 접합부 강재의 휨 항복 시 설계 변위에 해당하는 변형에서 접합부의 내력은 설계강도의 80 % 이상을 지지할 수 있도록 설계한다.
4) 접합부에서 휨 항복이 일어나는 동안에 휨 항복이 일어나는 요소 이외의 나머지 요소, 예를 들어 철근이 항복하도록 설계된 경우 나머지 요소는 철근의 정착 길이 또는 기계식이음이 될 것이며 강판과 같은 연결 철물 등이 항복하도록 설계된 경우의 나머지 요소는 강판과 강판 사이의 용접, 볼트, PC 부재 내로 정착된 스터드 등에 대해서는 $1.5s_y$의 요구 강도를 갖도록 설계한다.
5) 휨 항복에 대한 연결 철물(또는 연결 철근)과는 별개로 전단력에 대해 저항하는 철물(또는 철근)을 추가하는 것이 안전하며 이는 전단마찰 설계법을 적용한다. 이때 설계 강도는 $1.5s_y$의 요구 강도를 적용한다.

5.8 모멘트에 대한 설계

PC 부재 접합부에서 휨모멘트와 축력을 전달하기 위한 대표적인 접합방법은 부재 접합면에 형성된 콘크리트 접촉면, 부재 접합면을 가로질러 연속되게 배근되는 철근에 의한 것이다.

접합부의 휨강도와 압축강도는 연직하중과 수평하중에 대하여 계산한 부재력을 상회하여야 한다. 특히 내진설계 시 항복힌지영역이 있는 접합부에서는 접합부 설계휨강도가 계수모멘트 이상이 되어야 한다. 또한 강체로 거동하는 슬래브에 부착된 보에 작용하는 축력은 무시할 수 있다. 휨모멘트를 전달하는 접합부에서 휨압축측의 힘 전달이 충전콘크리트를 통하여 이루어지는 경우에는 충전콘크리트의 압축강도와 충전 상태를 고려하여 휨강도를 산정한다.

접합부의 휨강도는 다음의 가정에 따라 산정한다.

1) 접합면에서 철근과 콘크리트 접촉면의 변형률은 중립축으로 부터의 거리에 따라 비례하는 것으로 가정한다.
2) 휨모멘트와 축력에 의하여 접합면에 작용하는 압축력은 접합면에서 연속하는 압축측 주근과 콘크리트 접촉면으로 전달된다.
3) 휨모멘트와 축력에 의해 접합면에 작용하는 인장력은 접합면에 연속하는 인장측 주근에 전달된다.

PC 부재 사이에 모르타르가 존재하는 접합부에서는 콘크리트 접촉면에 전달되는 압축력 또는 전단력에 의해 미끄러짐 변형이 발생할 수 있으므로 모르타르의 강도와 충전상황 등을 고려한다.

5.9 구조안정설계

PC 부재들 사이에서 비정상적인 하중으로 부재의 손상이나 파괴가 발생할 경우 구조 설계에서 의도한 하중 전달경로의 완전한 손상을 방지하고, 연속적인 붕괴의 진행을 방지하기 위하여 대체 하중전달경로 또는 연결철근 등의 구조상세를 통하여 안전성을 확보해야 한다. 실제 건물에서 예상되는 비정상적인 하중으로서는 설계 또는 시공 중의 에러, 국부적인 과하중, 가스 또는 폭탄 등에 의한 폭발, 차량과 낙하물의 충격, 국부적인 화재, 기초의 침하, 지진의 영향 등이 있다. 이에 따라 PC 벽판 구조물은 구조일체성을 가져야 한다.

PC 구조물의 길이방향, 횡방향, 수직방향 및 외주부는 부재의 효과적인 결속을 위하여 연결철근으로 일체화시켜야 한다. 특히 길이방향과 횡방향 연결철근을 지진력저항시스템에 연결되도록 배근하여야 한다. PC 구조물의 일체성은 부재 보강근의 양, 위치, 배근상세 및 접합부 연결장치의 구조상세 등의 작은 변화에 의해 크게 향상될 수 있다. 일체성 보강근은 각 부재들 사이에서 완성된 하중전달 경로를 구성할 수 있어야 하며, 하중전달 경로에서 부재들 사이의 힘의 전달은 가능한 직접 이루어지도록 하여야 한다.

하중전달 경로에서 발생하는 편심은 특히 접합부에서 최소가 되도록 하여야 한다. 골조 구조에서 일체성 확보를 위한 연결철근은 상하층의 기둥 수직연결철근, 기둥과 보의 연결철근, 슬래브와 보의 연결철근 등으로서 [그림 5.7.1]에 나타낸 바와 같다.

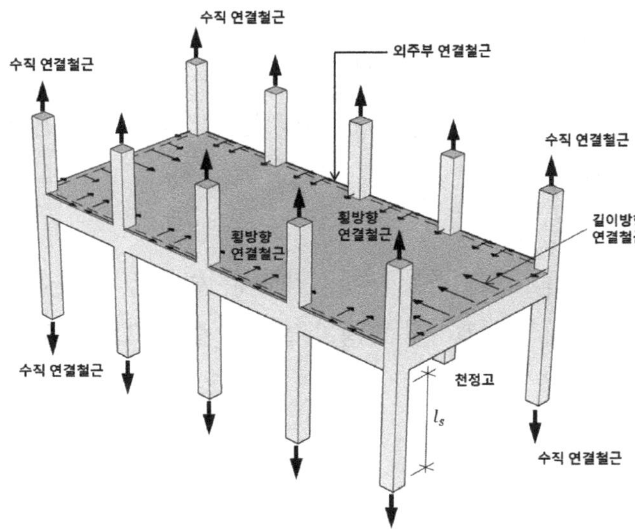

[그림 5.7.1] 일체성 보강근과 하중전달경로

바닥의 격막작용에 의해 횡력을 지지하는 부재와 격막부재(슬래브 지붕과 같은 수평부재)는 직접 또는 간접적으로 접합된다. 예를 들면 기둥은 격막부재와 직접 접합되며, 이 격막부재는 바닥판을 지탱하는 테두리 보와 접합되어 있다. 이 부재들 사이에서 힘의 전달이 충분히 이루어질 수 있도록 하기 위해서는 최소한의 인장강도가 확보되도록 하여야 한다.

일체성 확보를 위한 KDS 14 20 62의 최소 요건은 다음과 같다.

1) PC 부재가 바닥 또는 지붕층 격막구조일 때, 격막구조와 횡력을 부담하는 구조를 연결하는 접합부의 공칭인장강도는 최소 4,400N/m이상이 되어야 한다.
2) 수직연결철근에 관한 KDS 14 20 50(4.7.2)의 규정은 비내력벽을 제외한 모든 수직 구조 부재에 적용하여야 하며, 다음과 같이 수평 접합부에서 연결되어야 한다.
   ① PC 기둥의 공칭인장강도는 $1.5A_g$ 이상이 되어야 한다. 하중에 의해 요구되는 단면보다 큰 단면으로 설계된 기둥의 경우, 감소된 유효단면적을 사용하여 최소 철근량과 설계강도를 결정할 수 있다. 이때 감소된 유효단면적은 전체 단면

적의 1/2 이상이어야 한다.

② PC 벽판은 최소한 두 개의 연결철근을 서로 연결하여야 하며, 연결철근 하나가 받을 수 있는 인장력은 45,000 N 이상이어야 한다.

③ 해석결과 기초바닥 밑면에 인장력이 발생되지 않을 경우 ②에 규정된 연결철근은 흙에 직접 지지되는 콘크리트 바닥슬래브에 정착시킬 수 있다.

3) 압축응력이 지배하는 접합부라 할지라도 횡력 등에 의하여 인장응력이 작용할 가능성이 있으며 미끄러짐 등에 의한 변형이 클 경우 접합부의 전체적인 구조안전성에서 문제가 될 수 있기 때문에, 단순히 연직하중에 의한 마찰력만으로 저항하는 접합부 상세는 사용할 수 없다.

4) 일체성 접합부는 균열 발생 가능성을 최소화시킬 수 있도록 설치 위치를 설정하여야 한다.

5) 일체성 확보를 위한 접합부는 연성적인 거동을 유도하기 위하여 콘크리트의 파괴에 앞서 강재의 항복이 먼저 이루어지도록 설계하여야 한다.

특히 3층 이상의 PC 내력벽에 대해서는 다음과 같은 구조 일체성이 요구된다.

1) 3층 이상의 PC 내력벽 구조의 경우에는 다음 2)에서 6)까지 최소 규정을 만족시켜야 한다.

2) 길이방향 또는 횡방향 연결철근은 바닥과 지붕에 22,000 N/m의 공칭강도를 가지도록 설계하여야 한다. 연결철근은 내부 벽체 지지점에 설치하여야 하며, 또한 부재와 외벽 사이에도 배치하여야 한다. 이때 연결철근은 바닥슬래브와 지붕구조 평면에서 600 mm 이내에 위치시켜야 한다.

3) 길이방향 연결철근은 바닥슬래브 또는 지붕바닥과 평행되며 중심 간격이 3.0 m 이내이어야 한다. 개구부가 있을 때는 그 주위에 응력이 적절히 전달되도록 연결철근을 개구부 주위에 추가로 배치하여야 한다.

4) 바닥슬래브 또는 지붕바닥의 경간방향에 직각인 횡방향 연결철근은 내력벽의 간격 이하로 배치하여야 한다.

5) 각 층 바닥 또는 지붕층 바닥의 외주부 연결철근은 모서리에서 1.2 m 이내에 있어야 하며, 71,000 N 이상의 공칭인장강도를 가져야 한다.

6) 수직 연결철근은 모든 벽체에 배치하여야 하며 건물 전체 높이에 연속되도록 하여야 한다. 인장강도는 벽체의 수평방향으로 44,000 N/m 이상이어야 한다. 또한 수직 연결철근은 각 PC 벽 패널당 2개 이상 설치하여야 하며, 그 중심 간격은 3.6 m 이하로 하여야 한다.

모든 PC 구조물의 일체성을 확보하기 위한 연결철근을 규정한 것이며, 이는 1968년 런던에서 발생한 PC 대형판공법으로 완공한 공동주택의 18층 세대에서 가스폭발로 인한 외부 내력벽의 손상으로 나타난 연속붕괴를 방지하기 위하여 3층 이상의 PC 대형판공법의 내력벽구조에 한하여 적용하기 위한 것이다. PC 대형판 내력벽구조에 대한 최소 인장연결철근의 규정은 내력벽의 손상으로 지지력이 상실될 경우 현수작용에 의한 지지력을 확보하기 위한 것이므로 특정한 하중효과를 가정하여 산정한 연결철근은 최소량을 초과할 수 있다. 벽과 슬래브로 형성된 대형판 구조에서 일체성 확보를 위한 연결철근은 벽과 벽의 수직 및 수평연결, 벽과 슬래브의 연결, 슬래브와 슬래브의 연결, 그리고 수평 접합부를 따른 연결철근으로 [그림 5.7.2]와 [그림 5.7.3]에 나타낸 바와 같다.

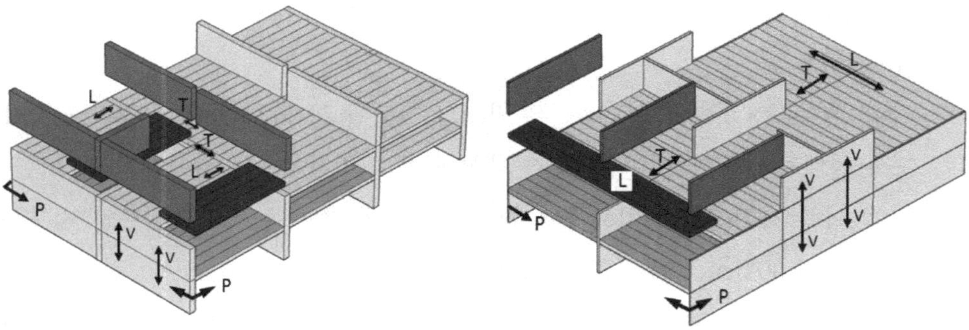

L= 길이방향 연결철근, T= 횡방향 연결철근, V= 수직방향 연결철근, P= 외주부 연결철근

[그림 5.7.2] 일체성 확보를 위한 대형판공법의 연결철근 (ACI 318-14)

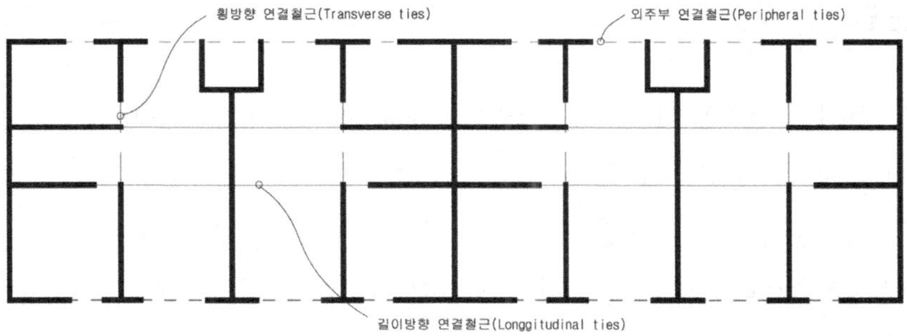

[그림 5.7.3] 일체성 확보를 위한 대형판공법의 연결철근

국내에서도 대형판공법을 사용한 내력벽구조의 공동주택을 다수 건설한 바 있으며, 이 경우 전체단면을 프리캐스트화한 슬래브를 사용하여 바닥판을 구성하였기 때문에 일체성 확보를 위한 연결철근은 연속붕괴 방지 및 지진력저항시스템에 대한 격막 작용을 하기 위한 설계요건으로 중요한 역할을 하였다. 최근 한국과 일본 등에서는 바닥판을 만들기 위하여 프리캐스트 부재와 덧침콘크리트를 사용한 합성슬래브를 많이 적용하고 있다. 이 경우 합성슬래브 바닥판은 현장타설 콘크리트구조와 유사한 성능을 갖는 일체성과 격막 작용을 기대할 수 있다. 이러한 점에 근거하여 일본건축학회의 『현장타설 콘크리트 동등형 PC 구조 설계지침』에서는 종래의 전체 프리캐스트 바닥판으로는 현장타설 콘크리트와 동등한 일체성을 확보하기 어렵기 때문에 합성슬래브로 바닥판을 설계하도록 규정하고 있다.

참고문헌

1. ACI 318-19 (2019), “Building code requirements for structural concrete and commentary”, American Concrete Institute
2. 국가건설기준센터(2021), “건축구조기준 설계하중 (KDS 41 10 15)”
3. 국가건설기준센터(2021), “콘크리트구조 해석과 설계 원칙 (KDS 14 20 10)”
4. ACI 374.1-05 (2019), Acceptance Criteria for Moment Frames Based on Structural Testing and Commentary“ American Concrete Institute
5. ACI ITG-5.1-07 (2017), “Acceptance Criteria for Special Unbonded Post-Tensioned Precast Structural Walls Based on Validation Testing”, American Concrete Institute
6. ACI 374.2R-13 (2013), “Guide for Testing Reinforced Concrete Structural Elements under Slowly Applied Simulated Seismic Loads“, American Concrete Institute
7. 국가건설기준센터(2021), “콘크리트구조 정착 및 이음 설계기준 (KDS 14 20 52)”
8. 국가건설기준센터(2021), “콘크리트용 앵커 설계기준(KDS 14 20 54)”
9. AASHTO (2017), “AASHTO LRFD Bridge Design Specifications”
10. State of California Department of Transportation (2019), “CALTRANS Seismic Design Criteria”
11. 국가건설기준센터(2021), “합성콘크리트 설계기준 (KDS 14 20 66)”
12. 국가건설기준센터(2021), “콘크리트구조 전단 및 비틀림 설계기준 (KDS 14 20 22)”
13. Prestressed Concrete Institute (2017), “Design Handbook, 8th Edition”, PCI, Chicago, USA
14. Task Group 6.12 (2014), “Planning and Design Handbook on Precast Building Structures”, Fib Bulletin 74
15. Technical Committee B/525 (1997), “Structural Use of Concrete- Part 1: Code of Practice for Design and Construction” BS 8110-1
16. Building and Construction Authority (2001), Structural Precast Concrete Handbook, Technology Development Division of the Building and Construction Authority
17. 국가건설기준센터(2021), “프리캐스트 콘크리트구조 설계기준 (KDS 14 20 62)”

18. 국가건설기준센터(2021), “콘크리트구조 철근상세 설계기준 (KDS 14 20 50)”
19. 서수연, 김승훈, 차정훈, 임병호(2020), “수평 접합부 수직보강철근 이음상세에 따른 프리캐스트 콘크리트벽체의 내진성능”, 한국콘크리트학회 논문집, 제32권 6호, pp. 541-551
20. Orangun, C. O., Jirsa, J. O., and Breen, J. E. (1977), “A Reevaluation of Test Data on Development Length and Splices”, ACI Structural Journal, Vol. 74, No. 11, pp. 114-209
21. Jirsa,m J. O., Lutz, L. A., and Gergely P. (1979), “Rationale for Suggested Devemopment, Splice, and Standard Hook Provisions for Deformend Bars in Tension”, Concrete International, Vol. 1, No. 7, pp. 47-61
22. 천성철, 하상수, 김길희, 이재훈(2020), “철근 기계적이음의 적용 및 설계기준과 시방서의 이해”, 한국콘크리트학회지, 제32권 1호, pp. 54-58
23. 국가건설기준센터(2021), 콘크리트 내진설계기준 (KDS 14 20 80)
24. 국가건설기준센터(2019), 건축물 내진설계기준 (KDS 41 17 00)
25. 한국표준협회(2019), 철근 콘크리트용 봉강의 기계식이음의 검사 방법 (KS D 0249), 한국표준협회
26. 홍성엽, 이창재(2020), “프리캐스트 콘크리트의 유형 2 슬리브 기계식이음 성능평가”, 한국콘크리트학회 학술발표회 논문집, 제32권 2호, pp. 1-2
27. 일본철근단수협회(2017), 철근단수공사표준시방서 기계식단수공사
28. 일본철근단수협회(2017), A급기계식단수의 시험방법 및 판정기준 JRJS 0011
29. 일본철근단수협회(2017), A급기계식단수의 시험방법 및 판정기준 JRJS 0011
30. 김설기, 서수연, 김승훈, 이병호, 차정우(2019), “박스형 연결재로 수직 철근이 연결된 프리캐스트 콘크리트 벽체의 횡력에 대한 이력특성”, Journal of the Korea Concrete Institute, 31(2), 153-163
31. NZS 3101 (2006), Concrete Structures, Standard Part I, II - The Design of Concrete Structures, New Zealand, Standards New Zealand, Wellington, NZ
32. Kim S. Elliott (2002), Precast Concrete Structures, Butterworth-Heinemann

33. Jørgensen, H. B. (2014). Strength of Loop Connections between Precast Concrete Elements: Part I: U-bar Connections Loaded in Combined Tension and Bending-Part II: Wire Loop Connections Loaded in Shear (Doctoral dissertation, Syddansk Universitet. Det Tekniske Fakultet)
34. European Committee for Standardization (1992), Eurocode 2: Design of concrete structures - Part 1-1 : General rules and rules for buildings
35. Canadian Precast Prestressed Concrete Institute (1989), CPCI Design Manual.
36. Building and Construction Authority (2001), Structural Precast Concrete Handbook, Technology Development Division of the Building and Construction Authority
37. Statens Byggeforskningsinstitut (Danish Building Research Institute) SBI - Rapports 97 (1976), - Keyed Shear Joints
38. Eriksson, A. et al. (1978), Ductile Shear Key Joints in Large Panel Structures, Mechanical & Insulating Properties of Joints of Precast Reinforced Concrete Element", Proceedings of the RILIM-CEB-CIB Symposium, Athens, Greece
39. 건설부(1992), 프리캐스트 콘크리트 조립식건축구조기준 및 해설
40. Task Group 6.10 and PCI (2016), Precast Concrete Buildings in Seismic Areas, FIB Bulletin 78
41. Johal, L. S. & Hanson, N. W.(1982), Design for vertical load on horizontal connections in large panel structures, PCI journal, Jan.-Feb., 62-79
42. PCI Hollow Core Slab Producers committee, PCI Manual for the Design of Hollow Core Slabs and Walls, Precast/Prestressed Concrete Institute, MNL-126-15E, 2015

제6장 내진설계

6.1 PC 구조 내진설계 역사와 기준 특성

6.1.1 PC 구조 내진설계 역사

PC 구조물 내진설계의 기본 설계원칙은 PC 구조물이 일체식 구조물에서 요구되는 안전성 및 사용성에 관한 조건을 모두 갖추고 있다는 조건에서 시작한다. 따라서 내진설계되는 PC 구조물의 부재, 접합부, 구조시스템 등에 대한 충분한 성능 검증이 선행되어야 한다.

PC 콘크리트 구조물의 내진설계에 대한 규정은 [그림 6.1.1]과 같이 NEHRP(1994)에서 처음으로 반영되었다. NEHRP(1994)에서는 PC 콘크리트 구조물을 습식 접합부를 사용하여 일체식 콘크리트와 동일한 성능을 갖는 구조물과 건식 접합부로 연결된 구조물로 구분하였다. 이 규정은 UBC(1997)년 규정에 반영되었지만 UBC(1997) 규정에는 PC 콘크리트 골조에 대한 규정만이 제시되었고 구조벽체에 대한 규정은 제시하지 못하였다. UBC(1997)에서는 PC 콘크리트 골조를 습식 접합부를 사용하여 일체식 구조물과 동일한 성능을 나타내는 구조물과 강도접합부로 연결된 구조물로 구분하였다. NEHRP(2000)에서는 지진저항골조를 보통, 중간, 특수모멘트골조로 구분하고 구조벽체를 보통, 특수

구조벽체로 구분하였다. 또한 NEHRP(2000)에서는 PC 콘크리트 특수모멘트골조 접합부를 강도 접합부와 연성 접합부로 구분한 후에 각각의 접합부의 설계조건을 규정하였으며, PC 콘크리트 특수구조벽체 연성 접합부의 설계조건을 규정하였다. ACI 318-02(2002)기준에서는 NEHRP(2000)에 근거하여 지진저항골조를 보통, 중간, 특수모멘트골조로 구분하고 구조벽체를 보통, 특수구조벽체로 구분하였다. 또한 PC 콘크리트 특수모멘트골조의 강도 접합부와 연성 접합부, 특수구조벽체 연성 접합부의 설계조건을 규정하였다. ACI 318-08(2008)기준에서는 구조시스템에 내진설계범주의 개념을 도입하였다. PC 콘크리트 중간구조벽체의 경우에는 내진설계범주 C, D(높이 제한)까지 설계가 가능하지만, PC 콘크리트 보통구조벽체는 내진설계범주 A와 B까지로 제한하였다. ACI 318-11(2011)기준에서는 PC 콘크리트 중간구조벽체에 벽체피어에 대한 규정이 추가되었으며 이 규정이 ACI 318-14(2014)까지 지속되고 있다. 6장에서는 KDS 14 20의 규정과 ACI 318-14(2014) 규정을 기본으로 작성되었다.

우리나라에서는 PC 콘크리트 부재의 설계지침으로 대한건축학회에서 프리캐스트 콘크리트 조립식 건축구조 설계기준(1992)을 출판하였다. 이 기준에서는 PC 콘크리트 부재의 지진하중에 대한 구조해석은 원칙적으로 탄성이론에 근거하여 접합부의 영향을 고려하여 탄성계수를 일반콘크리트의 1/4까지 저감하여 해석할 수 있도록 규정하고 있다. 또한 구조물의 변위 연성비를 2~3으로 하며, 감쇠비를 10 % 증가시켰다. 반응수정계수에 대해서는 내력벽구조, 모멘트저항골조, 이중골조 PC 구조물에 대하여 각각 3.0, 4.5, 4.0 또는 5.0으로 규정하고 있다. 한편, 건축구조기준(2016, 콘크리트학회기준, 2017)에서는 현장타설 철근콘크리트 구조물에 대해 지진저항골조를 보통, 중간, 특수모멘트골조로 구분하고 구조벽체를 보통, 특수구조벽체로 구분하였지만, PC 콘크리트 구조물의 지진저항골조는 포함하고 있지 않다.

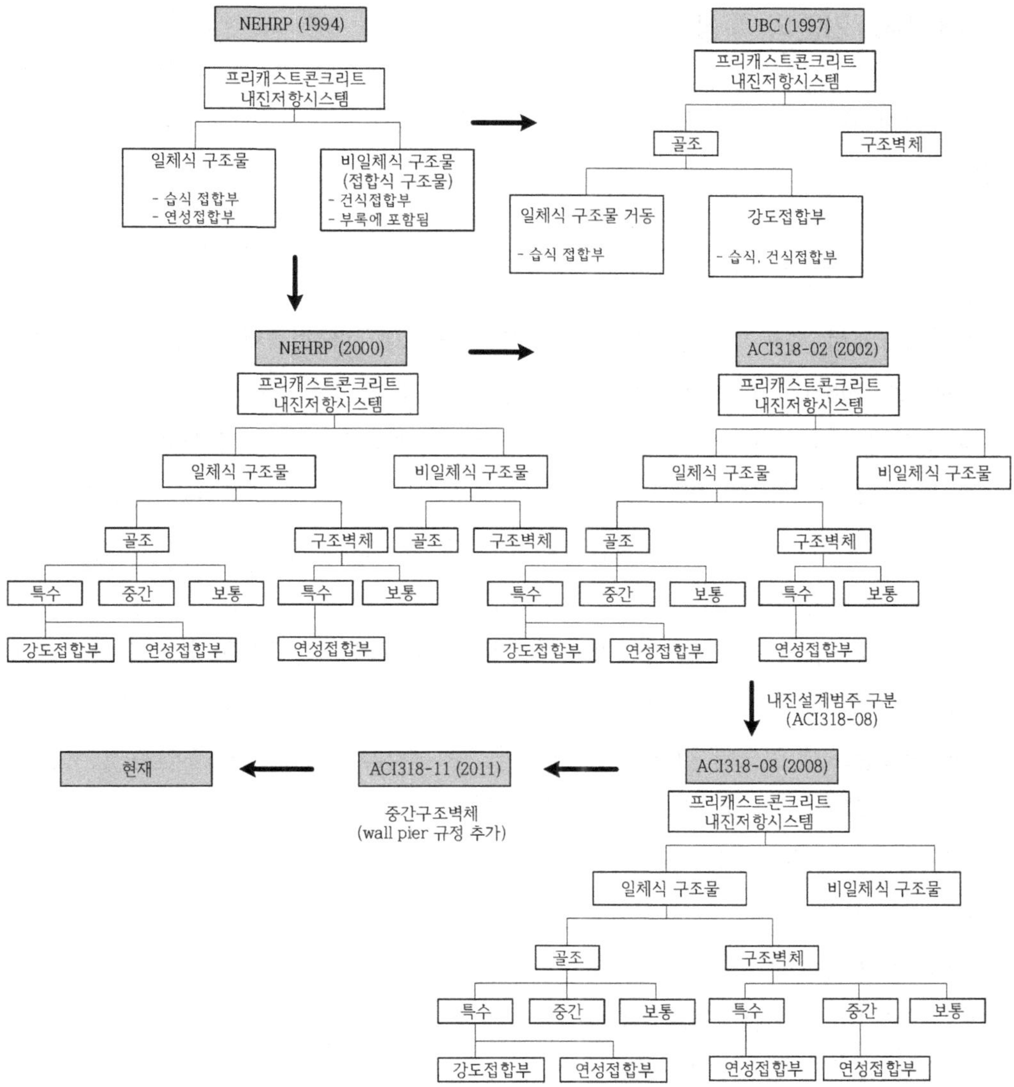

[그림 6.1.1] PC 내진설계 변경(ACI)

6.1.2 기준의 특성

내진설계 규정은 크게 구조시스템의 구분, 구조시스템의 지진계수, 상세로 나눌 수 있다.

(1) 구조시스템의 구분

우리나라에서 사용하는 콘크리트구조 학회기준(2017)과 건축구조기준(2016)의 내진설계는 ACI 318-19(2019) 기준과 유사하지만 PC 부분의 경우 매우 상이하다. 콘크리트구조 학회기준(2017)에서는 철근콘크리트 구조시스템을 구분하여 내진설계를 수행하고 있지만, PC 콘크리트 구조물에 대해서는 별도로 구조시스템을 구분하고 있지 않다. 따라서 PC 콘크리트 구조물을 내진설계할 때 내진설계계수, 내진설계범주, 접합부 상세 등의 결정에 불명확한 점이 많아 실무에 어려움이 있다.

[표 6.1.1]에서는 건축구조기준(2016)(콘크리트구조 학회기준(2017))과 ACI 318-19 기준을 비교하였다. [표 6.1.1]에서 ACI 318-19 기준에는 중간PC구조벽체, 특수PC구조벽체, 특수PC골조가 있으며 각 구조시스템에는 PC 부재와 부재 간의 접합부에 대한 상세규정을 두고 있지만 우리기준에는 PC 부재에 대한 규정은 하나도 반영되고 있지 않다는 것을 알 수 있다. ACI 318-19 기준에서는 PC 콘크리트 구조물을 다음과 같이 세분화하여 구분한다.

- PC 콘크리트 보통모멘트골조
- PC 콘크리트 중간모멘트골조
- PC 콘크리트 특수모멘트골조
- PC 콘크리트 보통구조벽체
- PC 콘크리트 중간구조벽체
- PC 콘크리트 특수구조벽체

ACI 318-19 기준에서는 PC 구조시스템을 다음과 같이 세 가지로 구분하여 설계하고 있다.

1) 약진 지역에 속하거나 또는 낮은 지진위험도가 요구되는 구조물은 일반 구조물 규정을 따라야 한다.

2) 중진 지역에 속하거나 또는 중간 지진위험도가 요구되는 구조물은 PC 콘크리트 중간 또는 특수모멘트골조 구조물 및 보통, 중간, PC 콘크리트 특수구조벽체 구조물이 지진력에 저항하도록 설계하여야 한다. PC 콘크리트 중간 또는 특수 구조시스템을 사용하는 경우 중간 또는 특수 시스템에 대한 내진설계 요구사항을 만족하여야 한다.

3) 강진 지역에 속하거나 또는 높은 지진위험도가 요구되는 구조물은 PC 콘크리트 특수모멘트골조 구조물 및 PC 콘크리트 특수구조벽체 구조물이 지진력에 저항하도록 설계하여야 한다. PC 콘크리트 특수 구조시스템을 사용하는 경우 특수 시스템에 대한 내진설계 요구사항을 만족하여야 한다.

[표 6.1.1] 건축구조기준(2016)과 ACI 318-19 기준 비교

ACI 318-19	건축구조기준-16
철근콘크리트 보통모멘트골조	철근콘크리트 보통모멘트골조
철근콘크리트 중간모멘트골조	철근콘크리트 중간모멘트골조
프리캐스트 중간구조 벽체	없음
철근콘크리트 특수모멘트골조의 보	철근콘크리트 특수모멘트골조의 보
철근콘크리트 특수모멘트골조의 기둥	철근콘크리트 특수모멘트골조의 기둥
철근콘크리트 특수모멘트골조의 접합부	철근콘크리트 특수모멘트골조의 접합부
철근콘크리트 특수모멘트골조의 프리캐스트	없음
철근콘크리트 특수구조벽체	철근콘크리트 특수구조벽체
철근콘크리트 특수구조벽체-프리캐스트	없음

(2) 구조시스템 지진계수

PC 콘크리트 구조시스템은 설계 지역과 지진위험도에 따라서 적용 가능한 구조시스템이 달라질 수 있다. 또한 구조시스템에 따라서 지역 내 지진위험 수준, 구조 설계에 고려된 에너지 소산능력 수준, 그리고 건물의 거주 성능에 따른 필요 상세가 달라진다. 또한 내진설계에서 가장 중요한 구조시스템에 대한 지진계수가 필요하다.

ASCE 7-16(2016)규정과 건축구조기준(2016)의 지진계수를 [표 6.1.2]와 표 [6.1.3]에 비교하였다. ASCE 7-16(2016)규정에서는 현장타설 콘크리트에 대한 특수, 보통구조벽체와 함께 PC 콘크리트에 대하여 특수, 중간, 보통구조벽체를 규정하고 있다. PC 콘크리트 특수구조벽체의 경우 반응수정계수, 시스템초과강도계수, 변위증폭계수 등을 철근콘

크리트 특수 구조벽체와 동일하게 하고 있다. 그러나 PC 콘크리트 중간구조벽체의 지진설계계수는 철근콘크리트 보통구조벽체와 동일하게 하고 있으며, PC 콘크리트 보통구조벽체의 지진설계계수는 철근콘크리트 보통구조벽체의 지진계수보다 낮은 값을 사용하고 있다. 한편, 건축구조기준(2016)의 내진구조시스템에는 PC 구조벽체가 포함되어 있지 않다.

[표 6.1.2] 건축구조기준(2016)의 지진력저항시스템에 대한 설계계수

	RC /PC	구조시스템	KBC(2016)				
			지진계수			높이 제한 (m)	
			반응수정 계수 R	시스템초과 강도계수 Ω_0	변위증폭 계수 C_d	내진설계 범주 C	내진설계 범주 D
Bearing Wall	RC	a)	5	2.5	5	-	-
		b)	-				
		c)	4	2.5	4	-	60
	PC	a)	-				
		b)					
		c)					
Building Frame	RC	a)	6	2.5	5	-	-
		b)	-				
		c)	5	2.5	4.5	-	-
	PC	a)	-				
		b)					
		c)					
Moment-resisting Frame	RC	1)	8	3	5.5	-	-
		2)	5	3	4.5	-	-
		3)	3	3	2.5	-	X

a) Special structural walls, b) Intermediate structural walls, c) Ordinary structural walls, 1) Special moment frames, 2) Intermediate moment frames, 3) Ordinary moment frames

[표 6.1.3] ASCE 7-16 기준의 지진력저항시스템에 대한 설계계수

	RC /PC	구조 시스템	ASCE 7-16				
			지진계수			높이 제한 (m)	
			반응수정 계수 R	시스템초과 강도계수 Ω_0	변위증폭 계수 C_d	내진설계 범주 C	내진설계 범주 DEF
Bearing Wall	RC	a)	5	2.5	5	-	48~30
		b)	-				
		c)	4	2.5	4	-	-
	PC	a)	5	2.5	5	-	48~30
		b)	4	2.5	4	-	12
		c)	3	2.5	3	-	-
Building Frame	RC	a)	6	2.5	5	-	48~30
		b)	-				
		c)	5	2.5	4.5	-	-
	PC	a)	6	2.5	5	-	48~30
		b)	5	2.5	4.5	-	12
		c)	4	2.5	4	-	-
Moment -resisting Frame	RC	1)	8	3	5.5	-	-
		2)	5	3	4.5	-	-
		3)	3	3	2.5	-	-

a) Special structural walls, b) Intermediate structural walls, c) Ordinary structural walls, 1) Special moment frames, 2) Intermediate moment frames, 3) Ordinary moment frames

(3) 재료 및 이음

콘크리트구조 학회기준(2017)과 ACI 318-19 기준에서는 PC 구조물의 경우도 일체식 콘크리트구조물과 동일한 재료 조건을 요구하고 있다.

PC 특수모멘트골조와 특수구조벽체에 사용되는 콘크리트는 다음 1)과 2)를 만족해야 한다.

1) 콘크리트의 설계기준압축강도 f_{ck}는 21 MPa 이상이어야 한다.
2) 경량콘크리트의 설계기준압축강도는 35 MPa을 초과할 수 없다. 만약 실험에 의하여 경량콘크리트를 사용한 구조 부재가 같은 강도의 보통중량콘크리트를 사용한 부재의 강도 및 인성 이상을 갖는 것으로 확인된다면 이보다 큰 압축강도를 사용할 수 있다.

경량콘크리트에 대한 35 MPa의 강도 제한은 고강도경량콘크리트의 추가적인 반복재하 실험에 따라 수정될 수 있다. 실험에서 경량콘크리트를 사용한 부재가 같은 강도를 가진 보통중량콘크리트의 부재에 대해 동등 이상의 강도와 인성을 갖고 있는 것이 증명되면 경량콘크리트에 대해 보다 높은 설계기준압축강도를 적용할 수 있다.

한편, PC 구조가 RC 구조와 비교하여 동등이상의 내진성능을 보유한 경우에는 PC 중간모멘트골조, 특수모멘트골조, 중간구조벽체, 특수구조벽체에 사용되는 철근은 1)과 2)를 만족해야 한다. 이 항목은 콘크리트구조 학회기준(2017)에 근거한 것이며 ACI318-19 기준을 따를 경우에는 ACI318-19 기준의 지진저항시스템의 재료 규정을 따라야 한다.

1) 지진력에 의한 휨모멘트 및 축력을 받는 중간모멘트골조와 특수모멘트골조, 그리고 특수철근콘크리트 구조벽체 경계 요소와 연결보에 사용하는 보강철근(KS D 3504, 3552, 7017)은 설계기준항복강도 f_y가 600 MPa 이하이며 다음 2)와 3)을 만족하는 주철근과 선부재의 경우 f_y가 500 MPa 이하인 전단철근, 벽체의 경우 f_y가 600 MPa 이하인 전단철근을 사용하여야 한다.
2) 골조나 구조벽체의 경계 요소 및 연결보에 사용하는 주철근은 KS D 3504의 특수내진용 S등급 철근을 사용하여야 한다.
3) 골조나 구조벽체의 경계 요소에 사용하는 주철근으로 KS D 3504의 일반구조용 철근을 사용할 때에는 공장에서 계측한 실제 항복강도가 공칭항복강도를 120 MPa 이상 초과하지 않는 철근이어야 하며, 또한 실제 항복강도에 대한 실제 극한 인장강도의 비가 1.25 이상인 철근이어야 한다.

PC 및 PSC 중간모멘트골조, 특수모멘트골조, 중간구조벽체, 특수구조벽체에 사용되는 긴장재도 PC 구조가 RC 구조와 동일한 일체성이 증명될 경우에는 콘크리트구조 학회기준(2017)에 근거하여 다음 규정을 따라야 한다.

1) PSC에 사용되는 강선은 KS D 7002의 규정에 따라야 한다.
2) 강봉에 관한 것은 KS D 3505의 규정에 따라야 한다.
3) 강선, 강연선 및 강봉이 KS D 7002와 KS D 3505에 특별히 제시되지 않은 사항이 있는 경우 이들 재료가 공사시방서의 최소 규정에 적합한 것, 그리고 어느 경우에도 상기 규정된 품질 이상의 경우에만 사용할 수 있다.

PC 구조물에 사용되는 내진용 철근도 일체식 콘크리트 구조물에 사용되는 내진용 철근과 동일한 성능이 요구된다. 내진용 철근은 항복강도와 인장강도의 제한을 준수해야 한다. 설계에서 산정한 강도보다 현저하게 높은 강도의 철근을 사용할 경우에 부재의 파괴모드가 달라져서 휨파괴를 의도한 부재의 파괴모드가 취성적인 전단이나 부착파괴로 바뀔 수 있다. 휨부재의 항복휨모멘트는 예상보다 큰 값의 전단력과 부착응력을 동반하게 된다. 설계에서 예상한 하중보다 더 큰 하중에서 전단 및 부착 파괴가 일어난다고 하더라도 전단과 부착은 취성파괴의 특성을 가지고 있으므로 반드시 피해야 한다. 따라서 철근의 실제 항복강도에 일정한 상한선을 두어야 한다.

내진용 철근의 인장강도는 항복강도보다 1.25배 이상 커야 한다. 철근의 항복강도에 대한 인장강도의 비를 크게 한 규정은 구조 부재의 비탄성 회전 능력은 부재의 축을 따라 발생하는 소성힌지영역 길이의 함수라는 가정에 근거를 둔다. 실험결과를 분석해 보면 소성힌지영역 길이는 항복휨모멘트에 대한 극한휨모멘트의 비가 크면 클수록 길어지게 된다. 인장강도와 항복강도의 비가 1.25보다 작을 경우에 철근 항복 후에 부재가 일정 변형에 도달한 이후에 빠른 단계에서 내력이 감소하며, 소성힌지영역 길이 차이에 의하여 부재 연성이 감소할 수 있다.

2016년 통합된 KS D 3688과 KS D 3504 기준에서 철근의 실제 항복강도에 대한 실제 인장강도의 비가 1.25 이상인 특수내진용 철근과 실제 항복강도에 대한 실제 인장강도의 비가 1.08 이상 또는 1.15인 일반구조용 철근과 용접용 철근으로 구분되었다. 따라서 일반구조용 철근이나 용접용 철근을 성능 검증 없이 내진구조물에 적용해서는 안되며, 지진력에 의한 휨모멘트 및 축력을 받는 중간모멘트골조, 특수모멘트골조, 특수철근콘크리트 구조벽체의 경계 요소와 연결보에 사용하는 보강철근은 KS D 3504의 특수내진용 S등급 철근을 사용하거나 성능 검증을 통하여 이와 동등한 성능을 가졌다는 것이 확인된 철근을 사용해야 한다.

PC 구조가 RC 구조와 동일한 일체성이 증명될 경우에 PC 특수모멘트골조와 특수구조벽체의 기계적이음은 유형1 또는 유형 2 기계적이음으로 분류할 수 있으며 다음 규정을 따라야 한다.

1) 유형1 기계적이음은 기둥이나 보의 단부로부터 또는 비선형 횡변위의 결과로 철근의 항복이 일어날 수 있는 단면부터 부재 깊이의 두 배만큼 떨어진 거리 안에서 사용할 수 없다.

2) 유형 2 기계적이음의 이음철근은 규정한 인장강도를 달성할 수 있어야 하며, 어떤 위치에서든 사용할 수 있다.

PC 특수모멘트골조와 특수구조벽체의 기계적이음과 용접이음은 KDS 14 20 80(4.1.6과 4.1.7)규정을 따라야 한다. PC 특수모멘트골조와 특수구조벽체는 약보-강기둥의 설계로 이루어지며 소성힌지가 발생해야 한다. 지진하중을 받는 부재의 소성힌지영역의 철근 인장응력은 인장강도까지 접근할 수 있다. 유형 2 기계적이음의 규정은 철근이 소성힌지영역에서 응력을 받을 때 이음부 파괴가 일어나지 않도록 하기 위한 것이다. 유형 1 이음에 대한 규정은 유형 2 이음에 대한 규정보다 완화된 것으로 소성힌지영역에서 예상되는 응력을 저항할 수 없을 수도 있다. 따라서 소성힌지영역에서 철근 인장응력이 공칭항복강도의 125 %를 초과할 때는 유형 1 이음을 사용할 수 없다.

지진하중에 저항하는 부재 내의 항복이 예상되는 영역에서는 이음을 사용하지 않는 것이 일반적인 설계원칙이다. 예상되는 항복 영역에서 기계적이음이 필요한 경우 설계자는 이음 철근의 실제 강도 특성, 이음 철근의 힘-변위 특성, 그리고 요구성능 규정을 만족시키기 위해 사용하는 유형 2 이음의 성능에 관한 상세한 기록을 보고해야 한다.

PC 특수모멘트골조와 특수구조벽체의 지진력에 저항하는 철근의 용접이음은 기둥이나 보의 단부부터 또는 비선형 횡변위에 의해 철근의 항복이 발생할 수 있는 단면부터 부재 깊이의 2배만큼 떨어진 거리 안에서 사용할 수 없다. 또한 요구되는 종방향 철근에 대한 스터럽, 띠철근, 삽입물 또는 이와 유사한 요소의 용접은 허용되지 않는다.

항복 영역에서 철근 인장응력이 공칭항복강도를 넘어 설 수 있으므로 용접이음의 위치를 제한해야 한다. 교차철근의 용접은 철근의 국부취성으로 이어질 수 있다. 교차철근의 용접이 철근의 조립이나 배근을 용이하게 하기 위한 것이라면, 그러한 목적을 위해 추가된 철근에만 용접을 하여야 한다. 교차 철근의 용접 금지 조항은 용접 철망의 제조와 같이 지속적이고 확실한 용접 공정관리를 통해 용접되는 철근에는 적용되지 않는다.

6.2 PC 구조물의 동등성 평가

PC 구조물 내진설계의 기본 설계원칙은 PC 구조물이 일체식 구조물에서 요구되는 안전성 및 사용성을 확보하고 있어야 한다는 규정이다. 즉, 콘크리트구조 학회기준(2017)이나 ACI318-19 기준에서는 "프리스트레스트 콘크리트 구조시스템이 실험이나 해석에 의해 기준에서 요구하는 충분한 강도와 인성을 보유하는 것으로 입증된다면 내진 시스템으로 사용할 수 있다"는 것이다. 현재 ACI, NZS, AIJ 어느 기준도 PC를 RC와 구별하여 설계하지 않으며, PC의 고유특성에 대한 설계상의 유의점만을 제시할 뿐이다. 다만, 우리나라 기준에서는 어떻게 PC 구조시스템이 요구하는 충분한 강도와 인성을 보유하고 있는지를 측정할 수 있는 방법을 제시하지 않고 있다. 반면 ACI318 기준에서는 특수 모멘트골조와 특수 구조벽체에 대하여 각각 ACI 374.1-05와 ACI ITG 5.1-07을 만족하면 일체식 구조물로 인정하고 있다. 일본건축학회의 경우에도 현장타설 일체식 구조물로 인정받기 위한 PC 구조물의 구조거동 특성을 정하고 있다.

6.2.1 ACI 374.1-05 지침

ACI 374.1-05 지침 [구조 실험에 의한 모멘트저항골조의 허용 기준]에서는 지진 위험이 높은 지역의 구조물 설계에서 약보-강기둥 모멘트골조의 최소 요구 조건을 나타내는 실험 성능을 제시하고 있다. 여기서는 실험체의 크기, 형상, 방법, 실험 결과 보고서, 실험체의 성능 등에 대한 구체적인 평가 항목을 제시하고 있다.

ACI 374.1-05 지침에서는 다음과 같은 조건을 갖춘 실험을 통하여 PC 특수모멘트저항골조의 성능을 평가한다.

- 층간변위는 [그림 6.2.1 (a)]와 같이 부재의 중심축을 연결한 선을 이용하여 계산한다.
- 상대에너지 소산비는 [그림 6.2.1 (b)]와 같이 초기 강성을 이용한 사각형 면적과 이력커브에 나타난 모멘트-회전각 영역의 비율로 한다.
- 모멘트저항골조의 보와 기둥이 교차하는 부위에 대해 최소 하나의 모듈을 실험해야 한다([그림 6.2.1 (c)] 참조).

- 실험체는 가능하면 실제 구조물의 거동을 반영할 수 있을 만큼의 크기로 해야 하며, 1/3 미만으로 축소해서는 안 된다.
- 보-기둥 접합부의 양방향 최소 길이는 선형탄성해석시의 접합부에 가장 가깝게 위치한 반곡점 사이가 되어야 한다.
- 하중은 3회 반복하중을 해야 한다([그림 6.2.1 (d)] 참조). 초기 변위비는 선형탄성 응답 범위 내에 있어야 하며, 이어지는 변위비는 이전 변위비의 1.25배 이상이며 1.5배 이하가 되어야 한다.

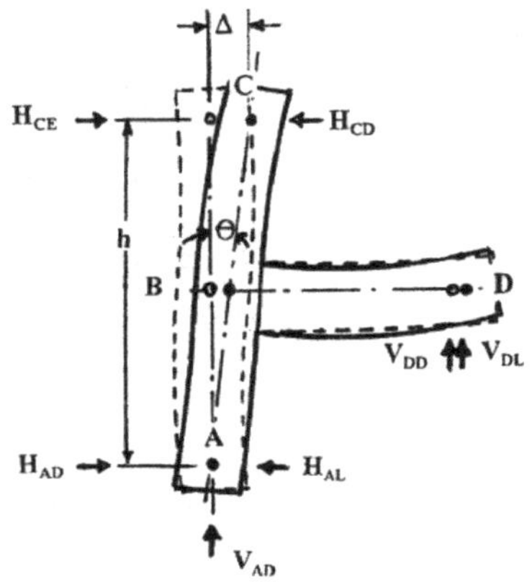

(a) 부재회전각에 대한 정의

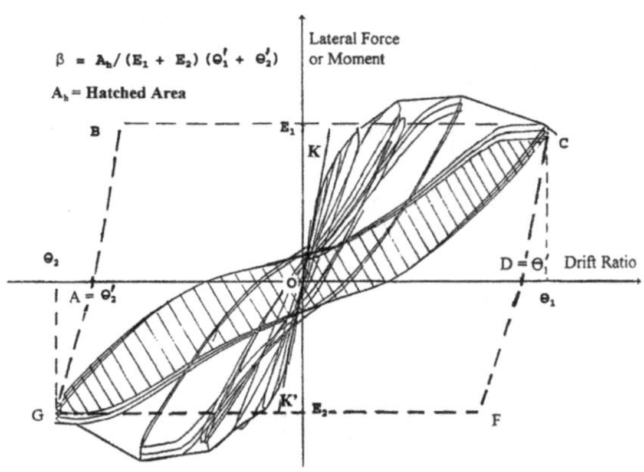

(b) 상대 에너지소산비에 대한 정의

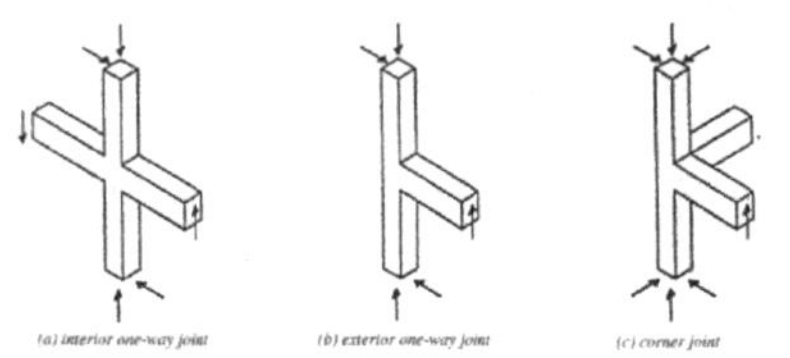

(c) 최소 실험 단위

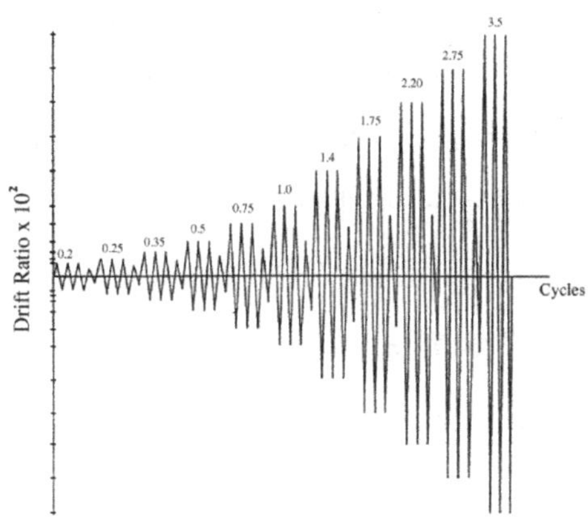

(d) 가력프로그램

[그림 6.2.1] ACI 374.1-05지침의 PC 모멘트저항골조 실험 조건

ACI 374.1-05 지침에서는 다음 두 가지 조건을 모두 충족할 경우에 PC 특수모멘트저항골조를 일체식 RC 특수모멘트골조로 간주한다.

1) ACI 374.1-05 지침 요구 조건에 의해 실험한 골조 부재의 강도, 변위-회전 성능, 상대 에너지소산비, 강성이 허용 조건을 만족하는 경우([그림 6.2.2 (a)] 참조)

- 실험체의 변위비가 IBC 기준의 허용층간변위비에 도달하기 전에 실험체의 횡강도(하중 또는 모멘트)가 공칭횡강도(하중 또는 모멘트), E_n, 이상이 되어야 한다. 여기서 공칭횡강도(하중 또는 모멘트), E_n,이란 철근의 설계기준항복강도 및 콘크리트 압축강도, 강도감소계수 1, 휨강도 계산 시의 변형 접합을 사용하여 계산한 값이다.
- 최대 횡강도, $E_{\max}$,는 초과계수(λ)를 곱한 횡강도, λE_n,을 초과해서는 안 된다.
- 변위비 0.035에서 3번째 이력 커브는 다음을 만족해야 한다.
  - 최대 하중이 같은 하중 방향의 $E_{\max}$의 0.75배 이상일 것
  - 상대 에너지 소산비가 1/8 이상일 것
  - 0.0035의 변위비에서 +0.0035 변위비를 연결한 강성(기울기)이 초기 변위 강성의 0.05배 이상일 것([그림 6.2.2 (b)] 참조)

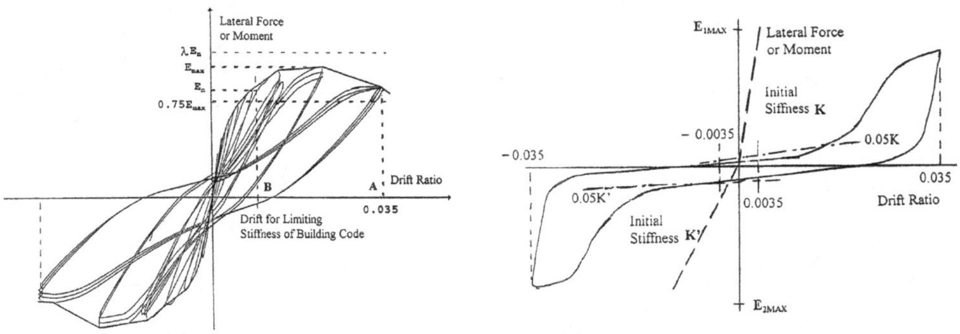

(a) 성능 기준　　　(b) 변위비 0.0035에서의 성능 기준

[그림 6.2.2] ACI 374.1-05 지침의 PC 모멘트저항골조 성능 조건

2) 위의 1)의 성능을 갖춘 부재로 이루어진 골조는 층간 변위비 0.035 이상까지 구조물의 강도 및 사용성에서 큰 하자가 발생하지 않고, 지진에 의해 발생하는 최대 횡변위에서 중력 하중을 지지할 경우

6.2.2 ACI ITG-5.1 지침

ACI ITG-5.1 지침에서는 프리캐스트 콘크리트로 제작한 특수전단벽과 특수모멘트골조에 대하여 요구되는 내진성능을 구조실험으로부터 평가하는 방법과 지침을 [표 6.2.1]과 같이 제시하고 있다.

[표 6.2.1] ACI의 PC 특수구조 실험체의 내진성능 평가방법

ACI ITG-5.1	ACI T1.1-01
대상 : 프리캐스트 콘크리트 특수전단벽	대상 : 프리캐스트 콘크리트 특수모멘트골조
반응수정계수 : R=6	반응수정계수 : R=8
변위증폭계수 : Cd=5	변위증폭계수 : Cd=8
한계변형각 : $0.8 \le 0.67(\frac{h_w}{l_w})+0.5 \le 2.5$ %	한계변형각 : 2.2~3.6 %
<변형능력 한계강도 = $0.8E_{max}$> 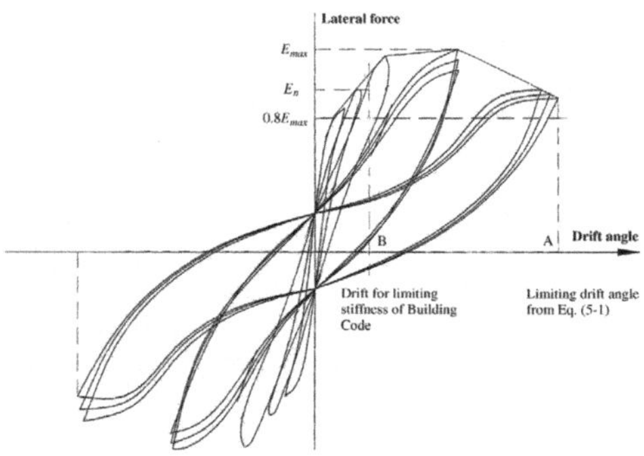	<변형능력 한계강도 = $0.75E_{max}$> 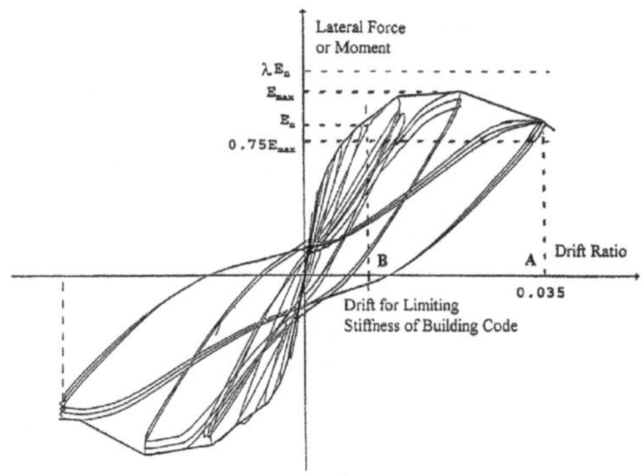
<원점부 강성 : 초기 강성(K)의 10 % 이상> 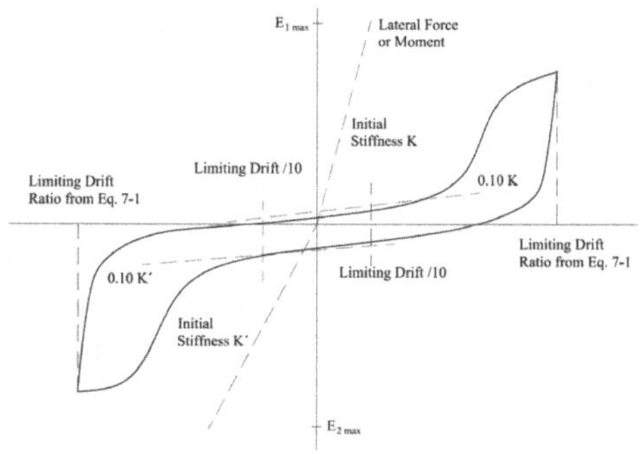	<원점부 강성 : 초기 강성(K)의 5 % 이상> 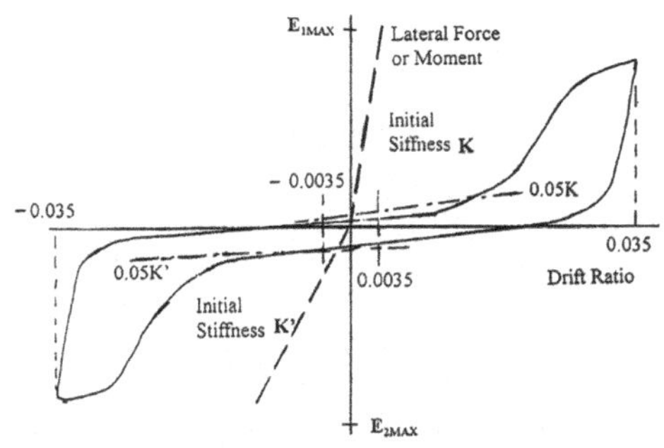

<상대 에너지 소산비율 : $\beta_h \geq 1/8$>

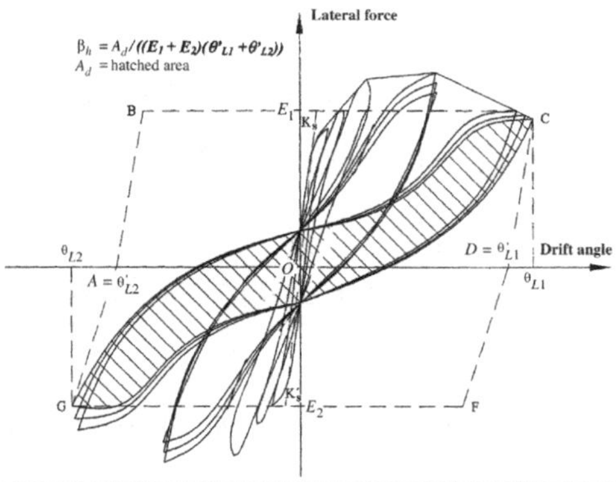

<상대 에너지 소산비율 : $\beta \geq 1/8$>

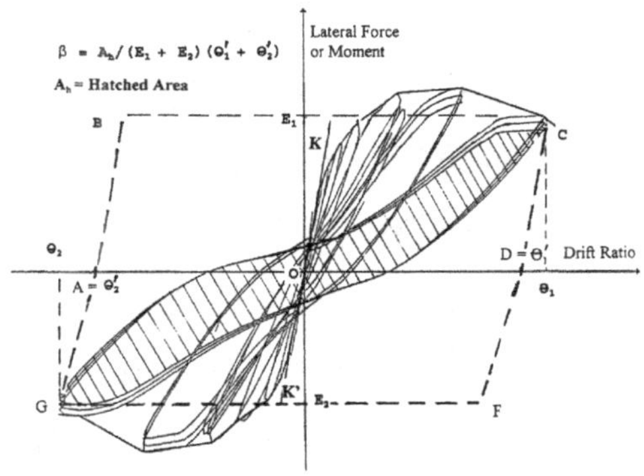

[표 6.2.1]에서 특수전단벽과 특수모멘트골조의 내진성능 평가방법은 공통적으로 최대 강도의 확보 여부($0.9E_{pr} \leq E_{\max} \leq 1.2E_{pr}$), 강도저하 범위($\leq 0.2 \sim 0.25E_{\max}$), 강도 저하를 고려한 한계 변형능력, 비탄성 변형상태에서 원점 부근의 강성($\geq 0.1K_{initial}$), 상대 에너지소산 비율($\geq 1/8$) 등을 규정하고 있다.

6.2.3 일본건축학회-현장타설 동등형 PC 구조 설계지침 및 해설

일본건축학회의 [현장타설 동등형 PC 구조 설계지침 및 해설]에서는 PC 구조물이 현장타설 RC구조물의 성능을 인정받기 위한 기본 조건은 미국과 달리 접합부는 현장 타설 콘크리트와 일체화되고, 철근의 연속성이 확보되는 접합방법, 소위 습식접합(wet-connection) 방식을 기본으로 한다. 일본건축학회의 PC 구조물이 현장타설 RC 구조물의 성능을 인정받기 위한 부재 성능목표를 다음과 같이 제시하고 있다.

1) PC 부재의 강성, 강도, 복원력을 포함한 역학적 특성이 현장타설 콘크리트 부재의 성능과 동등하게 되기 위하여 PC 접합부의 적절한 위치를 선정해야 하고, 현장타설 콘크리트 부재와 동등한 내구성 및 내화성을 확보해야 한다.
2) 연직하중에 대한 사용한계 상태, 연직하중에 대한 극한한계 상태, 지진하중에 대한 극한한계 상태에 대한 PC 부재의 역학적 특성을 확보해야 한다.
3) PC 부재 접합부의 합리적인 설계법과 적용범위를 정하고, 적절한 실험과 해석에 의해 적용범위에 해당하는 성능이 확인될 경우에 현장타설 콘크리트 부재의 성능

과 동등하다고 인정한다.

연직하중에 대한 사용한계 상태의 부재의 구조성능목표를 다음과 같이 제시하고 있다.

1) 상시하중으로 작용하는 연직하중에 대하여 기둥, 거더, 내력벽, 접합부와 같은 PC 부재는 균열폭, 처짐에 대한 사용성을 확보해야 한다.
2) 상시하중으로 작용하는 연직하중에 대하여 작은보, 슬래브와 같은 PC 부재는 균열폭, 처짐, 진동에 대한 사용성을 확보해야 한다.
3) 상시하중으로 작용하는 연직하중에 대하여 PC 부재 접합부는 한계 이상의 잔류변형이 발생해서는 안 된다. 연결부는 상시하중으로 작용하는 연직하중에 대하여 탄성 상태가 되도록 설계해야한다.

연직하중에 대한 극한한계 상태의 부재의 구조성능목표를 다음과 같이 제시하고 있다.

1) 하중조합이 작용할 경우에 PC 부재는 붕괴기구가 형성되지 않아야 하며, 부재 낙하가 발생하지 않을 성능을 확보해야 한다.

지진하중에 대한 극한한계 상태의 부재의 구조성능목표를 다음과 같이 제시하고 있다.

1) PC 구조시스템이 극한 상태에 도달했을 때 휨파괴 이외의 파괴 즉, 전단파괴나 부착파괴가 발생하도록 설계된 모멘트저항골조는 다음의 성능을 확보해야 한다.
   - PC 부재의 강도는 현장타설 콘크리트 부재의 강도 이상이 되어야 한다.
   - PC 부재의 강성은 현장타설 콘크리트 부재의 강성과 20 % 이상의 큰 차이가 있어서는 안 된다.
2) PC 구조시스템이 극한 상태에 도달했을 때 소성힌지영역 안에 접합부가 있는 PC 부재는 다음의 성능을 확보해야 한다.
   - PC 부재의 휨항복강도는 현장타설 콘크리트 부재의 휨항복강도 이상이 되어야 한다.
   - PC 부재의 강도는 현장타설 콘크리트 부재의 강도 이상이 되어야 한다.
   - 설계에서 허용하는 변형 내에서 반복하중을 받는 PC 부재의 강도는 현장타설 콘크리트 부재의 강도 이상이 되어야 한다. 보-기둥 접합부가 있는 PC 부재는 층간변형각이 0.02일 때 단조하중 가력 시의 하중이력 포락선보다 내력이 떨어

지지 않아야 하며, 동일한 변형에서 반복하중을 받을 때 내력감소율이 80 % 이내에 머물러야 한다. PC 접합부의 접합철물 예를 들면 모르타르 충진 슬리브 등에 의해 변형률 경화현상이 발생하지 않아야 한다. 변형률 경화현상이 발생할 경우 파괴모드가 변하거나 파괴위치가 바뀔 수 있다.

- PC 부재의 휨항복 시의 변형은 현장타설 콘크리트 부재의 휨항복 시의 변형과 20 % 이상의 큰 차이가 있어서는 안 된다.
- 설계에서 허용하는 변형 내에서 반복하중을 받는 PC 부재의 강도는 현장타설 콘크리트 부재의 강도 이상이 되어야 한다. 보-기둥 접합부가 있는 PC 부재는 층간변형각이 0.02일 때 동일한 변형에서 두 번째 반복하중을 받을 때의 에너지 소산은 동일한 조건의 현장타설 콘크리트의 80 % 이내에 머물러야 한다.

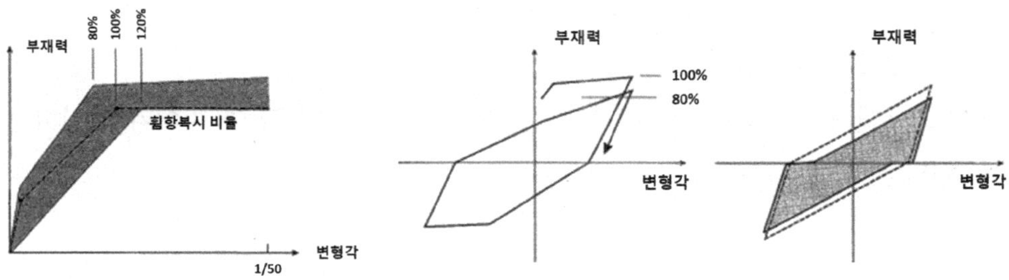

(a) 단조하중을 받을 경우　　　　(b) 반복하중을 받을 경우

[그림 6.2.3] 일본건축학회 지침의 PC 모멘트저항골조 성능 조건

3) PC 구조시스템이 극한 상태에 도달했을 때 구조물에는 소성힌지가 발생하지만 소성힌지영역 밖에 접합부가 있는 PC 부재는 다음의 성능을 확보해야 한다.
   - PC 부재의 휨항복시의 변형은 현장타설 콘크리트 부재의 휨항복 시의 변형과 20 % 이상의 큰 차이가 있어서는 안 된다.
   - 반드시 휨항복이 발생해야 하며, 휨항복이 발생하기 전에 다른 파괴가 발생하지 않아야 한다.
4) PC 구조시스템이 극한 상태에 도달했을 때 구조물에 소성힌지가 발생하지 않는 PC 부재는 다음의 성능을 확보해야 한다.
   - 설계 응력을 받는 PC 부재의 변형은 현장타설 콘크리트 부재의 변형과 큰 차이가 있어서는 안 된다.

5) PC 구조시스템이 극한 상태에 도달했을 때 발코니, 옥상과 같이 항복강도에 도달하지 않도록 설계된 부재는 다음의 성능을 확보해야 한다.
   - 지진하중을 받아 PC 부재에 변형이 발생할지라도 낙하는 발생하지 않아야 한다.
6) PC 구조시스템의 접합부는 다음의 성능을 확보해야 한다.
   - 현장타설 콘크리트 부재 접합부의 강성과 강도의 80 % 이내에 머물러야 한다. 또한, 현장타설 콘크리트 부재 접합부의 변형과 거의 동일해야 한다.

PC 부재의 내구성과 내화성의 성능목표를 다음과 같이 제시하고 있다.

1) PC 부재의 내구성은 현장타설 콘크리트 부재의 내구성과 큰 차이가 있어서는 안 된다.
   - PC 부재에 발생하기 쉬운 건조수축에 의한 균열은 내구성, 방수성을 저하시킬 수 있으므로 연결부에 내구성 있는 재료를 사용하고, 방수시트 등을 사용해 방수성을 확보해야 한다.
2) PC 부재의 내화성은 현장타설 콘크리트 부재의 내화성과 큰 차이가 있어서는 안 된다.

6.3 PC 모멘트저항골조의 내진설계

PC 구조물은 지진력에 저항하지 않는 PC 부재, RC 구조와 동일한 일체성이 증명될 경우에 PC 보통모멘트골조, PC 중간모멘트골조, PC 특수모멘트골조로 구분한다. 수평력을 받지 않는다고 가정된 접합부를 포함한 PC 골조의 부재는 KDS 14 20(4.8.1, 4.8.2, 4.8.3)을 만족해서 설계해야 한다. 또한 KDS 14 20 4.8.2(2)에서 규정된 띠철근은 보의 깊이를 포함한 전체 기둥 높이에 걸쳐서 배치하여야 하며, KDS 14 20 62(4.2)의 규정과 같이 구조 일체성 철근이 확보되어야 한다. 보의 받침부에서 지압길이는 KDS 14 20 20(4.7)의 지압강도를 이용한 계산에 의하여 결정된 값보다 최소 50 mm 더 길게 한다.

6.3.1 PC 보통모멘트골조

지진력을 저항하는 PC 보통모멘트골조는 RC 구조물의 보통모멘트골조와 동일하게 철근 상세를 가져야 하며, 다음의 설계 원칙을 기본으로 하고 있다.

1) 최소 연성 능력 확보
2) 보의 상부와 하부 휨철근의 연속성 확보
3) 기둥의 전단파괴 방지

특히, PC 보통모멘트골조는 구조일체성을 확보하여 횡하중에 대한 저항성을 향상하고 골조 전체의 구조 일체성을 개선하기 위하여 보의 상부와 하부에는 적어도 2개의 종방향 철근이 연속 배근되어야 한다.

높은 지진 위험도를 가진 지역 또는 높은 내진성능 구조기준에 해당되는 PC 구조물에서 횡력 저항 시스템에 포함되지 않은 부재들은 위의 요구조건에 부합되어야 한다. 횡력 저항 시스템에 해당하는 PC 부재들의 상세 조건은 그 부재들이 중요한 강도의 감소 없이 항복한계를 초과하는 변형을 겪을 수 있다고 가정하고 있다. 명시된 횡력 저항 시스템에 포함되지 않는 부재들은 횡력 저항에 의존하는 부재들의 설계에 대한 모든 상세 조건을 만족할 필요는 없다. 그러나 내진설계에 관련된 설계변위가 구조물에 요구될 때 이로 인해 발생되는 휨모멘트의 크기에 따라 설계와 상세가 수반되어야 한다. 이러한 요구조건은 설계에 기반을 둔 지진운동에 의해 예상되는 최대 횡변위에 구조물이 노출될 때 수직하중 지지시스템이 계속해서 수직하중 지지능력을 유지할 수 있도록 하기 위함이다. 비록 수직하중시스템의 구조 부재들이 횡하중에 관련된 휨모멘트와 전단력에 따라 설계되는 것은 불필요한 것으로 인식되었지만 수직하중과 실제 변위로 발생되는 휨모멘트에 대해 충분하게 설계될 필요가 있다는 사실은 인정되어져 왔다.

지진력에 저항하지 않는 PC 부재 설계에 대한 요구조건은 다음과 같이 요약할 수 있다.

1) 설계변위 δ_u에 대해 횡력 저항 시스템에 포함되지 않은 모든 부재의 휨모멘트와 전단력을 계산한다. 횡변위 δ_u는 구조기준의 요구조건에 바탕을 두고 계산한다. 여기서 δ_u는 균열된 단면, 비틀림, $P-\Delta$ 효과 및 예상되는 비탄성 반응을 고려하기 위한 조정 계수 등을 고려한 정적 또는 동적 선형-탄성해석을 통해 내진설계기준에서 정의하는 설계기반 지진운동에 의해 계산된다. 특히 탄성해석에서 나온

변위를 다양한 횡력저항시스템에 따라 하중기준에 규정된 변위증폭계수를 사용함으로써 δ_u는 결정된다.

2) 다음 두 가지의 하중조합을 고려하여 횡력저항시스템에 포함되지 않는 구조 부재에 대한 계수휨모멘트와 계수전단력을 결정한다.

$$U = 1.2D + 1.0L + 0.2S + 1.0E$$

$$U = 0.9D + 1.0E$$

활하중에 대한 계수는 차고, 공공집회로 사용되는 장소, 그리고 활하중이 5.0 kN/m² 인 곳을 제외한 곳에서 0.5로 감소될 수 있다. 위의 식에서 E의 값(휨모멘트와 전단력)들은 위에 나타난 과정 1)에서 결정된다.

6.3.2 PC 중간모멘트골조

RC 구조와 동일한 일체성을 갖는 PC 중간모멘트골조 부재는 KDS 14 20(4.9) 규정에 의하여 설계하며, 다음의 설계 원칙을 기본으로 하고 있다.

1) 보와 기둥의 전단파괴 방지
2) 보와 기둥의 소성힌지 형성
3) 무량판 2방향 슬래브의 취성파괴 방지

PC 중간모멘트골조의 지진에 저항하는 보, 기둥 및 2방향 슬래브의 설계강도는 다음 1) 또는 2)에 따라 계산할 수 있다.

1) 접합부의 전단설계강도, ϕV_n은 길이방향(최소) 철근의 인장강도를 f_y, 강도감소계수 ϕ를 1.0으로 가정하고, 접합부 재료 성질을 사용하여 계산한 접합부의 하중, V_e 이상이 되어야 한다.
2) 내진설계기준의 설계용 하중조합에서 지진하중을 2배로 하여 계산한 최대 하중 이상이어야 한다.

PC 구조물의 안전성 확보를 위하여 접합부에 대해서는 접합부의 전단설계강도, ϕV_n 이 접합부의 전단하중, V_e 이상이 되도록 하고 있다. 설계에서는 ϕV_n이 V_e 이상이 되는지를 직접 검토하거나, 접합부의 설계강도가 내진설계기준의 설계용 하중조합에서 지진하중을 2배로 하여 계산한 최대 하중 이상이 되는지를 검토하여 설계할 수 있다.

여기서 V_e = 중력하중과 지진하중에 대한 비탄성 횡변형의 지배 메커니즘을 기본으로 한 설계 항복 지점의 예상 강도에 상응하는 접합부의 전단력. 즉, 길이방향(최소) 철근의 인장강도를 f_y (중간모멘트골조의 경우), 강도감소계수 ϕ를 1.0으로 가정하고, 접합부 재료 성질을 사용하여 계산한 접합부의 하중이다.

(1) 보와 기둥 접합부의 경우

지진하중을 받는 골조의 휨모멘트 분포는 중력하중을 받는 골조의 휨모멘트와 다르다. [그림 6.3.1]은 기둥과 보를 연결한 PC 보이다. 접합부에 의하여 보와 기둥이 연결되어 있으며 접합부 근처 PC 보에서 소성힌지가 발생하였다. 그림과 같이 연직하중만 작용하는 골조의 전단력과 휨모멘트 분포를 연직하중과 지진하중이 작용하는 골조의 전단력과 휨모멘트 분포와 비교하면 서로 다른 모멘트 분포를 나타낸다. 내진설계에서는 보의 양단부의 주철근이 동시에 공칭휨강도(ϕ =1.0)에 도달하였다고 가정하고 접합부의 내력 S_n을 계산한다. 먼저 PC 보의 양 단부에 발생하는 휨모멘트를 계산하면 식 (6.3.1)과 식 (6.3.2)와 같다. 보의 휨모멘트는 계산의 간략화를 위하여 단철근 직사각형 보로 계산하였다.

$$M_{yl} = (A_s^+ f_y)(d - a/2) \quad \text{식 (6.3.1)}$$

$$M_{yr} = (A_s^- f_y)(d - a/2) \quad \text{식 (6.3.2)}$$

여기서, M_{yl}과 M_{yr}은 PC 보의 좌우 단면 휨모멘트, A_s^+은 PC 보의 좌단부의 하부 철근의 총 단면적, A_s^-은 PC 보의 우단부의 상부 철근의 총 단면적, d은 보의 유효깊이이다. 양쪽의 고정하중, w_D와 활하중, w_L은 균등하게 분포되는 것으로 한다.

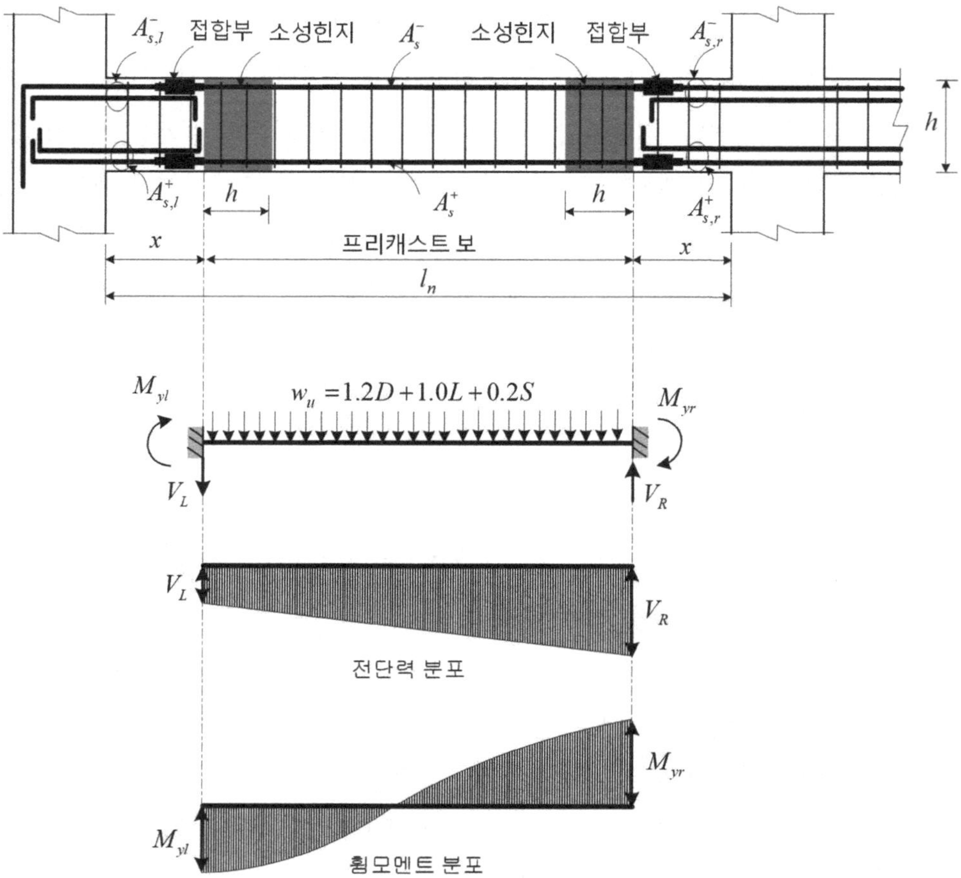

[그림 6.3.1] 중간모멘트골조의 보와 기둥 접합부와 부재력 분포

지진하중을 받는 보의 양 단부에 발생하는 전단력의 크기는 연직하중을 받는 보 단부의 전단력보다 커질 수 있다. 연직하중을 받는 골조의 보의 전단력은 보의 좌우측 휨모멘트, M_{nl}과 M_{nr}의 방향이 다르기 때문에 전단력의 크기가 작지만, 연직하중과 지진하중을 보의 양단부의 휨모멘트의 방향은 [그림 6.3.1]과 같이 동일한 방향이므로 전단력의 크기가 증가한다. [그림 6.3.1]의 PC 보의 양 단부에 발생하는 전단력의 크기를 계산하면 식 (6.3.3)과 식 (6.3.4)와 같다.

$$V_L = \frac{w_u(l_n - 2x)}{2} - \frac{M_{yl} + M_{yr}}{l_n - 2x} \qquad \text{식 (6.3.3)}$$

$$V_R = \frac{w_u(l_n - 2x)}{2} + \frac{M_{yl} + M_{yr}}{l_n - 2x} \quad \text{식 (6.3.4)}$$

여기서, l_n은 보의 순경간, w_u은 등분포하중이다.

[그림 6.3.1]의 접합부에 발생하는 최대 전단력과 휨모멘트를 식 (6.3.5)에서 식 (6.3.8)로부터 계산할 수 있다.

$$V_{e,l} = V_L = \frac{w_u(l_n - 2x)}{2} - \frac{M_{yl} + M_{yr}}{l_n - 2x} \quad \text{식 (6.3.5)}$$

$$V_{e,r} = V_R = \frac{w_u(l_n - 2x)}{2} + \frac{M_{yl} + M_{yr}}{l_n - 2x} \quad \text{식 (6.3.6)}$$

$$M_{e,l}^{+} = M_{yl} + V_L x \quad \text{식 (6.3.7)}$$

$$M_{e,r}^{-} = M_{yr} + V_R x \quad \text{식 (6.3.8)}$$

여기서 $V_{e,l}$과 $V_{e,r}$: 좌우 접합부의 최대 전단력, $M_{e,l}^{+}$와 $M_{e,r}^{-}$: 좌우 접합부의 최대 휨모멘트이다.

PC 중간모멘트골조 접합부의 설계강도, ϕS_n는 접합부의 하중, S_e 이상이 되어야 한다. 접합부의 설계강도, ϕS_n는 식 (6.3.9)에서 식 (6.3.12)로부터 계산할 수 있다.

$$\phi V_{n,l} = \phi(V_c + V_s) \geqq V_{e,l} \quad \text{식 (6.3.9)}$$

$$\phi V_{n,r} = \phi(V_c + V_s) \geqq V_{e,r} \quad \text{식 (6.3.10)}$$

$$\phi M_{n,l}^{+} = \phi(A_{s,l}^{+} f_y)(d - a/2) \geqq M_{e,l}^{+} \quad \text{식 (6.3.11)}$$

$$\phi M_{n,r}^{-} = \phi(A_{s,r}^{-} f_y)(d - a/2) \geqq M_{e,r}^{-} \quad \text{식 (6.3.12)}$$

여기서, $V_{n,l}$과 $V_{n,r}$은 좌우 접합부의 공칭전단력, V_c는 콘크리트에 의한 공칭전단강도, V_s는 전단철근에 의한 공칭전단강도, $M_{n,l}^{+}$와 $M_{n,r}^{-}$는 좌우 접합부의 공칭휨모멘트, $A_{s,l}^{+}$는 기둥면에 접해있는 보의 좌단부 하부 철근의 총 단면적, $A_{s,l}^{-}$는 기둥면에 접해있는 보의 우단부 상부 철근의 총 단면적이다. $M_{n,l}^{+}$와 $M_{n,r}^{-}$을 계산할 때는 PC 보의 철근이 아니라 기둥면에 접해있는 보의 철근을 이용하여 계산한다.

(2) 보와 보 접합부의 경우

보와 보 접합부는 [그림 6.3.2]와 같이 기둥과 기둥 사이의 한 곳에서 연결된 접합부의 경우이다. 이 경우에 소성힌지는 기둥과 보의 접합면에서 발생하며 보의 양 단부에 발생하는 휨모멘트를 계산하면 식 (6.3.13)과 식 (6.3.14)와 같다. 보의 휨모멘트는 계산의 간략화를 위하여 단철근 직사각형보로 계산하였다.

$$M_{yl}^{+} = (A_{s,l}^{+} f_y)(d - a/2) \qquad \text{식 (6.3.13)}$$

$$M_{yr}^{-} = (A_{s,r}^{-} f_y)(d - a/2) \qquad \text{식 (6.3.14)}$$

여기서, M_{yl}^{+}과 M_{yr}^{-}는 기둥 접합면 보의 좌우 단면 휨모멘트, $A_{s,l}^{+}$는 기둥면에 접해있는 보의 좌단부 하부 철근의 총 단면적, $A_{s,l}^{-}$는 기둥면에 접해 있는 보의 우단부 상부 철근의 총 단면적이다.

[그림 6.3.2]의 기둥면에 접해있는 보의 양 단부에 발생는 전단력의 크기를 계산하면 식 (6.3.15)와 식 (6.3.16)과 같다.

$$V_L = \frac{w_u l_n}{2} - \frac{M_{yl}^{+} + M_{yl}^{-}}{l_n} \qquad \text{식 (6.3.15)}$$

$$V_R = \frac{w_u l_n}{2} + \frac{M_{yl}^{+} + M_{yl}^{-}}{l_n} \qquad \text{식 (6.3.16)}$$

여기서, l_n은 보의 순경간, w_u는 등분포하중이다.

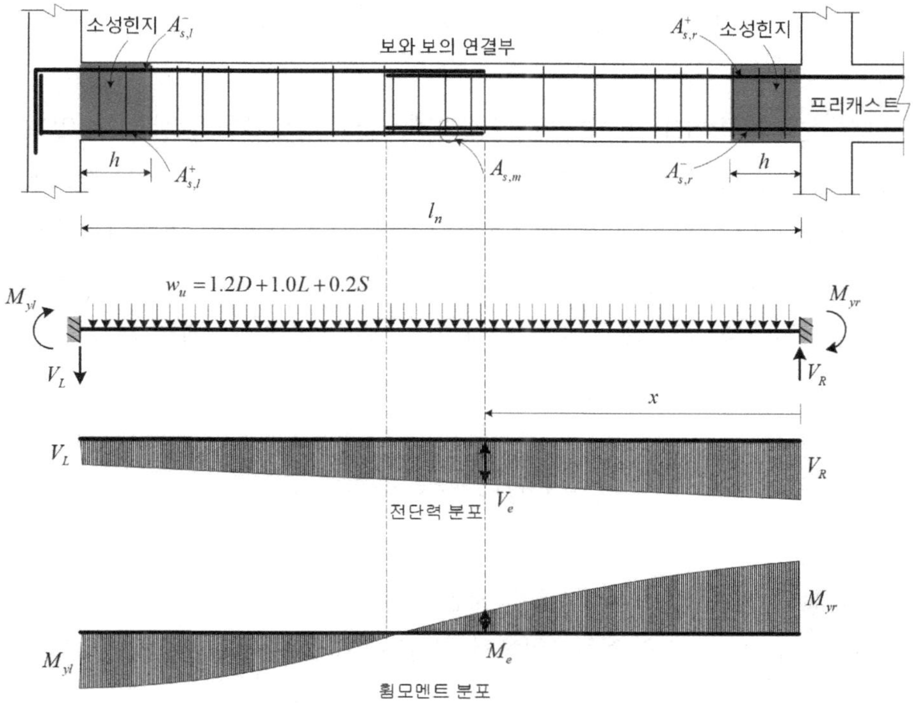

[그림 6.3.2] 중간모멘트골조의 보와 보 접합부와 부재력 분포

PC 중간모멘트골조 접합부의 전단설계강도, ϕV_n는 접합부의 전단하중, V_e 이상이 되어야 한다. 접합부의 설계강도, ϕV_n는 식 (6.3.17)에서 식 (6.3.20)으로부터 계산할 수 있다.

$$V_e = \frac{M_{yl}^+ + M_{yl}^-}{l_n} + \frac{w_u l_n}{2} - w_u x \qquad \text{식 (6.3.17)}$$

$$M_e = M_{yr} - V_R x + \frac{w_u x^2}{2} \qquad \text{식 (6.3.18)}$$

$$\phi V_n = \phi(V_c + V_s) \geq V_e \qquad \text{식 (6.3.19)}$$

$$\phi M_n = \phi(A_{s,m} f_y)(d - a/2) \geq M_e \qquad \text{식 (6.3.20)}$$

여기서, V_e는 접합부의 최대 전단력, V_n은 접합부의 공칭전단력, M_e는 접합부의 최대 휨모멘트, M_n은 접합부의 공칭휨모멘트, $A_{s,m}$은 접합부 하부 철근의 총 단면적이다. M_n을 계산할 때는 접합부 철근을 이용하여 계산한다.

앞에서 설명한 방법에 의하여 PC 중간모멘트골조 접합부를 설계할 수 있지만 이러한 과정이 번거로울 수 있다. 따라서 규정에서는 일체식 콘크리트 중간모멘트골조 설계와 유사하게 "내진설계기준의 설계용 하중조합에서 지진하중을 2배로 하여 계산한 최대 하중 이상이어야 한다."라는 선택 조건을 두어 간략화된 설계 방법을 허용하고 있다. 이 선택조건을 따를 경우에 식 (6.3.21)과 같이 지진하중을 두 배로 한 E를 포함하는 조합하중에 근거하여 부재력을 계산해야 한다.

$$U = 1.2D + 2.0E + 1.0L + 0.2S \qquad \text{식 (6.3.21)}$$

식 (6.3.21)의 E는 KDS 41 10 15(6. 지진하중)에서 계산한 값이다.

"내진설계기준의 설계용 하중조합에서 지진하중을 2배로 하여 계산한 최대 하중 이상이어야 한다"에 대한 규정을 상용 구조해석 프로그램을 이용하여 내진설계기준의 설계용 하중조합의 지진하중을 α배(1배, 1.5배, 2배)로 변경하며 프리캐스트 콘크리트 중간모멘트골조의 부재력을 계산하여 평가하였다(이정윤, 신동익, 2019). 평가에서는 PC 중간모멘트골조의 연결부 성능을 다음의 두 가지 조건에 의하여 해석하고 부재 성능을 비교하였다.

1) 조건 1 : 연결부의 설계강도, ϕS_n은 길이방향 철근의 인장강도를 f_y, 강도감소계수 ϕ를 1.0으로 가정하고, 연결부 재료 성질을 사용하여 계산한 연결부의 하중, S_e 이상이 되어야 한다.
2) 조건 2 : 내진설계기준의 설계용 하중조합에서 지진하중을 α배로 하여 계산한 최대 하중 이상이어야 한다.

접합법을 검토하기 위하여 2층의 내부 보와 기둥을 연결한 PC 연결부(Connection 1), 2층의 내부 보와 보를 연결한 PC연결부(Connection 2), 2-3층 내부 기둥 중간을 연결한 연결부에 발생하는 부재력(Connection 3)을 계산하였다.

1) 소성힌지 근처 또는 연결부 내부에서의 보와 기둥 접합법 : 보 또는 기둥의 단일 부재 연결 시에 주로 사용되는 접합 방법으로 부재력이 작은 위치에서 단일 보와

단일 기둥을 연결하는 방법

2) 보와 보의 중간에서의 기둥과 보로 연결된 골조식 접합법 : 기둥과 보가 이미 연결된 프리캐스트 골조와 다른 골조를 연결하는 접합 방법이며, 연결부의 위치는 일반적으로 보와 보의 중간임

3) 기둥 중간부에서 기둥과 기둥을 연결하는 접합법 : 기둥과 기둥을 연결하는 접합 방법

[그림 6.3.3 (a)]는 부재의 길이(l)가 증가할 때 변화하는 설계용 하중조합의 지진하중의 크기와 전단강도비($V_{n-\max}/V_{cal}$)의 관계를 나타내고 있다. 해석에서는 부재의 길이(l)를 4.0 m, 5.0 m, 6.0 m로 증가시켜 부재력을 계산하였다. 그림에서 전단강도비는 부재의 길이가 증가하면 감소하지만, 설계용 하중조합의 지진하중의 크기가 증가하면 증가하고 있음을 알 수 있다. 지진계수를 1.5배로 할 경우에 l이 5 m 이상인 경우에 전단강도비($V_{n-\max}/V_{cal}$)가 1 이하가 된다. 반면 설계용 하중조합의 지진하중의 크기를 2.0배로 할 경우에 l이 6 m인 경우에도 전단강도비($V_{n-\max}/V_{cal}$)가 1에 근접하거나 그 이상이 되고 있음을 알 수 있다. 따라서 PC 중간모멘트골조의 경우에는 소성힌지를 고려하여 계산한 전단강도에 도달하기 위해서는 설계용 하중조합의 지진하중의 크기를 2배로 하여 계산하는 것이 바람직할 것으로 판단된다.

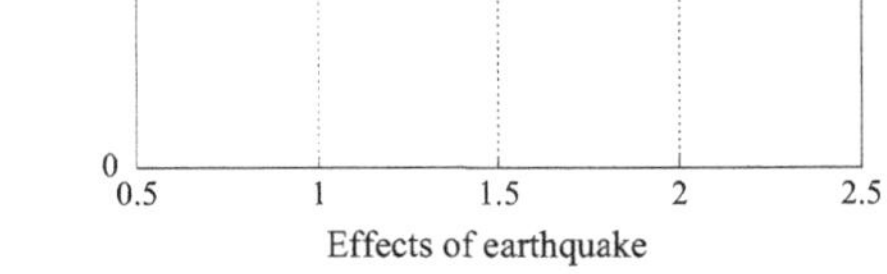

(a) 보와 기둥 연결

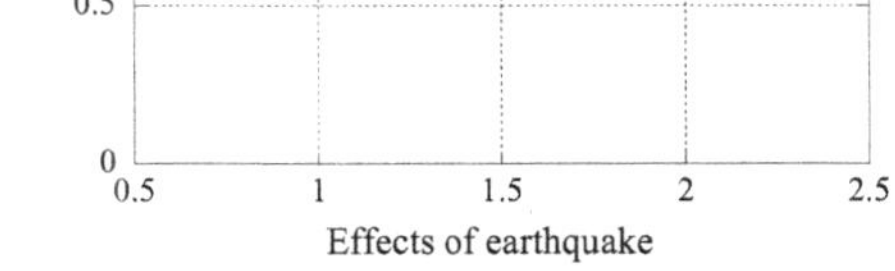

(b) 기둥과 기둥 연결

[그림 6.3.3] 중간모멘트골조의 전단강도비와 지진하중 비의 관계 (이정윤, 신동익, 2019)

보해석과 유사한 방법으로 계산한 2-3층 내부 기둥 중간을 연결한 연결부에 발생하는 부재력(Connection 3)을 계산하였다. 해석에서는 보의 길이를 4 m, 5 m, 6 m 인 경우와 함께 기둥의 높이를 2.5 m, 3.0 m, 3.5 m인 경우에 대하여 해석하였다. [그림 6.3.3 (b)]는 기둥의 길이가 증가할 때 변화하는 기둥-기둥 프리캐스트 콘크리트 연결부의 설계용 하중조합의 지진하중의 크기와 전단강도비($V_{n-\max}/V_{cal}$)의 관계를 나타내고 있다. 그림에서 전단강도비는 기둥의 길이(h)와 설계용 하중조합의 지진하중의 크기가 증가하면 증가하고 있음을 알 수 있다. 지진하중의 크기가 1.5배인 경우에도 전단강도비($V_{n-\max}/V_{cal}$)는 1 이상이 되어 프리캐스트 콘크리트 중간모멘트골조 기둥의 경우에는 소성힌지를 고려하여 계산한 전단강도에 도달하기 위해서는 지진하중의 크기를 1.5배로 하여 계산하는 것이 가능한 것으로 판단된다. 다만 기둥의 경우에는 보에 비하여 휨여유도가 크기 때문에 식(6.3.15)과 식 (6.3.16)에 의하여 계산되는 전단력(V_{cal})이 커질 가능성이 있으며, 이 경우에는 기둥에 대한 설계용 하중조합의 지진하중의 크기가 더 증가해야 할 것이다.

6.3.3 PC 특수모멘트골조

RC 구조와 동일한 일체성을 갖는 PC 특수모멘트골조 부재는 KDS 14 20 80(4.2, 4.3, 4.4 특수모멘트골조와 관련된 요구사항)을 기본으로 설계해야 한다.

1) 약보-강기둥 설계에 의한 층 붕괴 방지
2) 소성힌지 형성 : 코어 콘크리트에 대한 횡구속, 기둥 주철근의 좌굴 방지
3) 보와 기둥의 전단파괴 방지
4) 접합부 파괴 방지
5) 정착과 이음 성능 확보

(1) 접합부 특성

ACI318-19 기준에서는 PC 구조물의 안전성 확보를 위하여 접합부를 연성 접합부(ductile connection)와 강도 접합부(strong connection)로 구분한 후에 접합부에 대한 상세 요구조건을 규정하고 있다. 접합부는 일반적으로 접합부 내에서의 항복 허용 여부에 따라 강도 접합부와 연성 접합부로 구분할 수 있다. 강도 접합부는 접합부를 충분히 강하게 설계하여 지진 시 접합부 내에서 탄성 상태를 유지하고 비탄성 거동은 접합부에서 떨어진 곳에서 일어난다. 연성 접합부는 접합부 내에서의 항복을 허용하여 접합부 내에서 비탄성 거동이 일어나도록 한다. 연성 접합부는 주로 비일체식 시스템에 적용되지만 반드시 그렇지는 않다. 일체식 또는 비일체식 시스템은 건물의 전체적인 거동과 관련한 구분이며 강도 접합부 또는 연성 접합부는 접합부 내의 항복 여부에 대한 구분이다.

[연성 접합부]

1) 연성 접합부를 사용한 PC 특수모멘트골조의 경우 접합부 내부에서 휨항복을 허용한다.
2) 연성 접합부의 휨철근의 기계적이음은 유형 2의 이음을 해야 한다. 즉, 휨철근은 설계기준항복강도 f_y의 125 % 이상을 발휘하며 설계기준인장강도에 도달할 수 있어야 하며, 기계적이음 장치 근처에서 변형률 집중 증가현상이 발생하지 않아야 한다.
3) 접합부의 마찰전단강도 V_n은 KDS 41 10 15(6. 지진하중)에서 계산하며, V_n은 길이방향(최소) 철근의 인장강도를 $1.25f_y$, 강도감소계수 ϕ를 1.0으로 가정하고, 접합부 재료 성질을 사용하여 계산한 접합부의 전단력 V_e의 2배 이상이 되어야 한다.
4) 보 부재 철근의 기계식이음은 연결부 면으로부터 h/2 이상 떨어져 위치해야 하며, 우리나라 기준으로 고려할 경우에 KDS 14 20 80(4.1.6)의 요구 성능을 만족해야 한다.

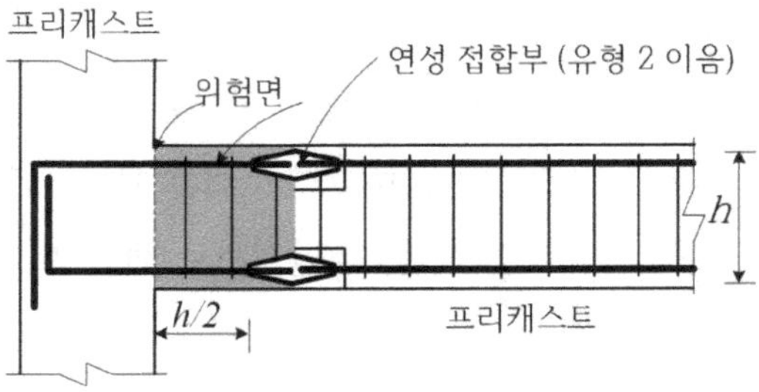

[그림 6.3.4] 연성 접합부

연성 접합부를 사용한 PC 구조물의 경우 접합부 내부에서 휨항복을 허용한다. 연성 연결부 내부의 철근은 유형 2의 기계식이음이나 설계기준항복강도 f_y의 125 % 이상을 발휘하며 설계기준인장강도에 도달할 수 있는 장치에 의하여 연결되어야 한다. 각 구조 시스템에 따라서 연성 접합부에 대한 요구 조건이 추가되며, 연성 접합부를 사용하는 PC 특수모멘트 구조물에서는 연결부 면에서의 미끄러짐을 방지하기 위하여 전단강도에 대한 규정이 추가된다. 현재 스플라이스 슬리브와 같은 기계적이음장치에 대한 KS 규격이 없으며 실제 현장에서 사용되는 여러 제품의 성능에 큰 차이가 있다. 강도에 대해서는 유형 2의 이음에서 설계기준항복강도 f_y의 125 % 이상이 되도록 규정하고 있지만, 강성과 변형에 대한 규정은 없다. 따라서 PC 구조물의 기계적이음장치의 강성과 변형에 대한 성능 규정이 필요하다. LH PC공동주택 설계지침에서는 철근이 연결된 기계적이음장치의 인장시험에서 연결철근의 설계기준항복강도 f_y의 70 %에 도달했을 때의 기계적이음장치의 접선계수가 연결철근의 할선계수(E_0)의 90 % 이상이 되어야 하며, f_y의 95 %에 도달했을 때의 접선계수가 E_0의 70 % 이상이 되도록 규정하고 있다. 또한 기계적이음장치의 파단변형률은 연결철근 항복변형률의 최소 10배 이상이며 0.02 이상이 되도록 하고 있다. 여기서 E_0는 연결철근의 응력이 0인 점과 $0.7f_y$응력점을 연결한 할선계수이다. [그림 6.3.4]와 같이 연성 접합부로 연결된 부재로 이루어진 구조시스템에서 설계자는 보-기둥 접합부에서 떨어진 곳에서 철근이 항복하도록 설계할 수 있으며, 이 경우에 KDS 14 20 80 4.2.4 또는 4.3.5에 의하여 계산된 V_e값은 안정측이 될 수 있다.

[강도 접합부]

1) 강도 접합부를 사용한 PC 특수모멘트골조의 경우 연결부 내부에서 휨항복이 발생하지 않도록 설계해야 한다.
2) 순경간(l_n)은 휨항복하는 지점과 지점 사이의 경간으로 해야 한다.
3) 강도 접합부의 설계강도, ϕS_n은 길이방향(최소) 철근의 인장강도를 $1.25f_y$(특수모멘트골조의 경우), 강도감소계수 ϕ를 1.0으로 가정하고, 접합부 재료 성질을 사용하여 계산한 접합부의 하중, S_e 이상이 되어야 한다.
4) 주철근은 접합부에서 연속적으로 배근되어야 하며, 강도 접합부와 소성힌지 바깥쪽에 정착되어야 한다.
5) 기둥과 기둥을 연결하는 강도 접합부의 ϕM_n은 M_E의 1.4배 이상이 되어야 한다. 또한 강도 접합부의 ϕM_n은 기둥에서 발생할 수 있는 예상 휨모멘트 M_{pr}의 0.4배 이상이 되어야 한다. 기둥과 기둥을 연결하는 강도 접합부의 ϕV_n은 KDS 14 20 80 4.3.5에서 규정하는 지진하중을 받는 전단력 V_e 이상이 되어야 한다.

ACI318-19 기준에서는 강도 접합부를 사용한 PC 구조물의 경우 접합부 내부에서 휨항복이 발생하지 않도록 하고 있다. 강도 접합부는 [그림 6.3.5]와 같이 기계식이음장치의 길이를 포함하고 있다. 강도 접합부가 보-기둥 접합부에 인접한 경우에는 소성힌지 영역이 강도 접합부 밖에 있으며 강도접합부는 탄성 상태를 유지해야 한다. 기둥과 기둥을 연결하는 강도 접합부를 사용하는 PC 특수모멘트골조에서는 추가 규정을 두어 접합부의 강도 저감이나 접합부에서 소성힌지가 발생하지 않도록 하고 있다. 실험 결과에 의하면 PC 보-기둥을 연결하는 강도 접합부의 기계적이음부의 접합면에서 변형률이 집중적으로 발생하여 철근이 취성적으로 파괴되었다. 따라서 강도 접합부의 위치를 신중히 정해야 하며, 응력이 큰 영역에서 철근의 비부착 여부 등을 검토할 필요가 있다.

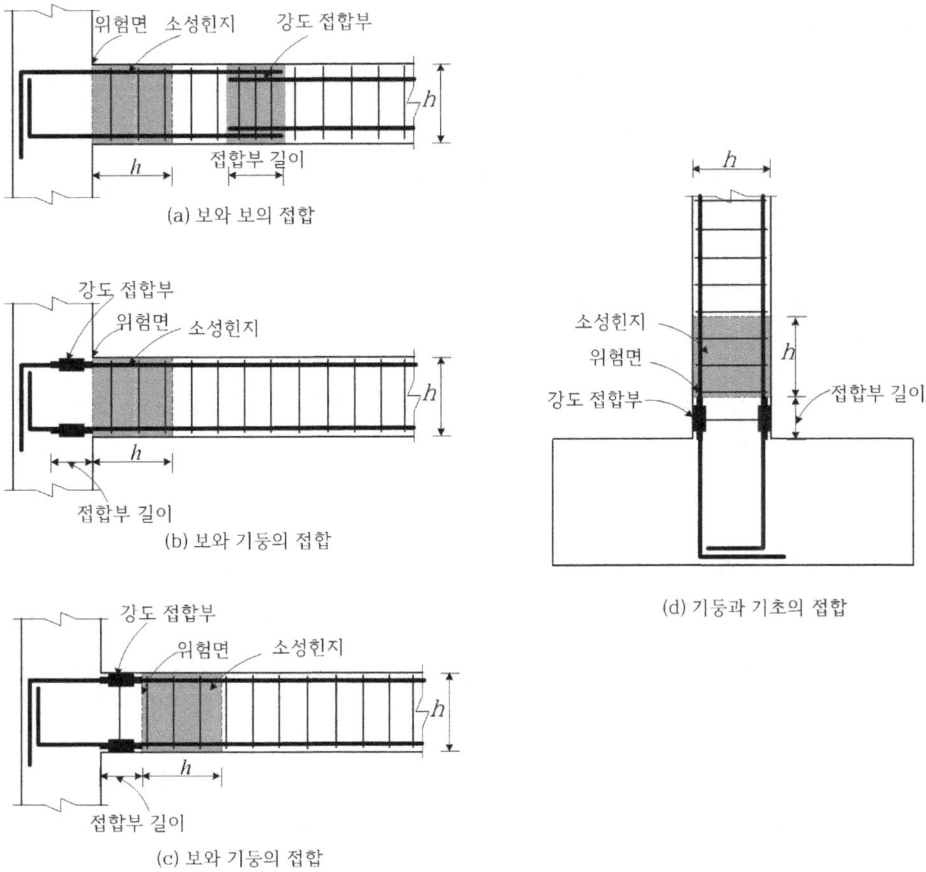

(a) 보와 보의 접합

(b) 보와 기둥의 접합

(c) 보와 기둥의 접합

(d) 기둥과 기초의 접합

[그림 6.3.5] 강도 접합부

(2) 보와 기둥 접합부의 경우

[그림 6.3.6]은 기둥과 보를 연결한 PC 특수모멘트골조이다. 특수모멘트골조의 내진 설계에서는 보의 양단부의 주철근이 동시에 $1.25f_y$에 도달하였다고 가정하고 접합부의 하중을 계산한다. 먼저 PC 보의 양 단부에 발생하는 휨모멘트를 계산하면 식 (6.3.22)와 식(6.3.23)과 같다. 보의 휨모멘트는 계산의 간략화를 위하여 단철근 직사각형보로 계산하였다.

$$M_{pr}^{+} = (A_s^{+} \times 1.25f_y)(d - a/2) \qquad \text{식 (6.3.22)}$$

$$M_{pr}^{-} = (A_s^{-} \times 1.25f_y)(d - a/2) \qquad \text{식 (6.3.23)}$$

여기서 M_{pr}^{+}과 M_{pr}^{-} : PC 보의 좌우 예상 휨모멘트, A_s^{+} : PC 보의 좌단부의 하부 철근의 총 단면적, A_s^{-} : PC 보의 우단부의 상부 철근의 총 단면적이다.

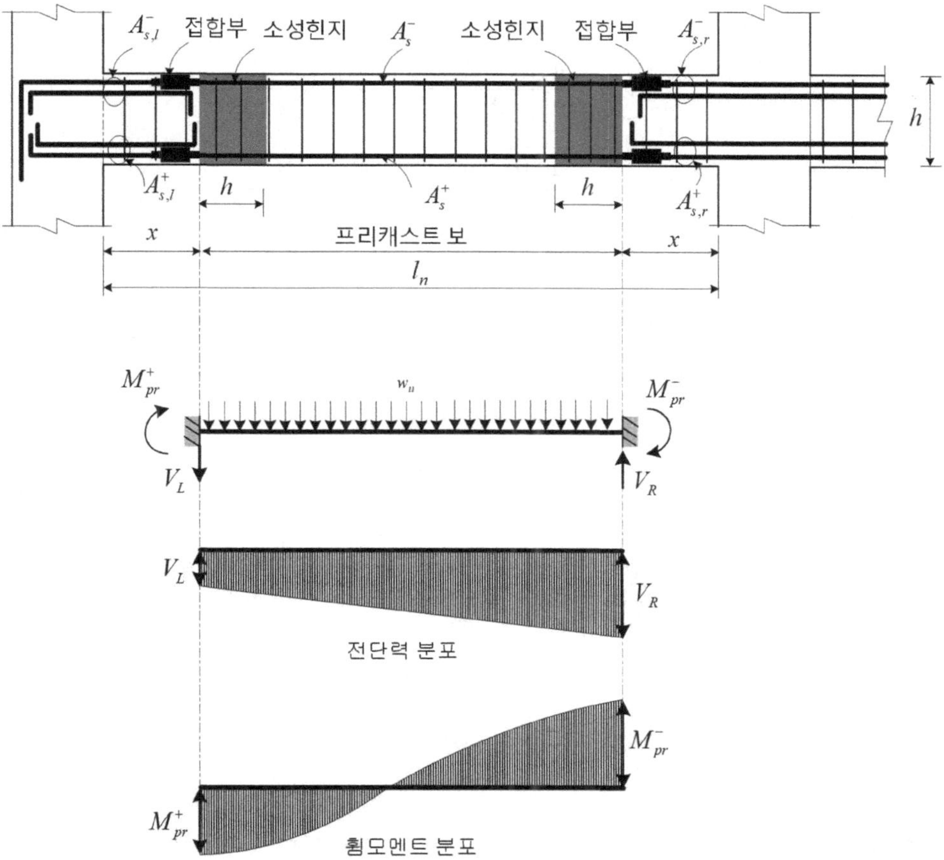

[그림 6.3.6] 특수모멘트골조의 보와 기둥 접합부와 부재력 분포

예상 휨모멘트에 의하여 발생하는 PC 보의 양단부의 전단력을 계산하면 식 (6.3.24)와 식 (6.3.25)와 같다. 지진하중을 받는 부재의 설계전단력(V_e)은 접합면, 즉 단부에 작용하는 예상 휨강도(M_{pr})의 정 또는 부의 값과 경간을 따라 계수중력하중이 재하되는 부재를 가정하여 구해야 한다. 내진설계는 보를 약하게 하여 소성힌지를 발생하게 하고 기둥은 강하게 하여 설계한다. 따라서 보의 양단부는 항복하기 때문에 지진하중을 받는 부재의 설계전단력(V_e)은 횡하중 해석에 의한 계수전단력보다 오히려 설계부재의 휨강도(M_{pr})에 의하여 계산해야 한다. 보의 휨강도는 소성힌지가 발생하는 보의 단부에서

철근의 인장응력이 $1.25f_y$에 도달했을 때의 강도를 사용한다. 기둥에 대한 M_{pr} 값은 그 기둥이 접합되어 있는 보들의 M_{pr} 값에 의해 계산되는 값을 초과할 필요는 없다. 또한, V_e는 구조물 해석에 의해 계산된 값보다 작을 수 없다.

$$V_L = \frac{w_u(l_n - 2x)}{2} - \frac{M_{pr}^{+} + M_{pr}^{-}}{l_n - 2x} \quad \text{식 (6.3.24)}$$

$$V_R = \frac{w_u(l_n - 2x)}{2} + \frac{M_{pr}^{+} + M_{pr}^{-}}{l_n - 2x} \quad \text{식 (6.3.25)}$$

[그림 6.3.6]의 접합부에 발생하는 최대 전단력과 휨모멘트를 식 (6.3.26)에서 식 (6.3.29)로부터 계산할 수 있다.

$$V_{e,l} = V_L = \frac{w_u(l_n - 2x)}{2} - \frac{M_{pr}^{+} + M_{pr}^{-}}{l_n - 2x} \quad \text{식 (6.3.26)}$$

$$V_{e,r} = V_R = \frac{w_u(l_n - 2x)}{2} + \frac{M_{pr}^{+} + M_{pr}^{-}}{l_n - 2x} \quad \text{식 (6.3.27)}$$

$$M_{e,l}^{+} = M_{pr}^{+} + V_L\, x \quad \text{식 (6.3.28)}$$

$$M_{e,r}^{-} = M_{pr}^{-} + V_R\, x \quad \text{식 (6.3.29)}$$

PC 특수모멘트골조 접합부의 설계강도, ϕS_n는 접합부의 하중, S_e 이상이 되어야 한다. 접합부의 설계강도, ϕS_n는 식 (6.3.30)에서 식 (6.3.33)으로부터 계산할 수 있다.

$$\phi V_{n,l} = \phi(V_c + V_s) \geqq V_{e,l} \quad \text{식 (6.3.30)}$$

$$\phi V_{n,r} = \phi(V_c + V_s) \geqq V_{e,r} \quad \text{식 (6.3.31)}$$

$$\phi M_{n,l}^{+} = \phi(A_{s,l}^{+}\, f_y)(d - a/2) \geqq M_{e,l}^{+} \quad \text{식 (6.3.32)}$$

$$\phi M_{n,r}^{-} = \phi(A_{s,r}^{-}\, f_y)(d - a/2) \geqq M_{e,r}^{-} \quad \text{식 (6.3.33)}$$

$M_{n,l}^{+}$ 와 $M_{n,r}^{-}$ 을 계산할 때는 PC보의 철근이 아니라 기둥면에 접해있는 보의 철근을 이용하여 계산한다. 또한 철근의 응력은 $1.25f_y$가 아니라 항복강도인 f_y를 사용하여 계산해야 한다.

(3) 보와 보 접합부의 경우

[그림 6.3.7]과 같은 보와 보 접합부를 사용한 특수모멘트골조의 소성힌지는 기둥과 보의 접합면에서 발생하며 보의 양 단부에 발생하는 휨모멘트를 계산하면 식 (6.3.34)와 식 (6.3.35)와 같다.

$$M_{pr}^{+} = (A_{s,l}^{+} \times 1.25f_y)(d - a/2) \qquad \text{식 (6.3.34)}$$

$$M_{pr}^{-} = (A_{s,r}^{-} \times 1.25f_y)(d - a/2) \qquad \text{식 (6.3.35)}$$

[그림 6.3.7]의 기둥면에 접해있는 보의 양 단부에 발생하는 전단력의 크기를 계산하면 식 (6.3.36)과 식 (6.3.37)과 같다.

$$V_L = \frac{w_u l_n}{2} - \frac{M_{pr}^{+} + M_{prl}^{-}}{l_n} \qquad \text{식 (6.3.36)}$$

$$V_R = \frac{w_u l_n}{2} + \frac{M_{pr}^{+} + M_{pr}^{-}}{l_n} \qquad \text{식 (6.3.37)}$$

접합부의 설계강도, ϕS_n는 식 (6.3.38)에서 식 (6.3.41)로부터 계산할 수 있다.

$$V_e = \frac{M_{pr}^{+} + M_{pr}^{-}}{l_n} + \frac{w_u l_n}{2} - w_u x \qquad \text{식 (6.3.38)}$$

$$M_e = M_{pr}^{+} - V_R x + \frac{w_u x^2}{2} \qquad \text{식 (6.3.39)}$$

$$\phi V_n = \phi(V_c + V_s) \geqq V_e \qquad \text{식 (6.3.40)}$$

$$\phi M_n = \phi(A_{s,m} f_y)(d - a/2) \geqq M_e \qquad \text{식 (6.3.41)}$$

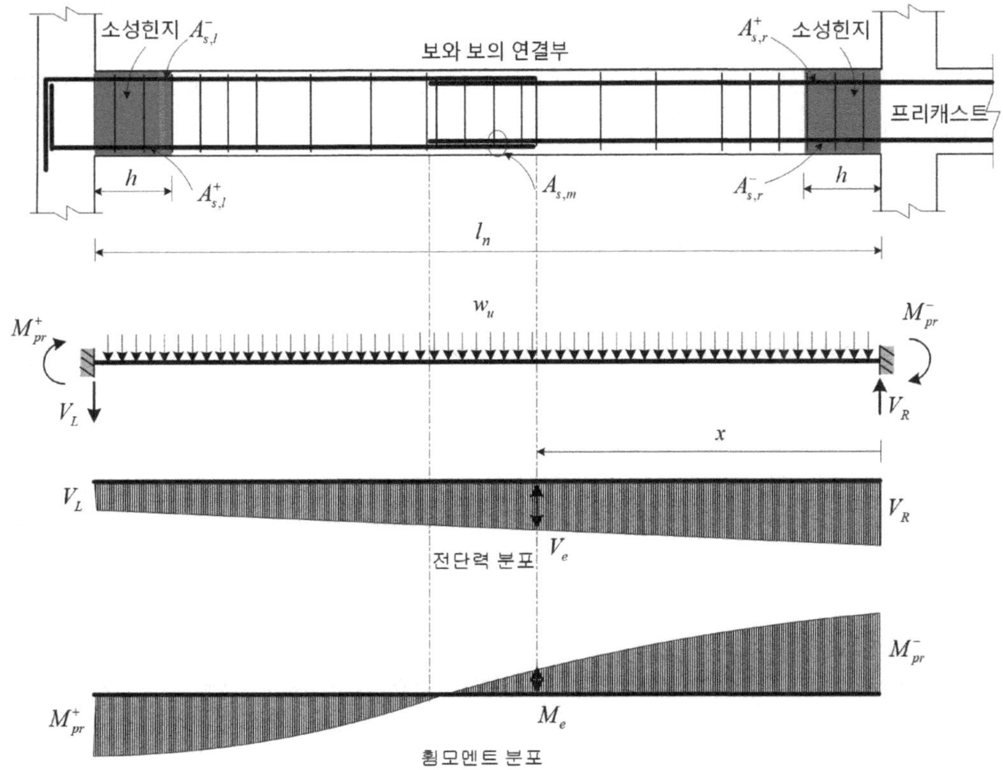

[그림 6.3.7] 특수모멘트골조의 보와 보 접합부와 부재력 분포

M_n을 계산할 때는 접합부 철근을 이용하여 계산한다. 철근의 응력은 $1.25f_y$가 아니라 항복강도인 f_y를 사용하여 계산해야 한다.

(4) 기둥과 기둥 접합부의 경우

강도 접합부를 사용한 PC 특수모멘트골조에서는 기둥과 기둥 접합부에 소성힌지가 발생하거나 접합부가 파괴되는 것을 방지하기 위하여 기둥과 기둥을 연결하는 강도 접합부의 ϕM_n은 M_E의 1.4배 이상이 되어야 한다. 또한 강도 접합부의 ϕM_n은 기둥에서 발생할 수 있는 예상 휨모멘트 M_{pr}의 0.4배 이상이 되어야 한다. 기둥과 기둥을 연결하는 강도 접합부의 ϕV_n은 KDS 14 20 80(4.5.5)에서 규정하는 지진하중을 받는 전단력 V_e 이상이 되어야 한다. 골조에 대한 탄성해석 결과에 의하면 상하 기둥의 휨강성이 동일할 경우에 보의 단부모멘트는 [그림 6.3.8 (a)]와 같이 상하 기둥에 균등하게 분배된다. 그러나 강진에 저항하며 약보-강기둥 개념에 의하여 설계된 특수모멘트골조에 대한 비탄성동적해석 결과를 살펴보면 보의 단부모멘트는 [그림 6.3.8 (b)]와 같이 기둥의 한 곳에 더 많이 분배된다.

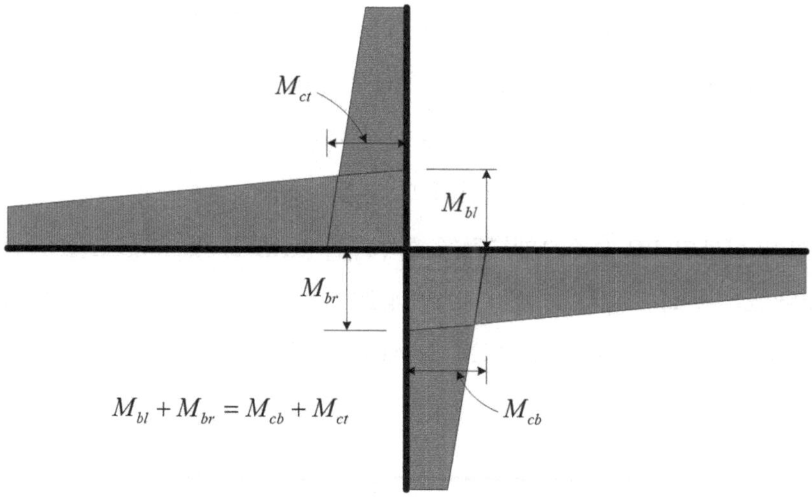

(a) 탄성해석

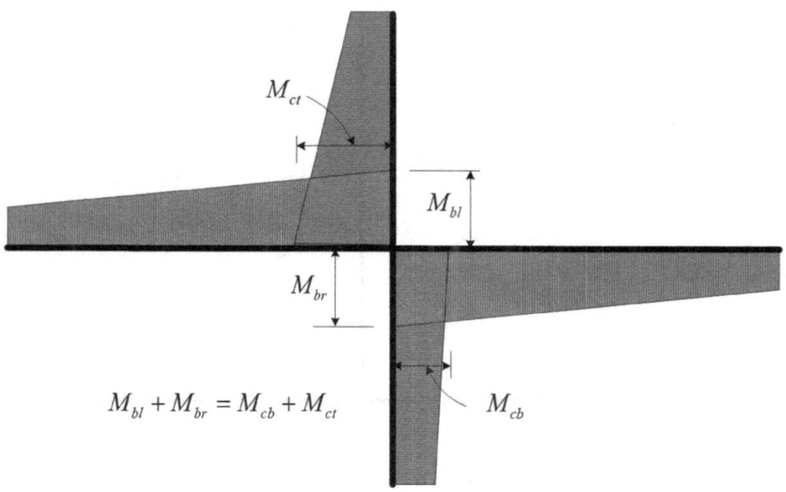

(b) 비탄성동적해석

[그림 6.3.8] 특수모멘트골조의 보-기둥 단부 모멘트 분포

[그림 6.3.9]는 지진하중에 의하여 발생하는 탄성모멘트, M_E,분포와 동적모멘트, ωM_E, 분포를 나타내고 있다. ωM_E에 사용된 ω는 동적증폭계수이다. 그림에서 기둥 높이의 중간 부분으로부터 1/3 이상 떨어진 곳에서 보까지의 ω를 1.4로 간주한다. 또한 기둥 높이의 중간 부분으로부터 1/3 안쪽의 기둥에서 발생할 수 있는 예상 휨모멘트 M_{pr}의 0.4배로 간주하고 있다. 따라서 강도 접합부의 ϕM_n은 기둥에서 발생할 수 있는 예상 휨모멘트 M_{pr}의 0.4배 이상이 되어야 하며, ϕV_n은 KDS 14 20 80(4.5.5)에서 규정하는 지진하중을 받는 전단력 V_e 이상이 되어야 한다.

일체성이 확보된 PC 특수모멘트골조 휨부재는 KDS 14 20 80(4.4)를 만족하여야 하며, 휨모멘트와 축력을 받는 부재는 KDS 14 20 80(4.5)를 만족하여야 한다. 또한 PC 특수모멘트골조의 접합부는 KDS 14 20 80(4.6)을 만족하여야 한다.

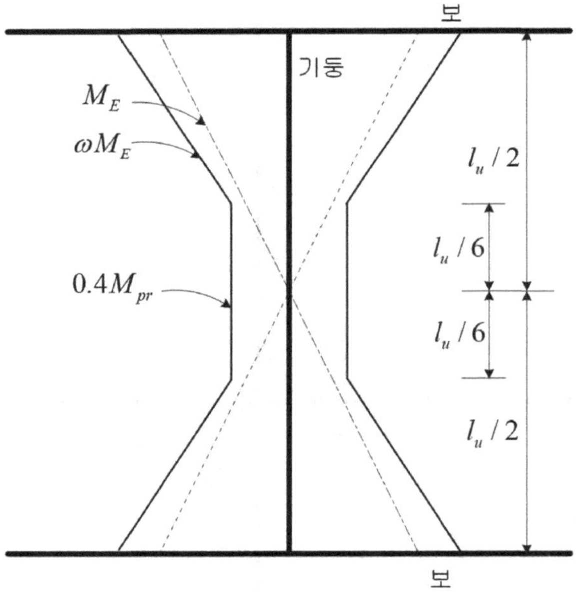

[그림 6.3.9] 기둥 모멘트 분포

6.4 PC 구조벽체의 내진설계

콘크리트구조 학회기준(2017)에서는 내진구조시스템을 보통벽체와 특수구조벽체로 구분하며 PC 구조벽체에 대한 구체적인 설명이 없다. 한편 ACI318-19 기준에서는 PC 구조벽체를 PC 보통구조벽체, PC 중간구조벽체, PC 특수구조벽체로 구분한다. ACI318-19 기준에서는 PC 구조벽체가 현장타설 콘크리트의 동등성이 확보되어 있을 경우에 구조벽체의 종류에 따라서 상이한 제한을 두어 설계하도록 하고 있다.

ACI318-19 기준 18장 내진설계 항의 요구사항은 주로 일체식 현장타설 콘크리트 구조와 일체식 현장타설 콘크리트 구조처럼 거동하는 PC 구조의 현장 및 실험실 경험을 기반으로 하고 있다. 따라서 PC 구조는 현장타설 구조를 모방하는 동등성 설계를 함으로써 이 기준을 적용받을 수 있는 것으로 기술되고 있으며 동등성 설계가 아닌 경우는 경험적 증거나 해석을 통해서 일체식 현장타설 콘크리트 구조와 동등 또는 그 이상의 강도와 인성을 갖춘 것으로 입증될 경우에 내진 구조로 인정받도록 하고 있다. 현장타설 구조벽체와 PC 구조벽체의 근본적인 차이점은 당연하게도 접합부의 유무이며, 이 접합부의 성능 수준이 결국 동등성 달성 여부를 결정하게 된다. PC 구조벽체의 수직, 수평 접합부를 구성하는 방식은 조립 방식, 현장 여건, 사용 재료 등에 따라 다양하게 존재할 수 있지만 앞서 말한 동등성을 기준으로 하면 크게 일체식 시스템(monolithic system)과 비일체식 시스템으로 구분할 수 있을 것이다.

일체식 시스템은 습식 조인트 내에서의 겹침이음, 또는 충진형 스플라이스 슬리브, 코러게이트 튜브, 기타 기계식이음 등을 이용한 철근 이음을 사용하여 인접한 PC 벽체 간의 철근 사이의 연속성을 확보한다. 연결을 위해 주로 습식 조인트를 적용하며 접합부를 일체식 현장타설 콘크리트 벽체의 일부 구간을 끊어치기한 것으로 간주한다면 강도와 비탄성 변형 능력 측면에서 일체식 현장타설 콘크리트 벽체와 거의 유사한 거동을 할 것으로 예상할 수 있다. 물론 끊어치기 면에 해당하는 PC 접합부에 대한 전단 미끌림 등의 세심한 검토는 필수이다.

일체식 시스템의 습식 동등 설계는 비용 효율성과 현장 작업성을 나쁘게 하는 측면이 있다. 현장타설 전단벽을 모방하지 않는 PC 전단벽도 내진 저항을 할 수 있는 내재된 고유의 특성이 있다. 비일체식 시스템은 대부분 볼트, 용접, 스터드 등으로 연결된 강판, 또는 에너지 소산 장치, 포스트텐션을 이용한 장치 등의 건식 연결을 통해 설계된다. 이 시스템은 PC 부재 사이의 특정 연결 부분이 비탄성적으로 변형하여 변형 용량과 에너지 소산 능력을 제공하므로 전체적인 거동은 일체식 콘크리트 구조와는 같다고 할 수 없으나 접합부의 비탄성 능력이 적절한 실험이나 해석으로 확인되면 충분히 내진구조로 적용할 수 있다. 주의할 점은 국부적인 응력의 집중에 대한 검토와 접합부의 강성을 정확히 평가하여 해석 모델링에 반영해야 한다는 것이다. 비일체식 시스템은 설계 방법에 대한 명확한 기준이 없으므로 설계 시 충분히 보수적으로 접근하여야 한다. 미국에서는 다양한 방식의 비일체식 시스템에 대한 내진 실험과 연구가 현재도 진행되고 있고 뉴질랜드에서는 비일체식 시스템은 8층 이하의 중요도가 낮은 건물에만 허용하고 있다.

PC 구조벽체를 내진설계할 경우에 적용한 건물의 해석 시, 접합부에 의해 분절된 PC 벽체의 강성을 어떻게 평가해서 모델링에 반영할 것인지는 매우 중요한 고려 사항이다. 특히 ASCE7-16 C14.2.2.4절에서는 접합부의 항복하는 강재에 대해 구조물의 전체 설계 변위를 통해 항복력의 최소 80 %를 유지하기 위한 충분한 변형 용량을 가지도록 하고 있으므로 따라서 이러한 변위 산정을 위해서라도 PC 구조벽체의 적절한 강성 평가는 필요하다. PC 벽체의 내진설계에서 수평 접합부는 응력이 연결 철물에 집중되고, 휨모멘트에 의해 PC 부재의 들림(joint opening)이 발생하므로 전체 단면으로 강성을 산정하는 것은 벽체의 강성을 과대평가할 수 있다. 여러 실험을 통해 얻은 결과에 의해 정확한 해석을 하지 않는 한 벽체의 강성은 벽체의 균열로 인한 저감 등을 포함하여 전체 강성의 40~70 % 수준으로 적용할 것을 권하고 있다.(PCI Seismic Design of Precast/ Prestressed Concrete Structures 2nd Ed.) 내진설계에서 내력벽 시스템을 거대한 캔틸레버 전단벽으로 간주하면 휨항복이 일어나는 주철근, 즉 수직 철근이 수평 접합부에 의하여 단절되므로 결국 PC 구조벽체의 연성 확보는 수평 접합부의 성능에 달려 있다고 생각할 수 있다. 현장타설 콘크리트 전단벽의 비탄성 거동은 전단벽과 기초가 만나는 최하단 또는 각 층에서의 휨변형으로 이루어진다. 캔틸레버 전단벽의 거동 특성상 휨모멘트가 가장 큰 최하단에서 휨항복이 먼저 발생할 가능성이 크다. 하지만 각 층에서의 휨 배근량 차이로 인해 휨항복이 반드시 최하층이 아닌 일반층에서 먼저 발생하는 경우도 있을 것이다. 현장타설 콘크리트 전단벽의 이러한 거동과 동등하게 유사한 거동을 하도록 설계하는 것이 일체식 시스템을 적용한 PC 구조벽체의 성능 목표이다. 따라서 설계자는 각 수평 접합부에 적절한 방식의 설계를 적용해야 한다. 예를 들면 비탄성 거동을 최하단으로 한정하고 나머지 접합부는 최하단의 비탄성 거동 시 일체로 거동(monolithic behavior)하도록 설정하여 최하단에는 연성 접합부에 의해 설계하고, 나머지는 강도 접합부를 적용하여 최하단이 소성 변형을 하는 동안에도 나머지 부분들은 탄성 영역 안에 있도록 설계할 수 있다. 다른 방법으로 최하단뿐만 아니라 각 층에서도 비탄성 거동을 할 수 있도록 수평 접합부를 연성 접합부에 의해 설계할 수도 있다.

PC 구조벽체의 내진설계에서 수직 접합부의 설계는 두 가지 선택이 가능하다. 하나는 수직 접합부에 연성 접합부를 적용하여 전단 연결재가 항복을 하도록 설계하는 것이다. 다른 하나는 수직 접합부로 연결된 인접한 벽체를 일체식 거동을 하는 것으로 가정하여 접합부를 충분히 강하게 설계하는 것이다. 이 수직 접합부에서는 최하단의 휨항복 시에도 탄성 거동을 할 수 있도록 초과강도계수(over strength factor)를 적용한 값으로 설계를 한다. PC 구조벽체의 수직 접합부는 접합 방식에 따라 다른 방식으로 접근할 필요가 있다. 수직 접합부에 연성 접합부를 적용할 경우, 접합부 내의 비선형 거동으로 인해 인접한 두 PC 벽체를 하나의 단위로 일체 거동하는 것으로 강성을 평가하는 것은 실제 강성을 과대평가할 수 있다. 벽체의 실제 거동은 비탄성 거동에 의해 약간의 미끌림이 발생하는, 마치 전단 연결재가 커플링 보처럼 거동하는 두 개의 연결된 벽체와 같은 거동을 할 것이다. 가장 보수적인 접근방법은 수직 접합부로 나누어진 각각의 PC 패널이 변형에 있어서 독립적으로 거동하는 것으로 가정하여 강성을 산정하는 것이다. 이때 건물 전체에 강성이 부족하면 일부 접합부를 강도 접합부로 전환하여 설계하는 것도 가능하다. 연성 접합부를 적용함으로써 얻는 가장 큰 장점은 주요 횡력 저항요소에 대한 부수적 손상 없이 발생하는 비탄성 거동 및 에너지 소산에 대해 예측 가능하게 정의된 위치 역할을 할 수 있다는 것이다. 실무적으로는 벽량이 충분한 내력벽 시스템의 저층형 공동주택 등에는 연성 접합부를 적용하고, 전단벽의 강성이 절대적으로 필요한 중고층의 건물 골조 시스템 등에는 강도 접합부를 적용하는 것이 유리하다. PC 구조벽체의 접합부의 상세 내용에 대해서는 5장을 참조하기 바란다. 여기서는 PC 구조벽체를 세 가지로 구분하고 구조 설계 항목에 대하여 기술하고자 한다.

6.4.1 PC 보통구조벽체

수평력을 받지 않는다고 가정된 PC 벽체는 KDS 14 20 80(4.2.4)를 만족하여야 한다. 콘크리트구조 학회기준(2017)에는 PC 구조벽체에 대한 지진계수가 정의되어 있지 않지만 ASCE/SEI 7-16에서는 PC 보통구조벽체는 내진설계범주 A와 B에 적용할 수 있으며 반응수정계수와 변위증폭계수가 중간구조벽체 및 특수구조벽체보다 낮다. 한편 LH PC 공동주택 설계지침에서는 국내 상황을 반영하여 내진설계범주 C를 허용하고 있으며, 다만 C에 해당하는 PC 보통구조벽체의 높이는 안전성을 고려하여 15 m로 제한하고 있다.

PC 보통구조벽체는 KDS 일반구조벽체 규정을 만족해야 한다. ACI318-19 기준을 우리나라 기준으로 적용해 보면 PC 보통구조벽체는 KDS 보통구조벽체 규정과 지진력에 저항하지 않는 PC 부재 규정을 만족해야 한다.

6.4.2 PC 중간구조벽체

ASCE/SEI 7-16과 ACI318-19 기준에는 PC 중간구조벽체에 대한 설계법이 제시되어 있다. ACI318-19 기준의 PC 중간구조벽체는 다음 성능을 확보하도록 하고 있다.

- 최소 연성 능력 확보
- 소성힌지 형성
- 미끌림파괴 방지

ASCE/SEI 7-16에서는 PC 중간구조벽체를 내진설계범주 A, B, C에 적용할 수 있도록 하고 있으며 내진설계범주 D에 대해서는 최대 높이 12 m (40 ft)까지 적용이 가능하다. 한편 LH PC공동주택 설계지침에서는 국내에서 사용되는 구조벽체는 대부분 벽체량이 상대적으로 많은 주거용 건물에 사용되고 있으며 이러한 국내 상황을 반영하여 PC 중간구조벽체의 지진력저항시스템에 대한 설계계수는 보통구조벽체와 동일한 값을 사용하므로 지침에서도 내진설계범주 D에 해당하는 PC 중간구조벽체의 높이를 60 m로 제한하였다. 다만 이들 내진설계범주에 대한 규정에 대해서는 현재 연구 결과가 축적되지 않은 상태이므로 향후 지속적인 성능 검증 및 보완이 필요하다.

ACI318-19 기준에서는 PC 중간구조벽체의 안전성 확보를 위하여 접합부를 연성 접합부와 강도 접합부로 구분하고 접합부에 대한 상세 요구조건을 다음과 같이 규정하고 있다.

1) 연성 접합부를 사용하는 연성설계의 경우에 벽체-벽체 접합부와 벽체-기초 접합부에서 항복은 철근이나 보강물에서만 발생해야 하며, 설계변위에 해당하는 변형에서의 접합부의 내력은 설계강도의 80 % 이상을 지지할 수 있거나 유형 2 기계적이음을 사용해야 한다.
2) 항복이 발생하지 않도록 설계된 강도설계 접합부 설계의 경우에 접합부 내력은 S_y의 1.5배 이상이 되어야 한다. 이는 ①에서 설계된 연성 접합부가 충분한 비탄성 변형을 할 수 있도록 나머지 요소들이 연성 접합부보다 먼저 취성적인 파괴가 발새하지 않도록 하기 위한 것이다.

PC 중간구조벽체 접합부에 연성을 부여하기 위해서 패널 접합부나 벽체 패널과 기초 사이의 접합부에서 지진하중을 저항해야 하며 접합부 근처에서 항복이 발생하도록 하고 있다. ACI318-19 기준에서는 연성 접합부를 사용하는 연성설계의 경우에 벽체-벽체 접합부와 벽체-기초 접합부에서 항복은 철근이나 보강철물에서만 발생해야 한다. ACI318-19 기준의 ①과 ②는 벽식 구조에서의 동등성 설계를 위해 최소한의 접합부 요구사항임과 동시에 한편으로는 비일체식 시스템으로 설계하기 위한 작은 단서를 제공한다고 볼 수 있다. 즉 비일체식 시스템으로 설계 시 항복하는 요소와 나머지 요소를 구분하고 나머지 요소에 대해서는 충분히 강하게 설계한다면 접합부에 연성 능력을 갖게 할 수 있을 것이다.

콘크리트구조 학회기준(2017)에는 PC 중간구조벽체에 대한 상세 규정이 없으므로 내진설계범주를 구분하여 내진설계범주 A, B, C에 속하는 PC 중간구조벽체는 KDS 일반구조벽체 규정을 만족하도록 하고 있으며, 내진설계범주 D에 속하는 PC 중간구조벽체 벽기둥(wall pier)의 상세 규정은 KDS 14 20 80 (4.7 특수철근콘크리트 구조벽체와 연결보) 규정을 만족해야 한다. 또한 LH PC공동주택 설계지침에서는 연성 접합부에 사용되는 기계적이음장치는 연결철근의 설계기준항복강도 f_y의 70 %에 도달했을 때의 접선계수가 연결철근의 할선계수(E_0)의 90 % 이상이 되어야 하며, f_y의 95 %에 도달했을 때의 접선계수는 E_0의 70 % 이상이 되어야 한다. 또한 철근을 연결한 기계적이음장치의 파단변형률은 연결철근 항복변형률의 최소 10배 이상이며 0.02 이상이 되어야 한다. 여기서 E_0는 연결철근의 응력이 0인 점과 $0.7f_y$응력점을 연결한 할선계수이다. 내진설계범주 A, B, C에 속하는 PC 중간구조벽체는 일반구조벽체 규정을 만족해야 하며, 내진설계범주 D에 속하는 PC 중간구조벽체의 벽기둥(wall pier)은 특수철근콘크리트 구조벽체와 연결보 규정을 만족해야 한다.

6.4.3 PC 특수구조벽체

ASCE/SEI 7-16과 ACI318-19 기준에는 PC 특수구조벽체에 대한 설계법이 제시되어 있다. ACI318-19 기준의 PC 중간구조벽체는 다음 성능을 확보하도록 하고 있다.

1) 축력, 휨모멘트, 전단력에 저항, 소성힌지 영역에서 휨항복 발생, 미끌림파괴 방지
2) 압축응력과 압축변형이 큰 경계 요소부재의 구조저항성능 확보
3) 벽체 패널의 정착길이확보
4) 연결보의 연성능력확보 및 전단파괴 방지

ASCE/SEI 7-16에서는 PC 특수구조벽체를 내진설계범주 A, B, C, D에 적용할 수 있도록 하고 있으며 내진설계범주 D에 대해서는 최대 높이 48 m(160 ft)까지 적용이 가능하다. 한편 LH PC공동주택 설계지침에서는 국내에서 사용되는 구조벽체는 대부분 벽체량이 상대적으로 많은 주거용 건물에 사용되고 있으며 이러한 국내 상황을 반영하여 PC 중간구조벽체의 지진력저항시스템에 대한 설계계수는 보통구조벽체와 동일한 값을 사용하므로 지침에서도 내진설계범주 D에 해당하는 PC 특수구조벽체의 높이 제한을 두지 않았다. 다만 이들 내진설계범주에 대한 규정에 대해서는 현재 연구 결과가 축적되지 않은 상태이므로 향후 지속적인 성능 검증 및 보완이 필요하다.

ACI318-19 기준에서는 PC 특수구조벽체의 안전성 확보를 위하여 접합부를 연성 접합부와 강도 접합부로 구분하고 접합부에 대한 상세 요구조건을 다음과 같이 규정하고 있다.

1) 연성 접합부를 사용하는 연성설계의 경우에 벽체-벽체 접합부와 벽체-기초 접합부에서 항복은 철근이나 보강물에서만 발생해야 하며, 설계변위에 해당하는 변형에서의 접합부의 내력은 설계강도의 80 % 이상을 지지할 수 있거나 유형 2 기계적이음을 사용해야 한다.

2) 항복이 발생하지 않도록 설계된 강도설계 접합부 설계의 경우에 접합부 내력은 S_y의 1.5배 이상이 되어야 한다.

PC 특수구조벽체 설계는 RC 특수구조벽체의 성능을 만족해야 하며 접합부에 대한 설계는 PC 중간구조벽체 접합부와 동일하게 [그림 6.4.1]과 같이 벽체-벽체 접합부와 벽체-기초 접합부에서 항복은 철근이나 보강물에서만 발생해야 하며, 항복이 발생하지 않도록 설계된 연결부 내력은 S_y의 1.5배 이상이 되어야 한다.

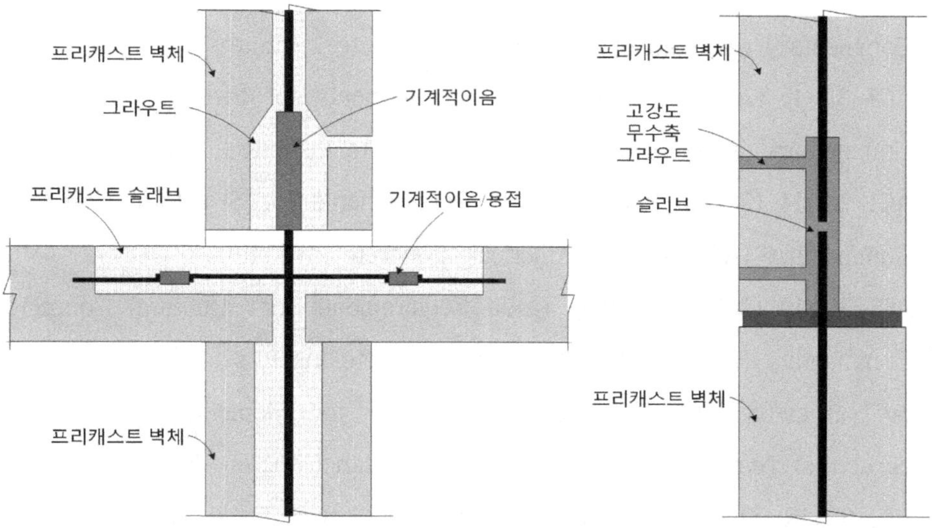

[그림 6.4.1] 벽체 접합부

참고문헌

1. 이정윤, 신동익(2019), "프리캐스트 콘크리트 모멘트골조의 지진하중계수 평가", 한국콘크리트학회 논문집, 제31권, 6호, pp. 567-575
2. Architectural Institute of Japan (2002), "Guidelines for the Design of Structural Precast Concrete Emulating Cast-in-place Reinforced Concrete", Architectural Institute of Japan
3. 한국콘크리트학회(2017), "콘크리트구조 학회기준", 기문당
4. 대한건축학회(1992), "프리캐스트 콘크리트 조립식건축 구조 설계기준 및 해설", 건설교통부
5. ACI 318-02 (2002), "Building Code Requirements for Structural Concrete and Commentary (ACI 318-02)", American Concrete Institute
6. ACI 318-08 (2008), "Building Code Requirements for Structural Concrete and Commentary (ACI 318-08)", American Concrete Institute
7. ACI 318-11 (2011), "Building Code Requirements for Structural Concrete and Commentary (ACI 318-11)", American Concrete Institute
8. ACI 318-14 (2014), "Building Code Requirements for Structural Concrete and Commentary (ACI 318-14)", American Concrete Institute
9. ACI 318-19 (2019), "Building Code Requirements for Structural Concrete and Commentary (ACI 318-19)", American Concrete Institute
10. ACI 374.1-05 (2005), "Acceptance Criteria for Moment Frames Based on Structural Testing and Commentary", American Concrete Institute
11. ACI 550.1R-09 (2009), "Guide to Emulating Cast-in-Place Detailing for Seismic Design of Precast Concrete Structures", American Concrete Institute
12. ASCE/SEI 7-16 (2016), "Minimum Design Loads and Associated Criteria for Buildings and Other Structures", American Society of Civil Engineering
13. FEMA P751 (2009), "NEHRP Recommended Seismic Provision: Design Examples", Building Seismic Safety Council of the National Institute of Building Sciences

14. FEMA P1051, 2015 NEHRP Recommended Seismic Provision: Design Examples, Building Seismic Safety Council of the National Institute of Building Sciences, 2016
15. Fib Bulletin 27, Seismic Design of Precast Concrete Building Structures, International Federation for Structural Concrete, 2003
16. Fib Bulletin 43, Structural Connections for Precast Concrete Buildings, International Federation for Structural Concrete, 2008
17. PCI Design Handbook, 8th edition, Precast/Prestressed Concrete Institute.
18. PCI Seismic Design of Precast/Prestressed Concrete Structures, 2nd Edition, Precast /Prestressed Concrete Institute, 2012
19. PCI Connection Manual for Precast and Prestressed Concrete Construction, 1st Edition, Precast/Prestressed Concrete Institute, 2008
20. R.A. Magana and A.E. Schultz, Design and Behavior of Connections in Precast Concrete Shear Walls, Paper No.1738, 11th World Conference on Earthquake Engineering, 1996
21. Neil M. Hawkins and S.K. Ghosh, Acceptance Criteria for Special Precast Concrete Structural Walls Based on Validation Testing, PCI Journal, V49, (September-October, 2004): PP. 78-92
22. Wenlong Han, Zuozhou Zhao, and Jiaru Qian, Global Experimental Response of a Three-Story, Full-Scale Precast Concrete Shear Wall Structure with Reinforcing Bars Spliced by Grouted Couplers, PCI Journal, V64, (January-February, 2019): PP. 65-80

제 7 장 설계 예제

7.1 부재설계 예제

7.1.1 균열단면의 허용응력 및 처짐 검토

프리스트레스가 도입된 슬래브나 보의 경우 허용응력을 검토하여야 한다. 이때 사용하중 상태에서 단면 하단의 응력이 균열응력을 초과하는 경우 발생응력의 크기에 따라 부분균열등급(T)이나 완전균열등급(C)으로 구분된다. T 및 C등급의 경우 모두 균열단면을 고려하여 처짐을 산정하여야 하며, C등급인 경우에는 균열제어를 위해서 강선의 응력값에 제한을 둔다. 이 경우에도 균열단면 해석에 따라 강선의 응력값을 산정하여야 한다.

이 예제는 C등급이 되도록 부재 및 단면설계를 실시한 예이며, 중공 PC 단면은 이상화한 형상을 사용하였다.

1. 설계조건

(1) 부재 길이 및 단면

$L_n = 10.2$ m

PC 부재의 생산길이 = 10.28 m

지지점에서 부재 끝단까지의 거리 $a = 40$ mm

$H \times B_1 \times B_2 \times t_w \times t_{f1} \times t_{f2} = 350 \times 2{,}400 \times 2{,}400 \times 520 \times 30 \times 50$

덧침콘크리트의 두께 150 mm

(2) 재료

PC 콘크리트 $f_{ck}(PC) = 40$ MPa, $E_c(PC) = 30{,}008$ MPa

덧침콘크리트 $f_{ck}(RC) = 24$ MPa, $E_c(RC) = 25{,}811$ MPa, $n_{RC} = 0.86$

강연선 $f_{pu} = 1{,}860$ MPa, $E_{ps} = 196{,}334$ MPa, $n_{PS} = 6.543$

철근 $E_s = 200{,}000$ MPa, $n_S = 6.665$

긴장응력 비율 = 75 %, 초기 손실 = 10 %, 추가적 손실 = 5 %

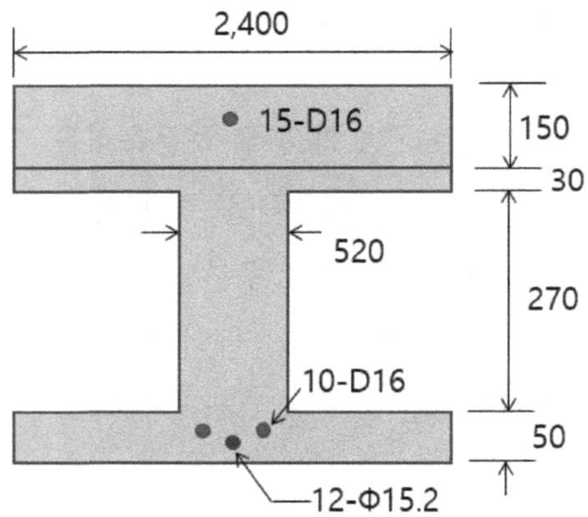

[그림 7.1.1] 부재 단면 및 배근

(3) 단면의 성질

PC section		composite section	
A	332,080 mm^2	A_c	641,730 mm^2
y_b	−159.7 mm	y_{c_b}	−287.7 mm
y_t	190.3 mm	y_{c_t}	62.3 mm
I	5,355,688,085 mm^4	I_c	17,210,380,624 mm^4
S_b	−33,526,053 mm^3	S_{c_b}	−59,812,702 mm^3
S_t	28,150,355 mm^3	S_{c_t}	276,418,210 mm^3

(4) 강선 배치

하부강선 바닥에서 50 mm인 위치에 $12-\phi 15.2$

$e = y_b + d' = -159.7 + 50 = -109.7$ mm

전달길이 $20 \times 15.2 = 760$ mm

(5) 철근의 위치

덧침콘크리트 보강 철근 $15-D16$ @바닥부터 450 mm

PC 하부 보강 철근 $10-D16$ @바닥부터 60 mm

(6) 강선의 힘

초기 긴장력 = $12 \times (0.75 \times 1{,}860 \times 1{,}387) = 2{,}321{,}838$ N

도입단계 긴장력(10 % 손실) $12 \times (0.75 \times 0.9 \times 1{,}860 \times 1{,}387) = 2{,}089{,}654$ N

사용단계 긴장력(추가 5 % 손실)

$12 \times (0.75 \times 0.9 \times 0.95 \times 1{,}860 \times 1{,}387) = 1{,}973{,}562$ N

(7) 하중에 의한 모멘트(단순지지)

$w_{pc} = 332{,}080 \times 10^{-6} \times 24$ kN/m³ $= 7.97$ kN/m

$w_{top} = 2.4 \times 0.15 \times 24$ kN/m³ $= 8.64$ kN/m

$w_{SD} = 6.0$ kN/m² $\times 2.4 = 14.4$ kN/m

$w_{LL} = 20$ kN/m² $\times 2.4 = 48.0$ kN/m

전달길이 점에서 PC 자중에 의한 모멘트

$$M_{pc}(@transfer) = \frac{1}{2}w_{pc}(l_n x - x^2) = \frac{7.97}{2}(10.2 \times 0.04 - 0.04^2) = 27.2 \text{ kN}\cdot\text{m}$$

중앙부에서의 모멘트

$$M_{pc} = \frac{1}{8}w_{pc}l_n^2 = \frac{7.97 \times 10.2^2}{8} = 103.65 \text{ kN}\cdot\text{m}$$

$$M_{top} = \frac{1}{8}w_{top}l_n^2 = \frac{8.64 \times 10.2^2}{8} = 112.36 \text{ kN}\cdot\text{m}$$

$$M_{SD} = \frac{1}{8}w_{SD}l_n^2 = \frac{14.4 \times 10.2^2}{8} = 187.27 \text{ kN}\cdot\text{m}$$

$$M_{LL} = \frac{1}{8}w_{LL}l_n^2 = \frac{48.0 \times 10.2^2}{8} = 624.24 \text{ kN}\cdot\text{m}$$

2. 응력 검토

	도입단계(MPa)		사용단계(MPa)			
	transper point		중앙부(지속하중)		중앙부(전체하중)	
	top	bot	top	bot	top	bot
P/A	-6.29	-6.29	-5.94	-5.94	-5.94	-5.94
Pe/S	8.15	-6.84	7.69	-6.46	7.69	-6.46
M_pc.self/S	-0.97	0.81	-3.68	3.09	-3.68	3.09
M_topping/S			-3.99	3.35	-3.99	3.35
M_s.dl/Sc			-0.68	3.13	-0.68	3.13
M_ll/Sc			-1.13	5.22	-2.26	10.44
합계	0.94	-12.36	-7.73	2.39	-8.86	7.61
허용응력	2.74	-21.00	-18.00	3.98	-24.00	6.32
판정	OK	OK	OK	OK	OK	Cracked

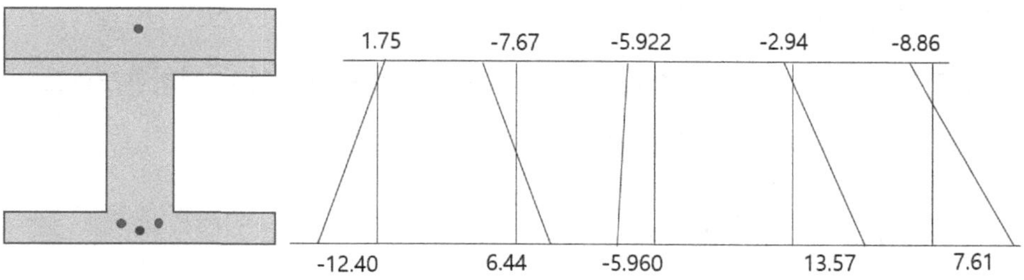

$\sigma_1 = -\frac{F_{se}}{A} \pm \frac{F_{se}}{S}$ $\sigma_2 = \mp\frac{M_{self}+M_{top}}{S}$ $\sigma_1+\sigma_2$ $\sigma_3 = \mp\frac{M_{SD}+M_{LL}}{S_c}$ $\sigma_1+\sigma_2+\sigma_3$

[그림 7.1.2] 사용하중에서 PC 하단부의 응력

(1) 사용하중에서 PC 하단부의 응력

$$\sigma_1^b = -\frac{1,973,562}{332,080} - \frac{1,973,562\times 109.7}{33,526,053} = -5.94-6.46 = -12.4 \text{ MPa}$$

$$\sigma_2^b = +\frac{(103.65+112.36)\times 10^6}{33,526,053} = +3.09+3.35 = 6.44 \text{ MPa}$$

$$\sigma_3^b = +\frac{(187.27+624.24)\times 10^6}{59,812,702} = +3.13+10.44 = 13.57 \text{ MPa}$$

$$\sigma_1^b+\sigma_2^b+\sigma_3^b = -12.4+6.44+13.57 = 7.61MPa > 1.0\sqrt{40} = 6.32 \text{ MPa} \rightarrow \text{C등급}$$

C등급이므로 균열단면 해석을 통해서 응력 및 처짐을 검토하여야 한다.

3. 감압응력 상태에서 응력 및 힘

(1) 덧침콘크리트

$\sigma_1^t+\sigma_2^t = 1.75-7.67 = -5.922$ MPa, $\sigma_1^b+\sigma_2^b = -12.4+6.44 = -5.960$ MPa

를 덧침콘크리트 상단까지 선형적으로 연장한 가상응력을 산정하고 이 응력에 해당하는 가상 힘을 산정한다. 이렇게 산정한 덧침콘크리트의 평균응력은 -5.914 MPa이다.

$f_T = -5.914$ MPa (환산단면에 작용하는 응력)

$F_{top} = -5.087\times(2,400\times 150)\times 10^{-3} = 1,831.4$ kN

(2) 압축철근(덧침부 철근)

덧침콘크리트에 배근된 압축철근의 응력과 그로 인한 힘 역시 덧침콘크리트의 경우와 동일한 방법으로 산정한다.

$$f_s = -5.912 \times 5.656 = 33.49 \text{ MPa}$$

$$F_{s'} = -33.49 \times 2{,}985 \times 10^{-3} = -99.96 \text{ kN}$$

(3) 강선의 힘

감압응력은 강연선의 위치에서 콘크리트의 응력이 0이 될 때, 강연선의 응력을 의미한다. 이 예제에서는 감압응력의 값을 긴장력 손실이 발생한 후 강연선의 응력과 동일한 것으로 가정하였다.

$$f_{dc} \approx f_{se} = 1{,}185.8 \text{ MPa}$$

$$F_{ps} = -1{,}185.8 \times 1{,}664.4 \times 10^{-3} = -1{,}973.6 \text{ kN}$$

(4) 인장철근에 대한 크리프와 건조수축의 영향

콘크리트의 크리프와 건조수축으로 인한 긴장력 손실을 전체 손실(15 %)의 50 %로 가정하고, 이때의 응력과 힘을 산정한다.

$$f_s = -0.5 \times 15\% \times 0.75 \times 1{,}860 = -104.6 \text{ MPa}$$

$$F_s = -104.6 \times 1{,}990 \times 10^{-3} = -208.2 \text{ kN}$$

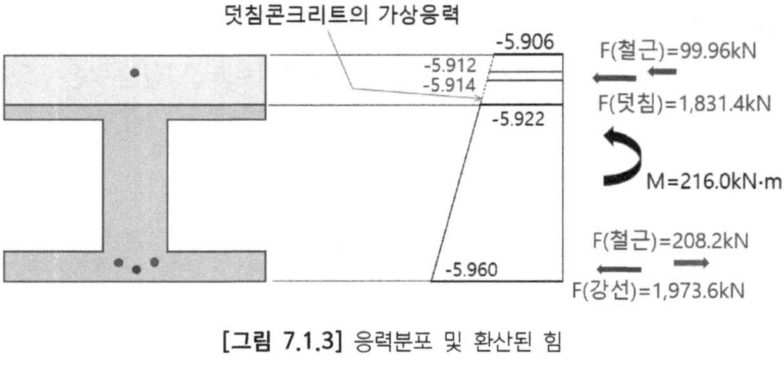

[그림 7.1.3] 응력분포 및 환산된 힘

이상의 과정을 표로 정리하면 다음과 같다.

	A(mm²)	y(mm)	응력(MPa)	힘(kN)	힘*거리 (kN·mm)
덧침콘크리트	309,650.0	425	-5.914	-1,831.4	-778,263.5
덧침부 철근	2,985.0	450	-33.488	-99.96	-44,983.3
PC 하부강선(하)	1,664.4	50	-1185.750	-1,973.6	-98,678.1
PC 하부철근	1,990.0	60	-104.625	-208.2	-12,492.2
합계				-3,696.7	-909,432,729

따라서 감압력에의 합력 $P_e = -3,696.7$ kN

감압력의 중심 $y_l = \dfrac{-909,432,729}{-3,696.7} = 246.01$ mm

4. 균열단면의 특성

(1) 외력이 작용할 때

외력에 의한 모멘트 $M_{ext} = 103.65 + 112.36 + 187.27 + 624.24 = 1,027.5$ kN·m

(2) 중립축의 위치 산정

c 값을 가정하고, c점에서 응력값이 영이 될 때까지 반복 계산을 수행한 결과 c 값으로 216 mm가 얻어졌다. 이때 c점 아래 콘크리트는 균열이 발생(인장응력 무시)하는 것으로 가정하고 단면의 성질을 산정하는 과정은 다음과 같다.

	A (mm²)	탄성계수비 (n)	y (바닥부터 중심까지 거리, mm)	nA	nAy
덧침부 철근	2,985.0	5.665	450.0	16,909.7	7,609,374.3
PC 하부강선(하)	1,664.4	6.543	50.0	10,889.7	544,485.1
PC 하부철근	1,990.0	6.665	60.0	13,263.1	795,788.8
덧침콘크리트	360,000	0.86	425.0	309,649.9	131,601,210.0
상부 플랜지	72,000	1.00	335.0	72,000.0	24,120,000.0
웨브 (비균열 부분)				균열	균열
하부 플랜지				균열	균열
합계				442,712.5	164,670,858.2

$$y_b = \frac{\sum A_i y_i}{\sum A_i} = \frac{164,670,858.2}{422,712.5} = 389.6 \text{ mm}$$

$$y_t = 110.4 \text{ mm}$$

$$y_{na} = c - y_t = 179.91 - 110.4 = 69.47 \text{ mm}$$

$$y_p = - y_b - y_1 = 389.6 - 246.01 = 143.54 \text{ mm}$$

균열을 고려한 환산 단면적과 환산 단면2차모멘트는 다음과 같다.

$$A_{cr} = 422,712.5 \text{ mm}^2$$

$$I_{cr} = 3,947,113,152 \text{ mm}^4$$

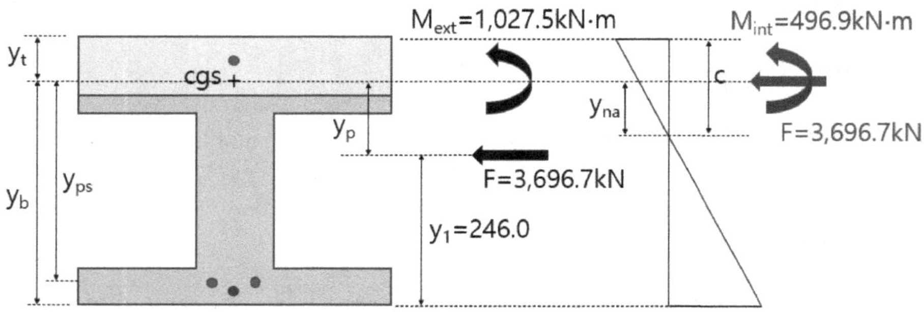

[그림 7.1.4] 균열단면의 단면력

외력과 프리스트레스에 의한 힘을 내력으로 환산하였으며, c점에서의 응력을 산정하였다.

$$M_{int} = M_{ext} - P_e y_p = 1,027.5 - 3,696.7 \times (143.54 \times 10^{-3}) = 496.9 \text{ kN·m}$$

$$-\frac{P_e}{A_{cr}} + \frac{M_{\int}}{I_{cr}} y_{na} = -8.745 + 8.745 \approx 0$$

그 결과 c점의 응력이 영에 근접함을 확인하였으며, 이상의 과정에서 산정된 응력 상태는 다음과 같다. 응력값은 해당 위치에서 콘크리트의 응력값으로 나타냈다.

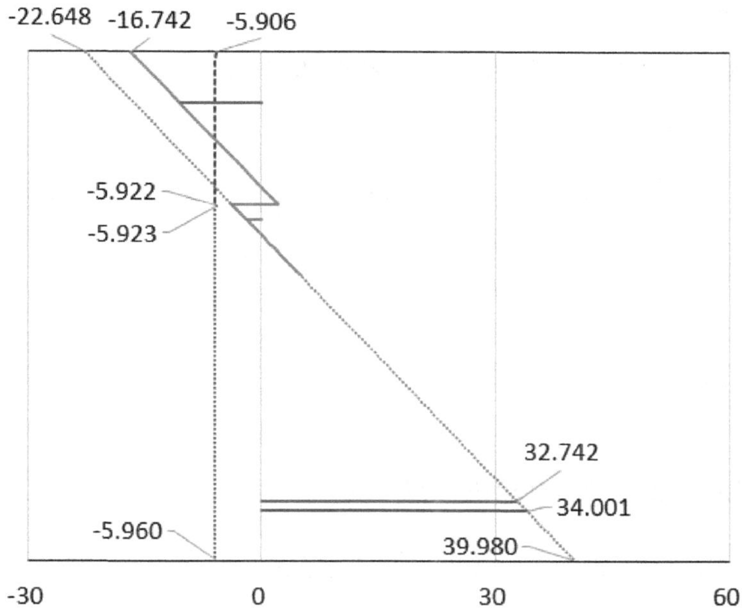

[그림 7.1.5] 균열단면의 응력(환산 전 철근응력 포함)

5. 균열 제어의 필요성 검토

(1) 1강연선에서의 응력 증가

$$y_{ps} = y_b - d' = 389.6 - 50 = 339.6 \text{ mm}$$

$$\Delta f_c = -\frac{P_e}{A_{cr}} + \frac{M\int}{I_{cr}} y_{ps} = -8.745 + 42.746 = 34.0 \text{ MPa}$$

$$\Delta f_{ps} = n_{ps} \Delta f_c = 6.543 \times 34.0 = 222.5 \text{ MPa} < 250 \text{ MPa} \cdots \text{OK}$$

(2) 철근에서의 응력 증가

$$y_s = y_b - d' = 389.6 - 60 = 329.6 \text{ mm}$$

$$\Delta f_c = -\frac{P_e}{A_{cr}} + \frac{M\int}{I_{cr}} y_s = -8.745 + 41.487 = 32.7 \text{ MPa}$$

$$\Delta f_s = n_s \Delta f_c = 6.66 \times 32.7 = 218.2 \text{ MPa} < 250 \text{ MPa} \cdots \text{OK}$$

6. 처짐계산

(1) 50 %의 활하중에 의한 순간처짐(PCI방법 사용)

$$50\% f_{live} = 7.61 - 0.5 \times 10.44 = 2.39 \text{ MPa}$$

$$\frac{M_{cr}}{M_{\max}} = 1 - \frac{f_{tot} - f_{cr}}{50\% f_{live}} = 1 - \frac{2.39 - 3.98}{5.22} = 1.31 > 1$$

$$I_{eff} = I_g = 17,210,380,624 \text{ mm}^4$$

$$\delta_{l\_sus} = \frac{5}{48} \frac{M_l l^2}{EI_{eff}} = 6.55 \text{ mm}$$

(2) 활하중에 의한 순간처짐(PCI방법 사용)

$$\frac{M_{cr}}{M_{\max}} = 1 - \frac{f_{tot} - f_{cr}}{f_{live}} = 1 - \frac{7.61 - 3.98}{10.44} = 0.653$$

여기서, $f_{cr} = 0.63\sqrt{f_{ck}} = 3.98 \text{ MPa}$

$$I_{eff} = \left(\frac{M_{cr}}{M_{\max}}\right)^3 I_g + \left[1 - \left(\frac{M_{cr}}{M_{\max}}\right)^3\right] I_{cr} = 7,638,191,226 \text{ mm}^4$$

$$\delta_{l\_inst} = \frac{5}{48} \frac{M_l l^2}{EI_{eff}} = 29.52 \text{ mm}$$

표로 정리하면 다음과 같다.

하중 종류	중앙부 모멘트 (kN·m)	순간처짐 (mm)	도입단계	사용단계	
			처짐(mm)	장기 계수	처짐(mm)
프리스트레스	-229.33	-20.22	-20.22	2.20	-44.49
자중	103.65	7.62	7.62	2.40	18.28
덧침콘크리트	112.36	8.26		2.30	18.99
추가적 고정하중	187.27	3.93		3.00	11.79
지속 활하중(50 %)	312.12	6.55		3.00	19.65
전체 활하중	624.24	29.52		1.00	29.52
전체 활하중 + 장기하중			-12.61		53.73
경간/처짐			809		190

(3) 장기처짐

$$\delta_{sus} = -44.49 + 18.28 + 18.99 + 11.79 + 19.65 = 24.2\ \text{mm}$$

(4) 활하중에 의한 순간처짐

$$\delta_{l\_inst} = 29.52\ \text{mm} < l_n/360 = 28.3\ \text{mm}$$

(5) 장기처짐 + 활하중에 의한 처짐

$$\delta_{sus} + \delta_{l\_inst} = 24.2 + 29.52 = 53.7\ \text{mm} < l_n/240 = 42.5\ \text{mm}$$

7.1.2 합성보의 설계

[그림 7.1.6]과 같은 PSC 보의 시공 단계별 응력을 검토하고 합성 후 중앙부 설계 휨 모멘트를 산정하시오.

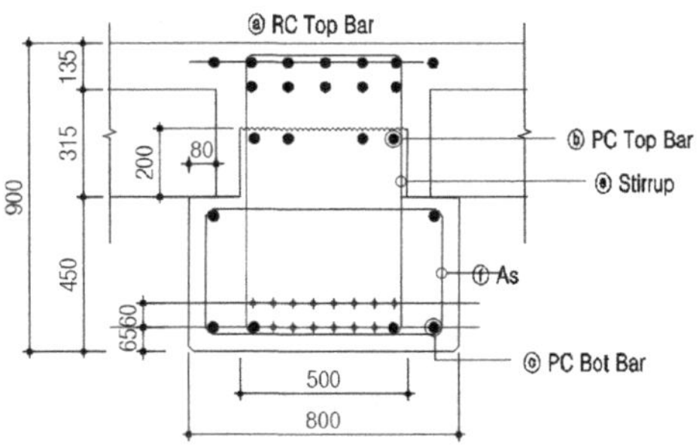

ⓐ RC Top Bar	12 - D25
ⓑ PC Top Bar	4 - D22
ⓒ PC Bot Bar	4 - D22
ⓓ Strand	14-Φ15.2 (6+8)
ⓔ Stirrup	2 - D13 @80(단부) □ D13@100(중앙부)
ⓕ As	□ D13 @200

[그림 7.1.6] PSC 보의 단면 상세

(1) PSC 보 설계조건

- 보의 치수 : 800 × 900 mm
- 긴장재는 부착되어 있음
- 긴장재 응력손실 : 즉시응력손실 10 %, 장기응력손실 15 %로 가정
- 슬래브 두께 : PC 315 mm(중공 슬래브) + 덧침콘크리트 135 mm
- 보부재 좌우 재하 경간 : 좌우 4.0 m 동일
- 균열등급 단면까지 허용하여 설계함

(2) 재료강도

- PSC보의 콘크리트 압축강도 $f_{ck} = 40$ MPa (초기 압축강도 28 MPa)
- 덧침콘크리트 강도 24 MPa
- 모든 철근 $f_y = 500$ MPa
- PS강선 인장강도 $f_{pu} = 1,860$ MPa, $f_{py} = 1,600$ MPa
- 강연선 $14 - \phi 15.2$ ($Aps = 1,942\ \text{mm}^2$)

(3) 설계 하중, 경간

- 보 자중 1.38 kN/m²
- 덧침콘크리트 자중 7.95 kN/m²
- 시공하중 $w_W = 2.5$ kN/m²
- 마감하중 $w_{SD} = 23$ kN/m²
- 활하중 $w_L = 12$ kN/m²
- 경간 L = 8,000 mm (순경간 7,500 mm)
- 경계조건 : 합성 전 단순지지, 합성 후 연속조건

(4) 단면성능

1) 비합성 단면

$$A_c = 460,000\ \text{mm}^2$$

$$y_t = 354\ \text{mm},\ y_b = 296\ \text{mm}$$

$$I_c = 1.47 \times 10^{10}\ \text{mm}^4$$

$$S_t = \frac{I_c}{y_t} = \frac{1.47 \times 10^{10}}{354} = 4.14 \times 10^7\ \text{mm}^3$$

$$S_b = \frac{I_c}{y_b} = \frac{1.47 \times 10^{10}}{296} = 4.96 \times 10^7\ \text{mm}^3$$

2) 합성 단면

$A_{cc} = 735{,}223\,\text{mm}^2$

$y_{ct} = 411\,\text{mm},\ y_{cb} = 489\,\text{mm}$

$I_{cc} = 6.03 \times 10^{10}\,\text{mm}^4,\ e_c = 389.7\,\text{mm}$

$S_{ct} = 1.47 \times 10^8\,\text{mm}^3,\ S_{cb} = 1.23 \times 10^8\,\text{mm}^3,\ S_{ct,topping} = 3.74 \times 10^8\,\text{mm}^3$

$b_{eff} = 1{,}875\,\text{mm}$

(5) PSC 보의 시공 단계별 응력 및 설계 휨모멘트 검토

1) 작용하중에 의한 보 중앙부 휨모멘트

① 자중에 의한 휨모멘트

$$M_{SW} = \frac{wl^2}{8} = \frac{11.04 \times 7.5^2}{8} = 77.63\ \text{kN·m} \quad (\text{보 자중})$$

$$M_D = \frac{wl^2}{8} = \frac{(7.95 \times 8) \times 7.5^2}{8} = 447.10\ \text{kN·m} \quad (\text{PC슬래브 + 덧침콘크리트})$$

② 작업하중에 의한 휨모멘트

$$M_W = \frac{wl^2}{8} = \frac{(2.5 \times 8) \times 7.5^2}{8} = 140.63\ \text{kN·m}$$

③ 추가 고정하중에 의한 휨모멘트

$$M_{SD} = \frac{wl^2}{16} = \frac{(23 \times 8) \times 7.5^2}{16} = 646.88\ \text{kN·m}$$

④ 활하중에 의한 휨모멘트

$$M_L = \frac{wl^2}{16} = \frac{(12 \times 8) \times 7.5^2}{16} = 337.50\ \text{kN·m}$$

⑤ 최종 시 계수하중에 의한 휨모멘트

$$M_u = 1.2 \times (77.63 + 447.10 + 646.88) + 1.6 \times 337.50 = 1{,}945.9\ \text{kN·m}$$

2) 허용응력

① 탈형 시 허용응력(KDS 14 20 60(4.2.1(1))

a. 중앙부

허용압축응력 $f_{ca} = 0.60 f_{ci} = 0.6 \times 28 = 16.8$ MPa

허용인장응력 $f_{ta} = -0.25\sqrt{f_{ci}} = -0.25 \times \sqrt{28} = -1.32$ MPa

b. 단부

허용압축응력 $f_{ca} = 0.70 f_{ci} = 0.7 \times 28 = 19.6$ MPa

허용인장응력 $f_{ta} = -0.5\sqrt{f_{ci}} = -0.5 \times \sqrt{28} = -2.65$ MPa

② 최종하중 상태 허용응력(KDS 14 20 60(4.2.1(2), 4.1.2(3))

허용압축응력 $f_{ca} = 0.45 f_{ck} = 0.45 \times 40 = 18.0$ MPa (유효프리스트레스 + 지속하중)

$f_{ca} = 0.6 f_{ck} = 0.6 \times 40 = 24.0$ MPa (유효프리스트레스 + 전체하중)

허용인장응력 $f_{ta} = -0.63\sqrt{f_{ck}} = -0.63 \times \sqrt{40} = -3.98$ MPa (비균열등급)

$f_{ta} = -1.0\sqrt{f_{ck}} = -1.0 \times \sqrt{40} = -6.32$ MPa (완전균열등급)

$0.63\sqrt{f_{ck}} < f_{ta} \le 1.0\sqrt{f_{ck}}$ (부분균열등급)

3) 시공 단계별 응력 검토

① 초기 긴장응력 검토(단부)

전달길이 $a = 50 d_b = 50 \times 15.2/1{,}000 = 0.76\,\text{m}$

$f_{pi} = 0.9 f_{pj} = 0.9 \times 0.9 f_{py} = 0.9 \times 0.9 \times 1{,}600 = 1{,}296$ MPa

$P_i = A_{ps} \times f_{pi} = 1{,}942 \times 1{,}296 = 2{,}516{,}832$ N

강연선 중심 $(65 \times 6 + 125 \times 8)/14 = 99.3$ mm

$e_1 = y_b - \text{강연선중심} = 296 - 99.3 = 196.7$ mm

전달길이 a에서의, $M_{SW} = 11.04 \times 0.76 \times (7.5 - 0.76) \times \frac{1}{2} = 28.28$ kN·m

$$f_{bi} = \frac{P_i}{A_c} + \frac{P_i \times e_1}{S_b} - \frac{M_{SW}}{S_b} = \frac{2{,}516{,}832}{460{,}000} + \frac{2{,}516{,}832 \times 196.7}{4.96 \times 10^7} - \frac{28.28 \times 10^6}{4.96 \times 10^7}$$

$f_{bi} = 14.88 \ \leq f_{ca} = 19.6$ MPa … OK (압축)

$$f_{ti} = \frac{P_i}{A_c} - \frac{P_i \times e_1}{S_t} + \frac{M_{SW}}{S_t} = \frac{2,516,832}{460,000} - \frac{2,516,832 \times 196.7}{4.14 \times 10^7} + \frac{28.28 \times 10^6}{4.14 \times 10^7}$$

$f_{ti} = -5.80 \leq \ f_{ta} = \ -2.65$ MPa … 상부 인장철근 보강필요

※ 상부 인장철근 보강량 산정

인장력이 작용하는 경우에는 콘크리트의 인장력은 무시하고, 철근의 인장력만 고려함

보의 PC 높이 : 650 mm, PC 상부폭 500 mm

$$c = \frac{5.80}{5.80 + 14.88} \times 650 = 182 \text{ mm}$$

$$C = T = 182 \times 5.80 \times 500 \times \frac{1}{2} = 263,900 \text{ N}$$

$A_s = 263,900/210 = 1,257 \text{ mm}^2$

∴ PC 상부철근 4-D22 배근 ($As = 387.1 \times 4 = 1,548.4 \text{ mm}^2$)

[ACI 318-11] Where tensile stresses exceed the permissible values, the total force in the tensile stress zone may be calculated and reinforcement proportioned on the basis of this force at a stress of 0.6 fy, but not more than 210 MPa.

② 덧침콘크리트 타설 시 긴장응력 검토

$f_{pe} = 0.85 \times f_{pi} = 0.85 \times 1,296 = 1,101.6$ MPa

$P_e = A_{ps} \times f_{pe} = 1,942 \times 1,101.6 = 1 = 2,139,307$ N

$e_1 = y_b -$ 강연선 중심 $= 296 - 99.3 = 196.7$ mm

$$f_{b1} = \frac{P_e}{A_c} + \frac{P_e \times e_1}{S_b} - \frac{M_{(SW+D+W)}}{S_b}$$

$$= \frac{2,139,307}{460,000} + \frac{2,139,307 \times 196.7}{4.96 \times 10^7} - \frac{(77.63 + 447.10 + 140.63) \times 10^6}{4.96 \times 10^7}$$

$f_{b1} = -0.28 \ \geq f_{ca} = -3.98$ MPa … OK (인장)

$$f_{t1} = \frac{P_e}{A_c} - \frac{P_e \times e_1}{S_t} + \frac{M_{(SW+D+W)}}{S_t}$$

$$= \frac{2,139,307}{460,000} - \frac{2,139,307 \times 196.7}{4.14 \times 10^7} + \frac{(77.63 + 447.10 + 140.63) \times 10^6}{4.14 \times 10^7}$$

$f_{ti} = 10.56 \le f_{ca} = 24.0$ MPa … OK (압축)

③ 최종 하중 상태 긴장응력 검토

$f_{pe} = 0.85 \times f_{pi} = 0.85 \times 1,296 = 1,101.6$ MPa

$P_e = A_{ps} \times f_{pe} = 1,942 \times 1,101.6 = 2,139,307$ N

$e_1 = y_b -$ 강연선 중심 $= 296 - 99.3 = 196.7$ mm

$$f_b = \frac{P_e}{A_c} + \frac{P_e \times e_1}{S_b} - \frac{M_{(SW+D)}}{S_b} - \frac{M_{(SD+L)}}{S_{cb}}$$

$$= \frac{2,139,307}{460,000} + \frac{2,139,307 \times 196.7}{4.96 \times 10^7} - \frac{(77.63 + 447.10) \times 10^6}{4.96 \times 10^7}$$

$$- \frac{(646.88 + 337.50) \times 10^6}{1.23 \times 10^8} = -5.45 \text{ MPa}$$

$0.63\sqrt{f_{ck}} = -3.98 \ge f_b = -5.45 \ge 1.0\sqrt{f_{ck}} = -6.32$ MPa

… (인장)부분균열등급

$$f_t = \frac{P_e}{A_c} - \frac{P_e \times e_1}{S_t} + \frac{M_{(SW+D)}}{S_t} + \frac{M_{(SD+L)}}{S_{ct,topping}}$$

$$= \frac{2,139,307}{460,000} - \frac{2,139,307 \times 196.7}{4.14 \times 10^7} + \frac{(77.63 + 447.10) \times 10^6}{4.14 \times 10^7}$$

$$+ \frac{(646.88 + 337.50) \times 10^6}{3.74 \times 10^8} = 9.79 \text{ MPa}$$

$f_t = 9.79 \le f_{ta} = 24.0$ MPa … OK (압축)

4) 합성 후 PSC 보의 설계 휨강도

① 긴장재의 응력(부착긴장재를 가진 부재에 대한 f_{ps})

$f_{pe} = (1-0.15)\times f_{pi} = 0.85\times 1,296 = 1,101.6\,\text{MPa}$

$f_{pe} \geq 0.5f_{pu} = 0.5\times 1,860 = 930\,\text{MPa}$

γ_p는 $f_{py}/f_{pu} \geq 0.80$일 때 0.55, $f_{py}/f_{pu} \geq 0.85$일 때 0.40, $f_{py}/f_{pu} \geq 0.90$일 때 0.28이다.

$f_{py}/f_{pu} = 1,600/1,860 = 0.86 \geq 0.85$이므로, $\gamma_p = 0.4$

$A_{ps} = 1,942\,\text{mm}^2,\ b_{eff} = 1,875\,\text{mm}$

$d_p = 900 - \text{강선중심}(99.3) = 800.7\,\text{mm}$

$\rho_p = A_{ps}/b_{eff}d_p = 1,942/(1,875\times 800.7) = 0.0013$

$\omega = \rho f_y/f_{ck} = 0$ (인장철근 고려 안 함, 강연선만 고려함)

$\omega' = \rho' f_y/f_{ck} = 0$ (압축철근 고려 안 함)

$\beta_1 = 0.85$ (덧침콘크리트의 압축강도 24 MPa)

$$\therefore\ f_{ps} = f_{pu}\left[1-\frac{\gamma_p}{\beta_1}\left\{\rho_p\frac{f_{pu}}{f_{ck}}+\frac{d}{d_p}(\omega-\omega')\right\}\right]\ \text{(KDS 14 20 60(식 4.4-1))}$$

$$= 1,860\times[1-\frac{0.4}{0.85}\times(0.0013\times\frac{1,860}{40})] = 1,807\,\text{MPa}$$

② 공칭 휨강도(M_n)

$$a = \frac{A_{ps}f_{ps}}{0.85f_{ck}b_{eff}} = \frac{1,942\times 1,807}{0.85\times 24\times 1,875} = 91.7\,\text{mm}$$

$$\therefore\ M_n = A_{ps}f_{ps}(d_{cp}-\frac{a}{2})$$

$$= 1,942\times 1,807\times(800.7-\frac{91.7}{2}) = 2,648.9\ \text{kN·m}$$

③ 강도감소계수(ϕ) (KDS 14 20 60(4.4.2))

압축연단 콘크리트가 가정된 극한변형률인 0.003에 도달할 때 최외단 인장철근의 순인장변형률 ε_t가 0.005의 인장지배변형률 한계 이상인 단면을 인장지배단면이라고 한다.

$$c = \frac{a}{\beta_1} = \frac{91.7}{0.85} = 107.9\,\text{mm}$$ (중립축이 덧침콘크리트에 존재함)

$$\varepsilon_s = \left(\frac{d_{cp}}{c} - 1\right) \times \varepsilon_{cu} = \left(\frac{800.7}{107.9} - 1\right) \times 0.003 = 0.019 \geq 0.005$$

∴ 강도감소계수 $\phi = 0.85$

④ 설계 휨강도(ϕM_n)

$$\therefore\ \phi M_n = 0.85 \times 2{,}648.9 = 2{,}251.6\ \text{kN·m} > M_u = 1{,}945.9\ \text{kN·m} \cdots \text{OK}$$

⑤ 연성적 파괴조건(KDS 14 20 60(4.4.2(2))

부착긴장재를 가진 부재의 철근과 긴장재 전체량은 KDS 14 20 30(식 (4.2-3)) 에 규정된 콘크리트의 파괴계수 f_r을 기초로 하여 계산된 균열하중의 1.2배 이상의 계수하중을 받는 데 충분하여야 한다.

$$f_r = 0.63\lambda\sqrt{f_{ck}} = 0.63 \times 1 \times \sqrt{40} = 3.98\,\text{MPa}$$

$$P_e = A_{ps} \times f_{pe} = 1{,}942 \times 1{,}101.6 = 2{,}139\,\text{kN}$$

균열모멘트 산정

$$M_{cr} = S_{cb} \times \left(\frac{P_e}{A_c} + \frac{P_e \times e}{S_b} + f_r\right) - (M_{SW} + M_D) \times (S_{cb}/S_b - 1)$$

$$= 1.23 \times 10^8 \times \left(\frac{2{,}139{,}000}{460{,}000} + \frac{2{,}139{,}000 \times 196.7}{4.96 \times 10^7} + 3.98\right)$$

$$- (77.63 + 447.10) \times 10^6 \times \left(\frac{1.23 \times 10^8}{4.96 \times 10^7} - 1\right)$$

$$= 1{,}328.3\ \text{kN·m}$$

$$\therefore\ \phi M_n = 2{,}251.6\ \text{kN·m} \geq 1.2 M_{cr} = 1.2 \times 1{,}328.3 = 1{,}594.0\ \text{kN·m} \cdots \text{OK}$$

7.1.3 합성 중공 슬래브의 설계

[그림 7.1.7]과 같은 PSC 합성슬래브(중공 슬래브)의 설계휨강도 및 설계전단강도를 산정하시오. (설계전단강도는 단부에서 h/2 위치에서 산정한다.)

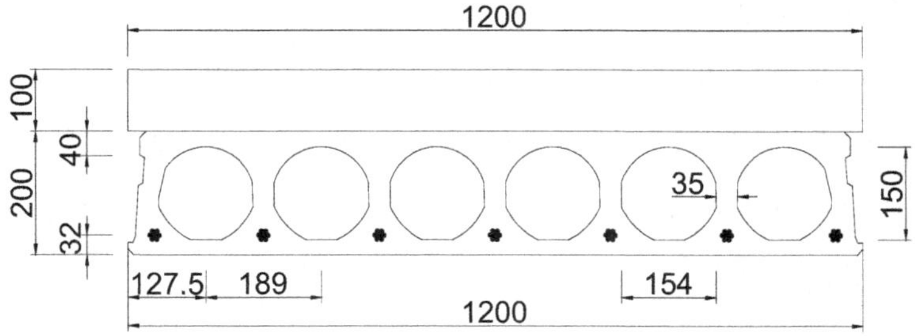

[그림 7.1.7] PSC 합성슬래브의 단면 상세

(1) 설계조건

PSC 합성 슬래브 (중공 슬래브, Hollow core slab)

- 부재의 높이 h = 200 mm + 덧침콘크리트 100 mm
- 부재의 폭 $b = 1,200$ mm
- web 폭의 합 $b_w = 250$ mm
- 중공 슬래브 상부 접촉면 거친면처리 (합성거동 고려함)

(2) 재료강도

- PC슬래브 콘크리트

  $f_{ck,pc} = 40\,\mathrm{MPa},\ E_c = 30{,}008\,\mathrm{MPa}$

  $f_{ci} = 28\,\mathrm{MPa}$ (긴장력 도입 시 콘크리트 강도, 70 %), $E_{ci} = 26{,}986\,\mathrm{MPa}$

- 덧침콘크리트

  $f_{ck} = 24\,\mathrm{MPa},\ E_c' = 25{,}811\,\mathrm{MPa}$

  $n = E_c'/E_c = 25{,}811/30{,}008 = 0.86$

  use width $= 0.86 \times 1{,}200 = 1{,}032$ mm (덧침콘크리트 폭(width)에 탄성계수비(n) 반영하여 합성 단면성능 계산함)

- 강연선

  하부 1열 7-Ø12.7mm (SWPC 7BL)

  $A_{ps} = 98.71 \times 7 = 690.97\,\text{mm}^2$

  긴장재는 부착되어 있음

  PS강선 인장강도 $f_{pu} = 1{,}860\,\text{MPa}$, $f_{py} = 1{,}600\,\text{MPa}$

  긴장력 도입 비율 70 % ($f_{pj} = 0.7 \times 1{,}860 = 1{,}302\,\text{MPa}$)

  즉시응력손실 10 % ($f_{pi} = 0.9 f_{pj} = 0.9 \times 1{,}302 = 1{,}172\,\text{MPa}$)

  장기응력손실 20 % ($f_{pe} = 0.8 f_{pj} = 0.8 \times 1{,}302 = 1{,}042\,\text{MPa}$)

- 덧침콘크리트 철근

  $f_y = 400$ MPa, $E_s = 200{,}000$ MPa

  Slab 기본배근 : D10@200 (철근 중심까지 거리 40mm)

  단부 추가배근 : D10@200

(3) 단면성능

- 비합성 단면성능 (PC 슬래브)

  $A_c = 12.16 \times 10^4\,\text{mm}^2$, $y_b = 99\,\text{mm}$, $d_p = 168\,\text{mm}$

  $I_c = 6.19 \times 10^8\,\text{mm}^4$

- 합성 단면성능

  $A_{cc} = 22.48 \times 10^4\,\text{mm}^2$, $y_{cb} = 168\,\text{mm}$, $d_{cp} = 268\,\text{mm}$

  $I_{cc} = 19.76 \times 10^8\,\text{mm}^4$, $S_{pc} = 62.50 \times 10^6\,\text{mm}^3$

(4) 설계 하중, 경간

- 마감하중 $w_{sd} = 3\,\text{kN/m}^2$
- 활하중 $w_l = 6\,\text{kN/m}^2$
- 경간 $L = 8{,}000\,\text{mm}$ (순경간 $L_n = 7{,}400\,\text{mm}$)
- 경계조건 : 단순지지

[풀이]

(1) 응력 검토

① 허용응력 검토

a. 초기 긴장응력 : 단부

허용압축응력 $f_{ca} = 0.70 f_{ci} = 0.7 \times 28 = 19.6\,\text{MPa}$

허용인장응력 $f_{ta} = -0.5\sqrt{f_{ci}} = -0.5 \times \sqrt{28} = -2.65\,\text{MPa}$

b. 최종 시 긴장응력 : 중앙부

허용압축응력 $f_{ca} = 0.60 f_{ck} = 0.6 \times 40 = 24\,\text{MPa}$

허용인장응력 $f_{ta} = -0.63\sqrt{f_{ck}} = -0.63 \times \sqrt{40} = -3.98\,\text{MPa}$

$f_{ta} = -1.0\sqrt{f_{ck}} = -1.0 \times \sqrt{40} = -6.32\,\text{MPa}$

② 작용하중에 의한 슬래브 중앙부 모멘트

- 중공 슬래브 자중에 의한 중앙부 모멘트

$$M_{sw} = \frac{w_{sw}\, l^2}{8} = \frac{2.92 \times 7.4^2}{8} = 20.0\ \text{kN·m}$$

- 최종 설계하중에 의한 중앙부 모멘트 (단순지지)

$$w_u = 1.2 \times (2.92 + 2.88 + 3.6) + 1.6 \times 7.2 = 22.8\ \text{kN/m}$$

$$M_u = \frac{w_u\, l^2}{8} = \frac{22.8 \times 7.4^2}{8} = 156.1\ \text{kN·m}$$

③ 단면성능

- 비합성 단면

$$S_b = \frac{I_c}{y_b} = \frac{6.19 \times 10^8}{99} = 6.25 \times 10^6\,\text{mm}^3$$

$$S_t = \frac{I_c}{y_t} = \frac{6.19 \times 10^8}{200 - 99} = 6.13 \times 10^6\,\text{mm}^3$$

$$e = 99 - 32 = 67\,\text{mm}$$

• 합성 단면

$$S_{cb} = \frac{I_{cc}}{y_{cb}} = \frac{19.76 \times 10^8}{168} = 11.76 \times 10^6 \mathrm{mm}^3$$

$$S_{ct} = \frac{I_{cc}}{y_{ct}} = \frac{19.76 \times 10^8}{300 - 168} = 14.97 \times 10^6 \mathrm{mm}^3$$

$e = 168 - 32 = 136\mathrm{mm}$, $d_{cp} = 268\mathrm{mm}$

④ 초기긴장응력 검토(단부)

전달길이 $a = 50d_b = 50 \times 12.7/1{,}000 = 0.635\mathrm{m}$

$P_i = A_{ps} \times f_{pi} = 690.97 \times 1{,}172 = 809.8\mathrm{kN}$

$e_1 = y_b -$ 강연선 중심 $= 99 - 32 = 67\mathrm{mm}$

전달길이 a에서의, $M_{SW} = 2.92 \times 0.635 \times (7.4 - 0.635) \times \frac{1}{2} = 6.27\ \mathrm{kN{\cdot}m}$

$$f_{b(ci)} = \frac{P_i}{A_c} + \frac{P_i \times e_1}{S_b} - \frac{M_{SW}}{S_b} = \frac{809{,}800}{12.16 \times 10^4} + \frac{809{,}800 \times 67}{6.25 \times 10^6} - \frac{6.27 \times 10^6}{6.25 \times 10^6} = 14.34\mathrm{MPa}$$

$f_{ci} = 14.34 \le f_{ca} = 19.6\ \mathrm{MPa}$ ··· OK (압축)

$$f_{t(ti)} = \frac{P_i}{A_c} - \frac{P_i \times e}{S_b} + \frac{M_{SW}}{S_b} = \frac{809{,}800}{12.16 \times 10^4} - \frac{809{,}800 \times 67}{6.25 \times 10^6} + \frac{6.27 \times 10^6}{6.25 \times 10^6} = -1.02\mathrm{MPa}$$

$f_{ti} = -1.02 \ge f_{ta} = -2.65\ \mathrm{MPa}$ ··· OK (인장)

⑤ 최종 사용단계 검토(부재 중앙부)

$f_{pe} = 0.8 f_{pj} = 0.8 \times 1{,}302 = 1{,}042\mathrm{MPa}$

$P_e = A_{ps} \times f_{pe} = 690.97 \times 1{,}042 = 719.991\mathrm{kN}$

$e_1 = y_b -$ 강연선 중심 $= 99 - 32 = 67\mathrm{mm}$

$$f_b = \frac{P_e}{A_c} + \frac{P_e \times e_1}{S_b} - \frac{M_{(SW+D)}}{S_b} - \frac{M_{(SD+L)}}{S_{cb}}$$

$$= \frac{719{,}991}{121{,}600} + \frac{719{,}991 \times 67}{6.25 \times 10^6} - \frac{(20.0 + 19.7) \times 10^6}{6.25 \times 10^6} - \frac{(24.6 + 49.3) \times 10^6}{11.76 \times 10^6}$$

$$= 1.0\mathrm{MPa}$$

$f_b = 1.0 \le f_{ta} = 24.0\mathrm{MPa}$ ··· OK (압축)

$$f_t = \frac{P_e}{A_c} - \frac{P_e \times e_1}{S_t} + \frac{M_{(SW+D)}}{S_t} + \frac{M_{(SD+L)}}{S_{ct}}$$

$$= \frac{719,991}{121,600} - \frac{719,991 \times 67}{6.13 \times 10^6} + \frac{(20.0+19.7) \times 10^6}{6.13 \times 10^6} + \frac{(24.6+49.3) \times 10^6}{14.97 \times 10^6}$$

$$= 9.46\,\mathrm{MPa}$$

$f_t = 9.46 \le f_{ta} = 24.0\,\mathrm{MPa}$ … OK (압축)

(2) 합성슬래브의 설계휨강도(ϕM_n)

① 수평전단강도(합성거동 여부 확인) (KDS 14 20 66, 4.2.2)

합성콘크리트 휨 부재에서 수평전단력이 상호 연결된 요소들의 접촉면에서 충분히 전달되는지 여부를 확인하여야 한다.

$V_u \le \phi V_{nh}$

V_{nh}는 공칭 수평전단강도로 접촉면이 청결하고, 부유물이 없으며 표면이 거칠게 만들어진 경우, 공칭수평전단강도 $V_{nh} = 0.56 b_v d$ 이하로 한다.

$\phi V_{nh} = \phi 0.56 b_v d = 0.75 \times 0.56 \times 1,200 \times 268 = 135.1\,\mathrm{kN} > V_u = 80.9\,\mathrm{kN}$

이므로, 합성거동 한다.

소요전단력($V_{u,\max}$) (KDS 14 20 22, 4.1.1(5))

PSC 부재의 경우, 받침부 내면에서 0.5h 거리에서 구한 전단력 $V_{u,\max}$

$x = h/2 = 300/2 = 150\,\mathrm{mm}$

$$V_{u,\max} = \frac{w_u l}{2} - w_u x = \frac{22.8 \times 7.4}{2} - 22.8 \times 0.15 = 80.9\,\mathrm{kN}$$

② 긴장재의 응력(f_{ps})

$f_{pe} = (1-0.2) \times f_{pj} = 0.8 \times 1,302 = 1,042\,\mathrm{MPa}$

$f_{pe} \ge 0.5 f_{pu} = 930\,\mathrm{MPa}$

γ_p는 $f_{py}/f_{pu} \ge 0.80$일 때 0.55, $f_{py}/f_{pu} \ge 0.85$일 때 0.40, $f_{py}/f_{pu} \ge 0.90$일 때 0.28이다.

$f_{py}/f_{pu} = 1{,}600/1{,}860 = 0.86 \geq 0.85$이므로, $\gamma_p = 0.4$

$\rho_p = A_{ps}/bd_{cp} = 690.97/(1{,}200 \times 268) = 2.15 \times 10^{-3}$

$\omega = \rho f_y / f_{ck} = 0$ (인장철근 없음)

$\omega' = \rho' f_y / f_{ck} = 0$ (압축철근 고려 안함)

$\beta_1 = 0.85$

$$\therefore \; f_{ps} = f_{pu}\left[1 - \frac{\gamma_p}{\beta_1}\left\{\rho_p \frac{f_{pu}}{f_{ck}} + \frac{d}{d_p}(\omega - \omega')\right\}\right] \quad \text{(KDS 14 20 60 (식 4.4-1))}$$

$$= 1{,}860 \times [1 - \frac{0.4}{0.85} \times (2.15 \times 10^{-3} \times \frac{1{,}860}{24}) + 0] = 1{,}714.2\,\text{MPa}$$

③ 공칭 휨강도(M_n)

$$a = \frac{A_{ps} f_{ps}}{0.85 f_{ck} b} = \frac{690.97 \times 1{,}714.2}{0.85 \times 24 \times 1{,}200} = 48.38\,\text{mm}$$

$$M_n = A_{ps} f_{ps}(d_{cp} - \frac{a}{2})$$

$$= 690.97 \times 1{,}714.2 \times (268 - \frac{48.38}{2}) = 288.8\ \text{kN·m}$$

④ 강도감소계수(ϕ) (KDS 14 20 60 (4.4.2))

압축연단 콘크리트가 가정된 극한변형률인 0.003에 도달할 때 최외단 인장철근의 순인장변형률 ε_t가 0.005의 인장지배변형률 한계 이상인 단면을 인장지배단면이라고 한다.

$$c = \frac{a}{\beta_1} = \frac{48.38}{0.85} = 56.9\,\text{mm}$$

$$\varepsilon_s = (\frac{d_{cp}}{c} - 1) \times \varepsilon_{cu} = (\frac{268}{56.9} - 1) \times 0.003 = 0.0111 \geq 0.005$$

$\therefore$ 강도감소계수 $\phi = 0.85$

⑤ 설계 휨강도(ϕM_n)

$\phi M_n = 0.85 \times 288.8 = 245.5$ kN·m

$\therefore\ \phi M_n = 245.5$ kN·m $\geq M_u = 156.1$ kN·m ··· OK

⑥ 연성적 파괴조건(KDS 14 20 60 (4.4.2(2)))

부착긴장재를 가진 부재의 철근과 긴장재 전체량은 KDS 14 20 30(식 (4.2-3))에 규정된 콘크리트의 파괴계수 f_r을 기초로 하여 계산된 균열하중의 1.2배 이상의 계수하중을 받는 데 충분하여야 한다.

$P_e = A_{ps} \times f_{pe} = 690.97 \times 1{,}042 = 720\,\mathrm{kN}$

$$M_{cr} = S_{cb} \times \left(\frac{P_e}{A_c} + \frac{P_e \times e}{S_b} + f_r\right) - (M_{sw} + M_d) \times (S_{cb}/S_b - 1)$$

$$= 11.76 \times 10^6 \times \left(\frac{720 \times 10^3}{12.16 \times 10^4} + \frac{720 \times 10^3 \times 67}{6.25 \times 10^6} + 0.63\sqrt{40}\right)$$

$$-((20 + 19.7) \times 10^6) \times [(11.76 \times 10^6)/(6.25 \times 10^6) - 1)$$

$= 172.3$ kN·m

$\therefore\ \phi M_n = 245.5$ kN·m $\geq 1.2M_{cr} = 1.2 \times 172.3 = 206.8$ kN·m ··· OK

(3) 합성슬래브의 설계전단강도(ϕV_n)

(PCI Manual for the Design of Hollow Core Slabs, second edition, Example2.5.1 참고)

설계전단강도는 지점에서 h/2 떨어진 단면에서 산정한다.

① 단면특성(합성 단면)

$$S_{cb} = \frac{I_{cc}}{y_{cb}} = \frac{19.76 \times 10^8}{168} = 11.76 \times 10^6\,\mathrm{mm}^3$$

$$S_{ct} = \frac{I_{cc}}{y_{ct}} = \frac{19.76 \times 10^8}{300 - 168} = 14.97 \times 10^6\,\mathrm{mm}^3$$

$e = 168 - 32 = 136\,\mathrm{mm}$

② 하중조건에 의한 계수하중(w_u)

$w_u = 1.2(w_d + w_{sd}) + 1.6w_l = 1.2 \times (2.92 + 2.88 + 3.6) + 1.6 \times 7.2 = 22.8\,\mathrm{kN/m}$

③ 소요전단력($V_{u,\max}$) (KDS 14 20 22, 4.1.1(5))

PSC 부재의 경우, 받침부 내면에서 0.5h 거리에서 구한 전단력 $V_{u,\max}$

$x = h/2 = 300/2 = 150\,\mathrm{mm}$

$$V_{u,\max} = \frac{w_u l}{2} - w_u x = \frac{22.8 \times 7.4}{2} - 22.8 \times 0.15 = 80.9\,\mathrm{kN}$$

④ 콘크리트 부담 전단강도 V_{ci}(휨 전단균열을 일으키는 콘크리트의 공칭 전단강도)

$b_w = 250\,\mathrm{mm}$ (전단강도 산정 시 HCS 웨브의 폭만 고려)

V_d : 고정하중에 의한 전단력(하중계수를 곱하지 않은 값)

$$V_d = \frac{w_d l}{2} - w_d \times (h/2)$$

$$= (2.92 + 2.88 + 3.6) \times \frac{7.4}{2} - (2.92 + 2.88 + 3.6) \times 0.15 = 33.37\,\mathrm{kN}$$

$V_i = V_u - V_d = 80.9 - 33.37 = 47.53\,\mathrm{kN}$

$f_{pe} = (1 - 0.2) \times f_{pj} = 1{,}042\,\mathrm{MPa}$

$P_e = A_{ps} \times f_{pe} = 690.97 \times 1{,}042 = 720\,\mathrm{kN}$

전달길이(도입길이) l_d : 부재 단부에서 소정의 프리스트레스가 도입된 단면까지의 거리

일반적으로, 프리스트레스 힘은 긴장재 끝에서 0, 긴장재 끝에서 전달길이 만큼 떨어진 거리에서 최대가 되는 직선 변화를 한다고 가정하며, 전달길이(l_d)는 강연선 지름의 50배($l_d = 50d$)로 본다.

Critical section의 위치는 부재 걸침길이 80 mm에 $0.5h = 0.5 \times 300 = 150\,\mathrm{mm}$를 더하여 산정하면, PC 부재 단부에서 230 mm 떨어진 곳이 된다.

전달길이 $l_d = 50d = 50 \times 12.7/1{,}000 = 0.635\,\mathrm{m}$

PC 부재 단부에서 230 mm 거리에서의 프리스트레스 도입비율을 산정하면,

$0.23/l_d = 0.23/0.635 = 0.362$

유효 프리스트레스 힘 P_e에 의한 단면 하면의 콘크리트 응력

$$f_{pcc} = [\frac{P_e}{A_c} + \frac{P_e \times e}{I_c} y_b] \times 0.362$$

$$= [\frac{720 \times 10^3}{12.16 \times 10^4} + \frac{720 \times 10^3 \times 67}{6.19 \times 10^8} \times 99] \times 0.362 = 4.94\,\text{MPa}$$

M_{d1} : 자중 + 덧침콘크리트에 의한 휨모멘트(하중계수를 곱하지 않은 값)

M_{d2} : 고정하중에 의한 휨모멘트(하중계수를 곱하지 않은 값)

$$M_{d1} = \frac{1}{2} \times (2.92 + 2.88) \times 0.15 \times (7.4 - 0.15) = 3.15\ \text{kN·m}$$

$$M_{d2} = \frac{1}{2} \times 3.6 \times 0.15 \times (7.4 - 0.15) = 1.96\ \text{kN·m}$$

f_d : M_{d1}, M_{d1}에 의한 부재단면 하면의 인장응력(단부에서 0.5h 위치에서)

$$f_d = \frac{M_{d1}}{I_c} y_b + \frac{M_{d2}}{I_{cc}} y_{cb} = \frac{3.15 \times 10^6}{6.19 \times 10^8} \times 99 + \frac{1.96 \times 10^6}{19.76 \times 10^8} \times 168 = 0.67$$

$$M_{cre} = \frac{I_{cc}}{y_{cb}} (0.5\sqrt{f_{ck}} + f_{pcc} - f_d) = \frac{19.76 \times 10^8}{168} \times (0.5\sqrt{40} + 4.94 - 0.67) = 87.42\ \text{kN·m}$$

$$M_u = \frac{1}{2} w_u x(l - x) = \frac{1}{2} \times [1.2 \times (2.92 + 2.88 + 3.6) + 1.6 \times 7.2] \times 0.15 \times (7.4 - 0.15)$$

$$= 12.40\ \text{kN·m}$$

$$M_{max} = M_u - M_d = 12.40 - (3.15 + 1.96) = 7.29\ \text{kN·m}$$

휨전단강도(V_{cw}) 산정 시 콘크리트 강도는 $f_{ck,pc} = 40\,\text{MPa}$를 고려한다.

$$\therefore\ V_{ci} = 0.05\lambda\sqrt{f_{ck,pc}}\, b_w d_{cp} + V_d + \frac{V_i M_{cre}}{M_{max}}$$

$$= 0.05 \times 1 \times \sqrt{40} \times 250 \times 268 + (33.37 \times 10^3) + \frac{47.53 \times 10^3 \times 87.42 \times 10^6}{7.29 \times 10^6}$$

$$= 624.5\,\text{kN}$$

$$V_{ci,\min} = (1/6)\lambda\sqrt{f_{ck}}\, b_w d_{cp} = (1/6) \times 1 \times \sqrt{40} \times 250 \times 268 = 70.6\,\text{kN}$$

$$V_{c,\max} = (5/12)\lambda\sqrt{f_{ck}}\, b_w d_{cp} = (5/12) \times \sqrt{40} \times 250 \times 268 = 176.6\,\text{kN}$$

⑤ 콘크리트 부담 전단강도 V_{cw}(복부 전단균열을 일으키는 콘크리트의 공칭 전단강도)

f_{pc} : 합성단면의 도심에서 유효프리스트레스 힘에 의하여 콘크리트에 일어나는 압축응력(MPa)

전달길이 $l_d = 50d = 50 \times 12.7/1{,}000 = 0.635\,\mathrm{m}$

PC 부재 단부에서 230mm 거리에서의 프리스트레스 도입비율을 산정하면,

$0.23/l_d = 0.23/0.635 = 0.362$

M_{d1} : 자중+덧침콘크리트에 의한 휨모멘트(하중계수를 곱하지 않은 값)

$$M_{d1} = \frac{1}{2} \times (2.92 + 2.88) \times 0.15 \times (7.4 - 0.15) = 3.15\ \mathrm{kN \cdot m}$$

$$f_{pc} = \frac{P}{A_c} - \frac{P \times e_{pc} \times (y_{cb} - y_b)}{I_c} + \frac{M_{d1} \times (y_{cb} - y_b)}{I_c}$$

$$= [\frac{720 \times 10^3}{12.16 \times 10^4} - \frac{720 \times 10^3 \times 67 \times (168 - 99)}{6.19 \times 10^8}] \times 0.362 + \frac{3.15 \times 10^6 \times (168 - 99)}{6.19 \times 10^8}$$

$$= 0.55\,\mathrm{MPa}$$

$V_p = P \times \sin\theta = 720 \times 10^3 \times \sin 0^\circ = 0$ (긴장재의 각도는 0임)

복부전단강도(V_{cw}) 산정 시 콘크리트 강도는 $f_{ck,pc} = 40\,\mathrm{MPa}$를 고려한다.

$$\therefore\ V_{cw} = (0.29\lambda\sqrt{f_{ck,pc}} + 0.3 f_{pc}) b_w d_{cp} + V_p$$

$$= (0.29 \times 1 \times \sqrt{40} + 0.3 \times 0.55) \times 250 \times 268 + 0 = 133.9\,\mathrm{kN}$$

⑥ 콘크리트 부담 전단강도 ϕV_n

$V_n = \min(V_{ci}, V_{cw})$: 복부전단균열 콘크리트 전단강도 V_{cw}

$\phi V_n = 0.75 \times 133.9 = 100.4\,\mathrm{kN}$

$\therefore\ V_{u,\max} = 80.9\,\mathrm{kN} \le \phi V_n = 100.4\,\mathrm{kN}$ … OK

해당 예제의 중공 슬래브에 작용하는 전단력과 설계전단강도를 단부에서 떨어진 일정 거리마다 산정해 보면, 아래 그래프와 같은 형태를 보인다. 설계전단강도 $\phi V_n = \min(\phi V_{ci,} \phi V_{cw})$는 단부에서 가까울수록 $V_{ci} > V_{cw}$이므로 복부전단에 지배되며, 단부에서 멀어질수록 $V_{ci} < V_{cw}$이므로 휨전단에 지배를 받게 된다. 그러므로 단부에 가까운 구간에서는 ϕV_{cw}에 의해 ϕV_n이 산정되고, 부재의 중앙 구간에서는 ϕV_{ci}에 의해 ϕV_n이 산정된다.

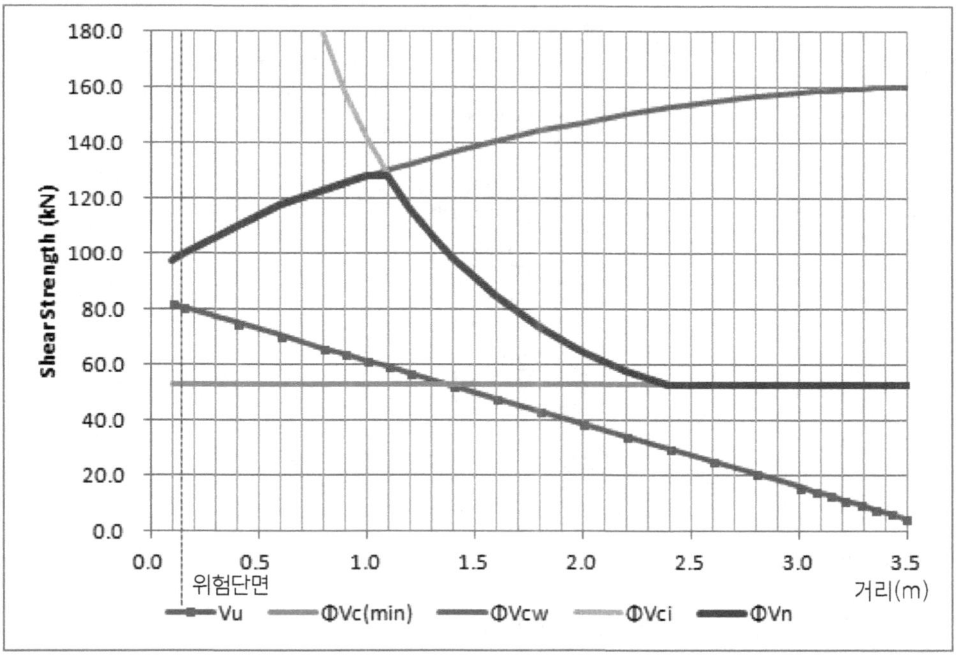

[그림 7.1.8] 수직전단강도

7.1.4 PC 기둥의 설계

[그림 7.1.9]과 같은 PC 기둥의 설계 축하중과 휨모멘트를 산정하고, 기둥의 P-M 상관곡선을 작성하시오.

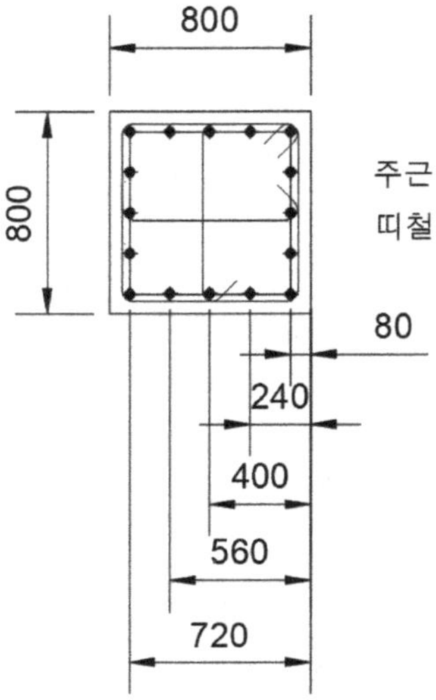

[그림 7.1.9] PC 기둥의 단면 상세

(1) 설계조건

- PC 기둥 단면 : 800 mm × 800 mm
- 기둥의 높이 : L = 10,000 mm

(2) 재료강도

- PC 부재 : $f_{ck,pc} = 40$ MPa
- 모든 철근 $f_y = 400$ MPa, 압축 및 인장철근은 D25 / 전단보강용 띠철근은 D13을 사용함

(3) PC 기둥에 축력만 작용할 때($\varepsilon_t = \varepsilon_s = \varepsilon_c = 0.003$)

① 철근의 단면적, 콘크리트 탄성계수

- 철근의 단면적

$$A_{st} = 16 \times 642.4 = 10,278.4\,\text{mm}^2$$

- 콘크리트 탄성계수 및 단면적

$$E_c = 8,500\sqrt[3]{f_{ck}+4} = 8,500 \times \sqrt[3]{40+4} = 30,008\,\text{MPa}$$

$$A_c = A_g - A_{st} = 800 \times 800 - 10,278.4 = 629,721.6\,\text{mm}^2$$

② 변형률

순수 축하중이 작용하면, 단면의 변형률은 순수 축방향 변형률로 모든 철근의 변형률은 압축콘크리트 극한변형률 0.003으로 가정한다.

$\varepsilon_t = \varepsilon_s = \varepsilon_c = 0.003$

③ 중립축까지의 거리

순수 축하중이 작용하므로 $c = \infty$

④ 등가응력블럭의 깊이

순수 축하중으로 등가응력블럭의 깊이(a)가 부재의 깊이(h)보다 크므로

$a = h = 800\,\text{mm}$

⑤ 철근의 변형률, 응력 계산

모든 철근의 변형률분포는 항복변형률 이상이 된다.

철근의 변형률은 항복변형률에 도달하므로, 항복강도 $f_y = 400\,\text{MPa}$

⑥ 축하중 산정

$$P_o = 0.85 f_{ck}(A_g - A_{st}) + f_y A_{st}$$
$$= (0.85 \times 40 \times 629,721.6) + (400 \times 10,278.4) = 25,521.9\,\text{kN}$$

띠철근 기둥이므로,

$$\phi P_n = \phi \times \phi P_o = 0.65 \times 0.80 \times 25,521.9$$
$$= 13,271.4\,\text{kN}$$

(4) 압축 파괴하는 경우($\varepsilon_t = \varepsilon_{s1} = 0$)

① 인장연단에 가까운 철근의 변형률 계산 : $\varepsilon_t = \varepsilon_1 = 0$

② 중립축까지 거리 계산

$$c = (\frac{0.003}{0.003 - \varepsilon_{s1}})d_{s1} = (\frac{0.003}{0.003 - 0}) \times 720 = 720\,\text{mm}$$

③ 등가응력블럭의 깊이 계산

$$\beta_1 = 0.85 - 0.007(40 - 28) = 0.766$$

$$a = \beta_1 c = 0.766 \times 720 = 551.52\,\text{mm}$$

④ 각 열에 배근된 철근의 변형률(ε_{si})

$$\varepsilon_{si} = (\frac{c - d_{si}}{c})\varepsilon_c \qquad (\varepsilon_c = 0.003)$$

⑤ 각 열에 배근된 철근의 응력(f_{si})

$\varepsilon_{si} \le \varepsilon_y$ 일 때 $f_{si} = E_s \varepsilon_{si}$ $\quad (E_s = 200,000\,\text{MPa})$

$\varepsilon_{si} > \varepsilon_y$ 일 때 $f_{si} = f_y$ $\quad (f_y = 400\,\text{MPa})$

⑥ 각 열에 배근된 철근의 내력(N_{si})

인장철근 $N_{si} = f_{si} A_{si}$

압축철근 $(d_i < a)$ $\quad N_{si} = (f_{si} - 0.85 f_{ck}) A_{si}$

⑦ 기둥의 공칭 축하중 산정(부재축방향의 힘의 평형을 이용)

$$P_n = 0.85 f_{ck} ab + \sum_{i=1}^{n} N_{si} = 16,964.5\,\text{kN}$$

⑧ 기둥의 공칭 휨모멘트 산정(기둥의 도심에 대한 모멘트 평형조건을 이용)

$$M_n = P_n \cdot e = 0.85 f_{ck} ab\left(\frac{h}{2} - \frac{a}{2}\right) + \sum_{i=1}^{n} N_{si}\left(\frac{h}{2} - d_{si}\right) = 2,329.7\ \text{kN·m}$$

⑨ 강도감소계수(ϕ)에 의한 설계축력과 휨모멘트 산정

※ 강도감소계수는 다음 규정에 따라야 한다. (KDS 14 20 10 (3.3))

- KDS 14 20 20(4.1.2(4))에 정의된 인장지배단면 0.85
- KDS 14 20 20(4.1.2(3))에 정의된 압축지배단면
  - a. 나선철근 규정에 따라 나선철근으로 보강된 철근콘크리트 부재 0.70
  - b. 그 외의 철근콘크리트 부재 0.65
  - c. 공칭강도에서 최외단 인장철근의 순인장변형률 ε_t가 압축지배와 인장지배단면 사이일 경우에는, ε_t가 압축지배변형률 한계에서 인장지배변형률 한계로 증가함에 따라 ϕ값을 압축지배단면에 대한 값에서 0.85까지 증가시킨다.

띠철근 기둥 : $\phi = 0.65 + \dfrac{0.85 - 0.65}{0.005 - \varepsilon_y}(\varepsilon_t - \varepsilon_y)$

(ε_t와 ε_y는 인장일 경우 (+)의 부호를 가짐)

$\phi = 0.65$

$\therefore\ \phi P_n = 0.65 \times 16,964.5 = 11,026.9$ kN

$\therefore\ \phi M_n = 0.65 \times 2,329.7 = 1,514.3$ kN·m

[표 7.1.1] 콘크리트 및 철근의 내력과 모멘트(압축 파괴하는 경우)

위치	d_{si}	변형률 ε_{si}	응력 f_{si}(MPa)	단면적 A_{si}(mm^2)	축하중 P_n(kN)	$h/2-a/2$, $h/2-d_{si}$ (mm)	휨모멘트 M_n(kN·m)
콘크리트	-	-	-	-	15,001.3	124.2	1,863.8
철근 1열	720.0	0.00000	0.0	3,212.0	-109.2	-320.0	34.9
철근 2열	560.0	0.00067	133.3	1,284.8	127.6	-160.0	-20.4
철근 3열	400.0	0.00133	266.7	1,284.8	298.9	0.0	0.0
철근 4열	240.0	0.00200	400.0	1,284.8	470.2	160.0	75.2
철근 5열	80.0	0.00267	400.0	3,212.0	1,175.6	320.0	376.2
합계	-	-	-	-	16,964.5	-	2,329.7

(5) 균형 파괴하는 경우($\varepsilon_t = \varepsilon_{s1} = \varepsilon_y$)

① 인장연단에 가까운 철근의 변형률 계산 : $\varepsilon_t = \varepsilon_{s1} = \varepsilon_y = -0.002$(인장)

② 중립축까지 거리 계산

$$c = (\frac{0.003}{0.003 - \varepsilon_{s1}})d_1 = (\frac{0.003}{0.003 - (-0.002)}) \times 720 = 432\,\text{mm}$$

③ 등가응력블럭의 깊이 계산

$a = \beta_1 c = 0.766 \times 432 = 330.91\,\text{mm}$

④ 각 열에 배근된 철근의 변형률(ε_{si})

$$\varepsilon_{si} = (\frac{c - d_{si}}{c})\varepsilon_c \qquad (\varepsilon_c = 0.003)$$

⑤ 각 열에 배근된 철근의 응력(f_{si})

$\varepsilon_{si} \le \varepsilon_y$ 일 때 $f_{si} = E_s \varepsilon_{si}$ $(E_s = 200{,}000\,\text{MPa})$

$\varepsilon_{si} > \varepsilon_y$ 일 때 $f_{si} = f_y$ $(f_y = 400\,\text{MPa})$

⑥ 각 열에 배근된 철근의 내력(N_{si})

인장철근 $N_{si} = f_{si} A_{si}$

압축철근 $(d_i < a)$ $N_{si} = (f_{si} - 0.85 f_{ck}) A_{si}$

⑦ 기둥의 공칭 축하중 산정(부재축방향의 힘의 평형을 이용)

$$P_n = 0.85 f_{ck} ab + \sum_{i=1}^{n} N_{si} = 8{,}975.5\,\text{kN}$$

⑧ 기둥의 공칭 휨모멘트 산정(기둥의 도심에 대한 모멘트 평형조건을 이용)

$$M_n = P_n \cdot e = 0.85 f_{ck} ab\,(\frac{h}{2} - \frac{a}{2}) + \sum_{i=1}^{n} N_{si}(\frac{h}{2} - d_{si}) = 2{,}982.8\ \text{kN}\cdot\text{m}$$

⑨ 강도감소계수(ϕ)에 의한 설계축력과 휨모멘트 산정

$\phi = 0.65$

$\therefore \ \phi P_n = 0.65 \times 8,975.5 = 5,834.1$ kN

$\therefore \ \phi M_n = 0.65 \times 2,982.8 = 1,938.8$ kN·m

[표 7.1.2] 콘크리트 및 철근의 내력과 모멘트(균형 파괴하는 경우)

위치	d_{si}	변형률 ε_{si}	응력 f_{si}(MPa)	단면적 A_{si}(mm^2)	축하중 P_n(kN)	$h/2-a/2$, $h/2-d_{si}$ (mm)	휨모멘트 M_n(kN·m)
콘크리트	-	-	-	-	9,000.8	234.5	2,111.1
철근 1열	720.0	-0.00200	-400.0	3,212.0	-1,284.8	-320.0	411.1
철근 2열	560.0	-0.00089	-177.8	1,284.8	-228.4	-160.0	36.5
철근 3열	400.0	0.00022	44.4	1,284.8	13.4	0.0	0.0
철근 4열	240.0	0.00133	266.7	1,284.8	298.9	160.0	47.8
철근 5열	80.0	0.00244	400.0	3,212.0	1,175.6	320.0	376.2
합계	-	-	-	-	8,975.5	-	2,982.8

(6) 인장 파괴하는 경우($\varepsilon_t = \varepsilon_{s1} = 2\varepsilon_y$)

① 인장연단에 가까운 철근의 변형률 계산 : $\varepsilon_t = \varepsilon_{s1} = \varepsilon_y = -0.004$(인장)

② 중립축까지 거리 계산

$$c = \left(\frac{0.003}{0.003-\varepsilon_{s1}}\right)d_1 = \left(\frac{0.003}{0.003-(-0.004)}\right)\times 720 = 308.6\,\mathrm{mm}$$

③ 등가응력블럭의 깊이 계산

$$a = \beta_1 c = 0.766 \times 308.6 = 236.4\,\mathrm{mm}$$

④ 각 열에 배근된 철근의 변형률(ε_{si})

$$\varepsilon_{si} = \left(\frac{c-d_{si}}{c}\right)\varepsilon_c \qquad (\varepsilon_c = 0.003)$$

⑤ 각 열에 배근된 철근의 응력(f_{si})

$\varepsilon_{si} \le \varepsilon_y$ 일 때 $f_{si} = E_s \varepsilon_{si}$ $(E_s = 200{,}000\,\mathrm{MPa})$

$\varepsilon_{si} > \varepsilon_y$ 일 때 $f_{si} = f_y$ $(f_y = 400\,\mathrm{MPa})$

⑥ 각 열에 배근된 철근의 내력(N_{si})

인장철근 $N_{si} = f_{si} A_{si}$

압축철근 $(d_i < a)$ $N_{si} = (f_{si} - 0.85 f_{ck}) A_{si}$

⑦ 기둥의 공칭 축하중 산정(부재축방향의 힘의 평형을 이용)

$$P_n = 0.85 f_{ck} ab + \sum_{i=1}^{n} N_{si} = 5{,}705.2\ \mathrm{kN}$$

⑧ 기둥의 공칭 휨모멘트 산정(기둥의 도심에 대한 모멘트 평형조건을 이용)

$$M_n = P_n \cdot e = 0.85 f_{ck} ab\left(\frac{h}{2} - \frac{a}{2}\right) + \sum_{i=1}^{n} N_{si}\left(\frac{h}{2} - d_{si}\right) = 2{,}701.8\ \mathrm{kN \cdot m}$$

⑨ 강도감소계수(ϕ)에 의한 설계축력과 휨모멘트 산정

$$\phi = 0.65 + \frac{0.85 - 0.65}{0.005 - 0.002}(0.004 - 0.002) = 0.783$$

$\therefore\ \phi P_n = 0.783 \times 5{,}705.2 = 4{,}467.2\ \mathrm{kN}$

$\therefore\ \phi M_n = 0.783 \times 2{,}701.8 = 2{,}115.5\ \mathrm{kN \cdot m}$

[표 7.1.3] 콘크리트 및 철근의 내력과 모멘트(인장 파괴하는 경우, $\varepsilon_t = \varepsilon_{s1} = 2\varepsilon_y$)

위치	d_{si}	변형률 ε_{si}	응력 f_{si}(MPa)	단면적 A_{si}(mm^2)	축하중 P_n(kN)	$h/2-a/2$, $h/2-d_{si}$ (mm)	휨모멘트 M_n(kN·m)
콘크리트	-	-	-	-	6,429.1	281.8	1,811.8
철근 1열	720.0	-0.00400	-400.0	3,212.0	-1,284.8	-320.0	411.1
철근 2열	560.0	-0.00244	-400.0	1,284.8	-513.9	-160.0	82.2
철근 3열	400.0	-0.00089	-177.8	1,284.8	-228.4	0.0	0.0
철근 4열	240.0	0.00067	133.3	1,284.8	127.6	160.0	20.4
철근 5열	80.0	0.00222	400.0	3,212.0	1,175.6	320.0	376.2
합계	-	-	-	-	5,705.2	-	2,701.8

(7) 인장 파괴하는 경우($\varepsilon_t = \varepsilon_{s1} = 4\varepsilon_y$)

① 인장연단에 가까운 철근의 변형률 계산 : $\varepsilon_t = \varepsilon_{s1} = \varepsilon_y = -0.008$(인장)

② 중립축까지 거리 계산

$$c = (\frac{0.003}{0.003 - \varepsilon_{s1}})d_1 = (\frac{0.003}{0.003 - (-0.008)}) \times 720 = 196.36\,\text{mm}$$

③ 등가응력블럭의 깊이 계산

$$a = \beta_1 c = 0.766 \times 196.36 = 150.41\,\text{mm}$$

④ 각 열에 배근된 철근의 변형률(ε_{si})

$$\varepsilon_{si} = (\frac{c - d_{si}}{c})\varepsilon_c \qquad (\varepsilon_c = 0.003)$$

⑤ 각 열에 배근된 철근의 응력(f_{si})

$\varepsilon_{si} \le \varepsilon_y$ 일 때 $f_{si} = E_s \varepsilon_{si}$ $(E_s = 200{,}000\,\text{MPa})$

$\varepsilon_{si} > \varepsilon_y$ 일 때 $f_{si} = f_y$ $(f_y = 400\,\text{MPa})$

⑥ 각 열에 배근된 철근의 내력(N_{si})

인장철근 $N_{si} = f_{si} A_{si}$

압축철근 $(d_i < a)$ $N_{si} = (f_{si} - 0.85 f_{ck}) A_{si}$

⑦ 기둥의 공칭 축하중 산정(부재축방향의 힘의 평형을 이용)

$$P_n = 0.85 f_{ck} ab + \sum_{i=1}^{n} N_{si} = 2{,}640.2\,\text{kN}$$

⑧ 기둥의 공칭 휨모멘트 산정(기둥의 도심에 대한 모멘트 평형조건을 이용)

$$M_n = P_n \cdot e = 0.85 f_{ck} ab (\frac{h}{2} - \frac{a}{2}) + \sum_{i=1}^{n} N_{si} (\frac{h}{2} - d_{si}) = 2{,}125.3\,\text{kN}\cdot\text{m}$$

⑨ 강도감소계수(ϕ)에 의한 설계축력과 휨모멘트 산정

$\phi = 0.85$

$\therefore\ \phi P_n = 0.85 \times 2{,}640.2 = 2{,}244.1$ kN

$\therefore\ \phi M_n = 0.85 \times 2{,}125.3 = 1{,}806.5$ kN·m

[표 7.1.4] 콘크리트 및 철근의 내력과 모멘트(인장 파괴하는 경우, $\varepsilon_t = \varepsilon_{s1} = 4\varepsilon_y$)

위치	d_{si}	변형률 ε_{si}	응력 f_{si}(MPa)	단면적 A_{si}(mm^2)	축하중 P_n(kN)	$h/2-a/2$, $h/2-d_{si}$ (mm)	휨모멘트 M_n(kN·m)
콘크리트	-	-	-	-	4,091.3	324.8	1,328.8
철근 1열	720.0	-0.00800	-400.0	3,212.0	-1,284.8	-320.0	411.1
철근 2열	560.0	-0.00556	-400.0	1,284.8	-513.9	-160.0	82.2
철근 3열	400.0	-0.00311	-400.0	1,284.8	-513.9	0.0	0.0
철근 4열	240.0	-0.00067	-133.3	1,284.8	-171.3	160.0	-27.4
철근 5열	80.0	0.00178	355.6	3,212.0	1,032.8	320.0	330.5
합계	-	-	-	-	2,640.2	-	2,125.3

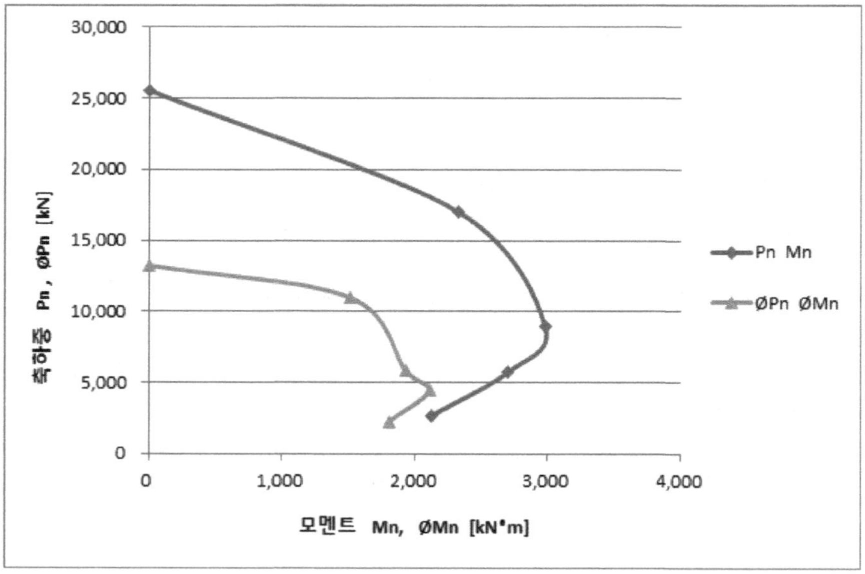

[그림 7.1.10] 기둥의 축하중과 휨모멘트 상관곡선

(8) 세장효과에 따른 모멘트 확대계수 고려

- 물류센터의 경우 층고가 10 m 가량으로, 횡지지 되지 않은 기둥의 길이가 길고, 고강도 콘크리트를 적용한 PC 기둥은 일반강도 콘크리트 기둥에 비하여 크기가 작아서, 세장효과를 검토해야 하는 경우가 발생한다.
- 압축부재의 장주효과를 확인하기 위해서는 기둥 상·하단의 고정도에 따른 유효길이계수를 이용한다. 고정도는 기둥의 강성을 보의 강성으로 나눈 값 ψ으로 나타낼 수 있으며, 이 식에서 b와 c는 각각 보와 기둥을 뜻하며, l_b, l_c는 보와 기둥에서 접합부 중심간 거리이다. $\psi = 0$으로 계산되는 경우에는 기둥이 접합부에 완전 고정되어 있는 것을 뜻하며, $\psi = \infty$인 경우에는 기둥 단부가 단순지지된 상태이다. PC 구조시스템에서는 보가 한쪽방향으로만 배치되는 경우가 많기 때문에, 슬래브만 있는 방향에 대해서는 기둥의 양단부의 고정도가 $\psi_A, \psi_B = \infty$에 가까우므로 $k = 1.0$으로 보는 것이 적절하다.

$$\psi = \frac{\Sigma(E_c I_c / l_c)}{\Sigma(E_b I_b / l_b)}$$

- 해당 예제에서, 기둥 높이 10.0 m, 횡구속골조이고, $M_1 = M_2$라면,

$$\frac{kl_u}{r} \le 34 - 12\frac{M_1}{M_2} \ (M_1 = M_2 \text{으로 가정})$$

$$\frac{kl_u}{r} = \frac{1.0 \times 10,000}{231} = 43.3 > 22 \ \left(r = \sqrt{\frac{I}{A}} = \sqrt{\frac{800^4/12}{800^2}} = 231\,\text{mm}\right)$$

∴ 세장효과에 의한 모멘트 확대계수를 고려해야 한다.

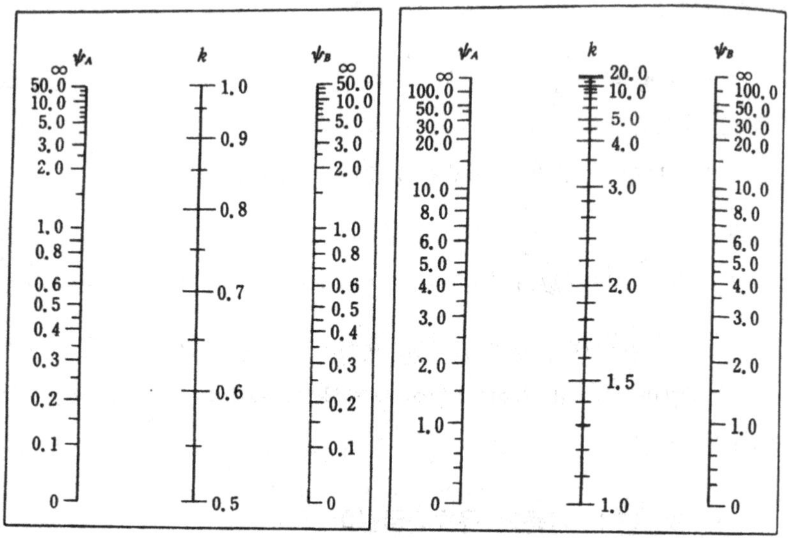

(a) 횡구속된 골조　　　　(b) 횡구속되지 않은 골조

[그림 7.1.11] 유효길이계수

7.1.5 합성 벽체의 설계

지하외벽을 [그림 7.1.12]와 같은 PC double wall로 휨 및 전단설계 검토하시오.

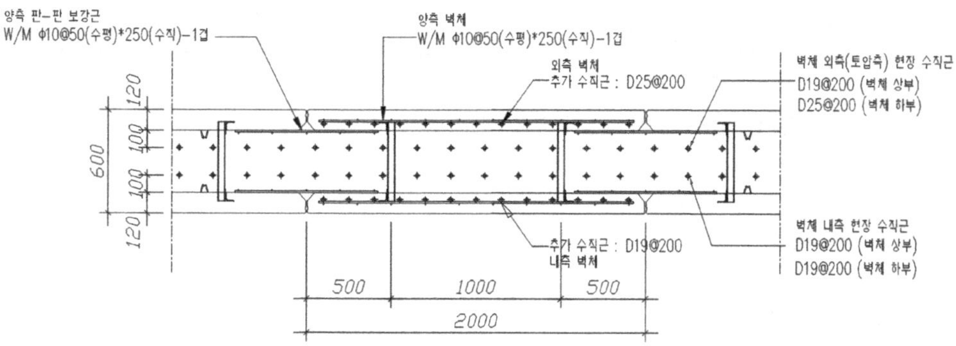

[그림 7.1.12] PC double wall 단면 상세

(1) 설계조건 (PC double wall)

- 벽체의 두께 h = 600 mm (PC벽체 두께 120 mm - 양쪽 동일)
- 벽체의 길이 L = 2,000 mm
- 벽체의 높이 h = 4,500 mm
- 상재하중 15 kN/m²
- 지하수위 GL-2.0 m
- 경계조건 : 캔틸레버 조건 (벽체 상부 Free, 하부 Fix)
- 벽체 하부 휨모멘트 $M_u = 360$ kN·m
- 벽체 하부 전단력 $V_u = 170$ kN
- 축력은 미비하여 고려 안함
- 벽체 하부 수직 Dowel 철근 피복두께 220 mm

(2) 재료강도

- PC 부재 : $f_{ck,pc} = 40\,\text{MPa}$
- 현장타설 콘크리트 $f_{ck} = 30\,\text{MPa}$
- 모든 철근 $f_y = 500\,\text{MPa}$

(3) PC double wall 휨설계

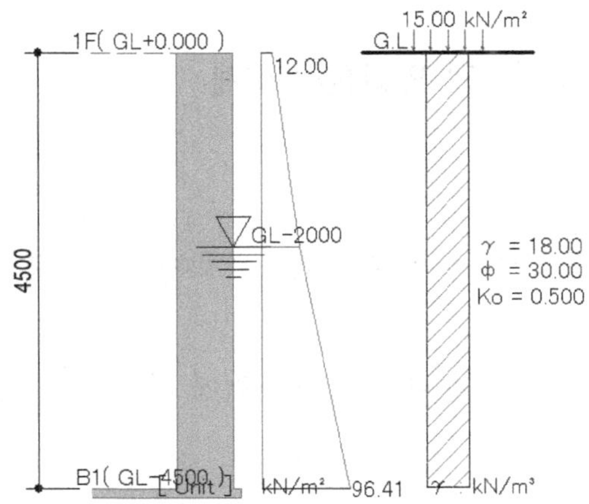

[그림 7.1.13] 정적토압하중

- 외부(토압측) 수직근 배근 D25@200 간격 가정

$$A_s = A_{vn}\frac{l_w}{s_n} = 506.7 \times \frac{1,000}{200} = 2,533.5\,\text{mm}^2 \text{ (단위 m당 철근량)}$$

$$a = \frac{A_s f_y}{0.85 f_{ck} b} = \frac{2,533.5 \times 500}{0.85 \times 30 \times 1,000} = 49.68\,\text{mm}$$

$$d = 600 - 220 = 380\,\text{mm}$$

(기초와 연결되는 벽체 하부 수직 Dowel 철근의 피복두께 220 mm로 고려함)

$$M_n = A_s f_y (d - \frac{a}{2}) = 2,533.5 \times 500 \times (380 - \frac{49.68}{2}) \times 10^{-6} = 449.9\ \text{kN·m}$$

$$\phi M_n = 0.85 \times 449.9 = 382.42\ \text{kN·m} > M_u = 360\ \text{kN·m} \cdots \text{OK}$$

(4) PC double wall 전단설계

- 콘크리트 전단강도

$$\phi V_c = \phi \frac{1}{6}\sqrt{f_{ck}}\,bd = 0.75 \times \frac{1}{6}\sqrt{30} \times 1,000 \times 380 \times 10^{-3} = 260.2\,\text{kN}$$

$$\phi V_n = 260.2\,\text{kN} > V_u = 170\,\text{kN} \cdots \text{OK}$$

7.2 접합부 설계 예제

7.2.1 슬래브-슬래브 접합부의 연결철근 설계

(1) 설계조건

- 일방향 슬래브의 한쪽은 고정하중과 활하중이 작용하고 나머지 한쪽은 고정하중만 작용
- 슬래브-슬래브 접합부의 연직하중에 의한 전단력에 저항하기 위한 연결철근을 설계, 콘크리트는 무시
- 고정하중 7.5kN/m^2, 활하중 20.0kN/m^2이 작용
- 하프 PC 슬래브의 사이즈 (B×H) : 2,400 mm × 300 mm

- 덧침콘크리트 두께(t)는 150mm
- $\phi = 0.75$, $f_y = 400\text{MPa}$

(2) 하프 PC 슬래브를 사용한 슬래브-슬래브 접합부

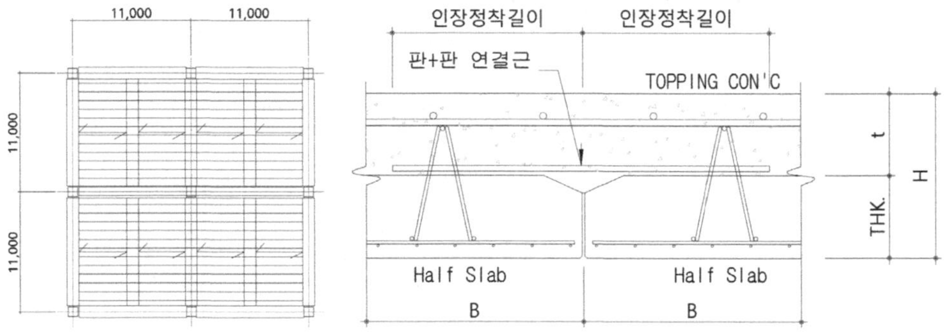

[그림 7.2.1] 하프 PC 슬래브를 사용한 슬래브-슬래브 접합부

(3) 연철철근의 산정

$$P_L = 1.6 \times 20\text{kN/m}^2 \times 2.4\text{m} \times 5.5\text{m} = 422.4\text{kN}$$

$$P_L = V_u \le \phi A_v f_y l / s \rightarrow s = \frac{\phi A_v f_y l}{V_u}$$

PC 슬래브-슬래브 연결철근을 $D10(71.3\ \text{mm}^2)$로 가정하면,

$$s = \frac{\phi A_v f_y l}{V_u} = \frac{0.75 \times 71.3\text{mm}^2 \times 400\text{N/mm}^2 \times 5.5\text{m} \times 10^3}{422.4\text{kN} \times 10^3} = 278.5\text{mm}$$

따라서 $D10@250$로 배근한다.

7.2.2 중공 슬래브 바닥판의 격막 설계

(1) 설계조건

- 슬래브는 Y방향으로 작용하는 층전단력에 의해 계수 수평하중 72 kN/m이 작용

- 바닥판은 400 mm의 중공 슬래브를 사용하고, 150 mm 두께의 덧침콘크리트에 보강근(D13@200)로 보강
- 중골슬래브 폭은 1,200 mm이고 PC 보 폭은 1,100 mm, 중공 슬래브 걸침길이는 80 mm
- 덧침콘크리트 압축강도 $f_{ck} = 27\ \mathrm{N/mm^2}$, $f_y = 400\ \mathrm{N/mm^2}$

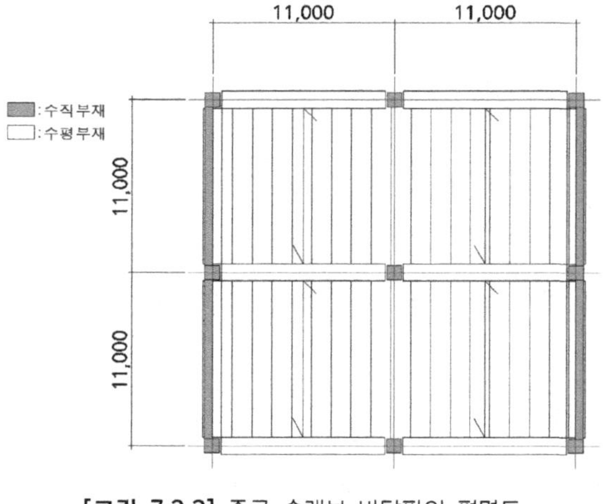

[그림 7.2.2] 중공 슬래브 바닥판의 평면도

(2) Y 방향 수평하중에 대한 격막의 응력분포

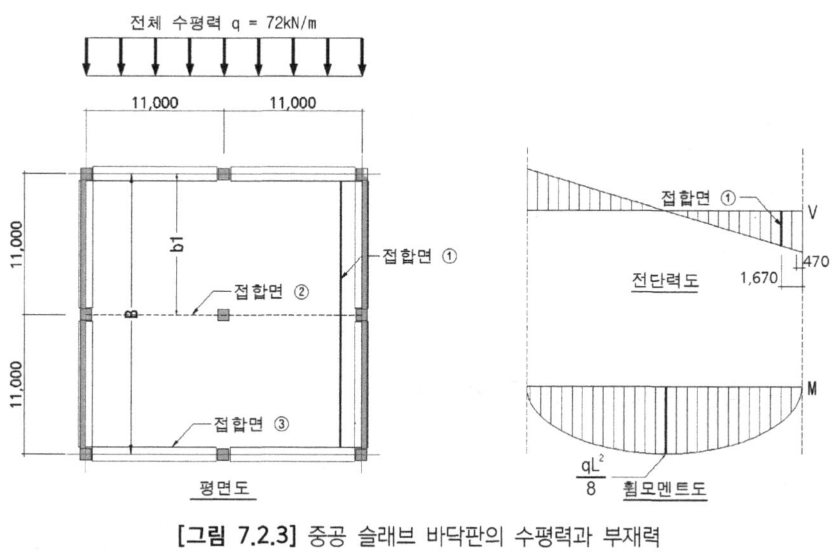

[그림 7.2.3] 중공 슬래브 바닥판의 수평력과 부재력

(3) 격막의 전단력 산정

- 지지부 보에서의 반력 : $R_u = (q \times L)/2 = (72 \times 22)/2 = 792\ \mathrm{kN}$
- 중공 슬래브 사이 첫 번째 접합면 전단력(접합면 ①)

  $V_u = R_u - (q \times l) = 792 - (72 \times 1.67) = 671.8\ \mathrm{kN}$
- 중간 지지부에서의 전단력

  $V_{iu} = 6R_u b_1 (B - b_1)/B^3 = 6 \times 792 \times 11(22 - 11)/22^3 = 54\ \mathrm{kN/m}$

(4) 격막의 휨모멘트 산정

- 중앙부에서의 최대 모멘트

  $M_c = qL^2/8 = 72 \times 22^2/8 = 4,356\ \mathrm{kN.m}$
- 바닥 외주부에서 부재력

  $T = C = M_c/0.8B = 4,356/(0.8 \times 22) = 247.5\ \mathrm{kN}$

(5) 전단전달을 위한 보강재 설계

- 접합면 ①에서의 보강철근 검토

  $V_u = 671.8\ \mathrm{kN}$

  $V_{avg.} = 671.8/22 = 30.54\ \mathrm{kN/m} > 4.4\mathrm{k\ N/m}$

  중공 슬래브 접합부에서 수평 전단응력 검토

  유효깊이를 전체 깊이의 80 %로 가정하면,

  $d_e = 0.8h = 0.8 \times 400 = 320\ \mathrm{mm}$

  평균전단응력

  $\tau_{avg.} = V_{avg}/d_e$

  $= (30.54 \times 10^3/320) \times 10^{-3} = 0.095\ \mathrm{N/mm^2/m} < \mathrm{f_{ck}/d_e} = 0.65\ \mathrm{N/mm^2/m}$

  $A_s = V_{avg}/\phi f_y = 30.54 \times 10^3/(0.75 \times 400) = 101.8\ \mathrm{mm^2/m}$

  $D13@200$ 보강근($A_s = 633.5\,\mathrm{mm^2/m}$)을 사용하고 정착길이를 확보할 경우

  추가 보강근은 필요 없음

- 중간 지지부에서의 보강철근 검토(접합면 ②)

  $V_{iu} = 54\ \text{kN/m} > 4.4\ \text{kN/m}$

  $A_s = V_{avg} / \phi f_y = 30.54 \times 10^3 / (0.85 \times 400) = 89.8\ \text{mm}^2/\text{m}$

  $D13@200$ 보강근($A_s = 633.5\text{mm}^2/\text{m}$)을 사용하고 바닥에 연속시킬 경우 추가 보강근은 필요 없음

- 외주부 chord ties(접합면 ③)

  $T_u = 247.5\text{kN}$

  $A_s = T_u / \phi f_y = 247.5\text{kN} \times 10^3 / (0.85 \times 400) = 728\ \text{mm}^2$를 배근한다.

(6) 횡력지지부재와 슬래브 접합부 검토

- 횡력지지부재와 슬래브 접합부의 보강재 설계

  $V_u = R_u = 792\,\text{kN},\ \ V_u \le \phi V_n$

  $$A_{vf} = \frac{V_u}{\phi f_y \mu} = \frac{792 \times 10^3}{0.75 \times 400 \times 1.4} = 1{,}885.7\ \text{mm}^2$$

  $n = 1{,}885.7 / (2 \times 126.7) = 7.4ea\ \Rightarrow\ 8 - D13$

  $D13@200$ 보강근($A_s = 633.5\,\text{mm}^2/\text{m}$)을 사용하고 정착길이를 확보할 경우 추가 보강근은 필요 없음

(7) 지진력(수평하중) 전달을 위한 수집재 설계

- 지진력(수평하중)을 받는 임의의 단면에서의 압축응력 검토

  수집재의 설계지진력은 시스템초과강도계수가 곱해진 특별지진하중을 고려한 하중조합에 대하여 산정해야 한다. 본 예제에서는 계수 수평하중에 임의의 초과강도계수(Ω_0) 3을 적용하여 검토하였다. 격막의 수집부재는 임의의 단면에서 $0.2f_{ck}$를 초과하는 압축응력을 받을 때 부재의 전 길이에 걸쳐서 특수 횡방향 철근을 배치하여야 한다. 특수 횡방향 철근은 압축응력이 $0.15f_{ck}$ 미만으로 계산되는 위치에서 중단할 수 있다.

  $$\Omega_0 \times \sigma_p = 3 \times \frac{72\ \text{kN/m}}{0.55\ \text{m}} \times 10^{-3} = 0.393\ \text{N/mm}^2$$

  $0.15f_{ck} = 0.15 \times 27\ \text{N/mm}^2 = 4.05\text{N/mm}^2 > \Omega_0 \times \sigma_\text{p} = 0.393\ \text{N/mm}^2$

이므로, 추가 수집재는 필요 없음

X 방향에 대해서도 동일한 방법으로 설계를 진행하면 된다.

7.2.3 큰보-작은보 접합부의 랫지 설계

(1) 설계조건

- Precast/Prestressed Concrete Institute(PCI) 참조
- 큰보-작은보 접합부는 콘크리트 접촉면 지압에 의해 힘이 전달되는 것으로 검토
- 큰보-작은보 접합부가 일체화된 완성단계는 접합부를 통하여 힘이 전달되는 것으로 가정
- 한쪽 브라켓에 재하되는 하중은 $V_v = 400\,\mathrm{kN}$ 이며, 집중하중 재하 폭(b_t)은 600 mm
- $f_{ck.PC} = 40\,\mathrm{N/mm^2}$, $f_y = 500\,\mathrm{N/mm^2}$, $f_{ys} = 400\,\mathrm{N/mm^2}$
- $\mathrm{H_{web}} = 375\,\mathrm{mm}$, $\mathrm{H_{ledge}} = 625\,\mathrm{mm}$, $\mathrm{B_{web}} = 840\,\mathrm{mm}$, $\mathrm{B_{ledge}} = 1{,}000\,\mathrm{mm}$
- 지압부의 크기 $\mathrm{b_t} = 600\,\mathrm{mm}$, $\mathrm{b} = 840\,\mathrm{mm}$, $\mathrm{b_l} = 920\,\mathrm{mm}$, $\mathrm{h_l} = 625\,\mathrm{mm}$

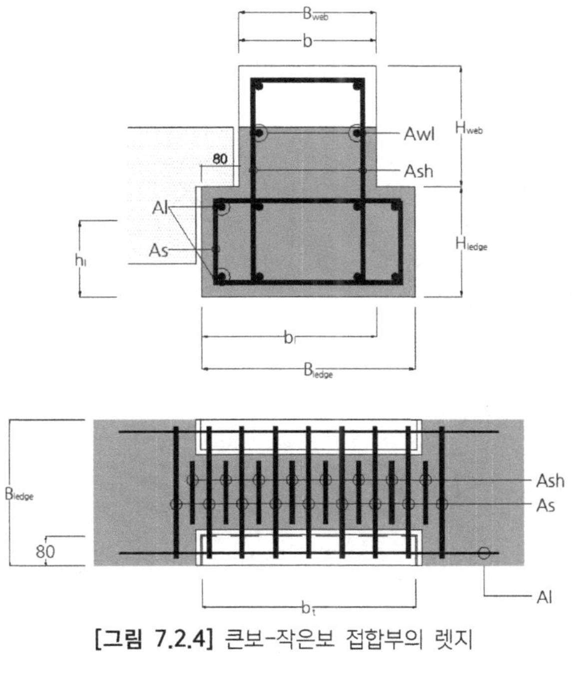

[그림 7.2.4] 큰보-작은보 접합부의 렛지

(2) 랫지의 2방향 전단 검토

집중하중에 의한 2방향 전단을 계산하면,

$a_s = 1.33$, $b_0 = 600 + (579/2) \times 2 + (80 + 579/2) \times 2 = 1{,}918\,\text{mm}$, $d_v = 579\,\text{mm}$,

$b_c = 46.5\,\text{mm}$

$$V_c = v_c b_o d = 1.716 \times 1{,}918 \times 579 \times 10^{-3} = 1{,}906\,\text{kN}$$

$$v_c = \lambda k_s k_{bo} f_{te} \cot\psi \left(\frac{c_u}{d_v} \right) = 1.0 \times 0.848 \times 1.25 \times 1.265 \times 5.29 \times \left(\frac{140.1}{579} \right) = 1.716\,\text{N/mm}^2$$

여기서, $k_s = \left(\dfrac{300}{d_v} \right)^{0.25} = \left(\dfrac{300}{579} \right)^{0.25} = 0.848 \leqq 1.1$

$$k_{bo} = \frac{4}{\sqrt{\alpha_s \left(\dfrac{b_o}{d_v} \right)}} = \frac{4}{\sqrt{1.33 \times \left(\dfrac{1{,}918}{579} \right)}} = 1.91 \leqq 1.25$$

$$f_{te} = 0.2\sqrt{f_{ck}} = 0.2 \times \sqrt{40} = 1.265\,\text{N/mm}^2$$

$$f_{cc} = \frac{2}{3} f_{ck} = \frac{2}{3} \times 40 = 26.67\,\text{N/mm}^2$$

$$\cot\psi = \frac{\sqrt{f_{te}(f_{te} + f_{cc})}}{f_{te}} = \frac{\sqrt{1.265 \times (1.265 + 26.67)}}{1.265} = 5.29$$

$$c_u = d\left[25\sqrt{\frac{\rho}{f_{ck}}} - 300\left(\frac{\rho}{f_{ck}} \right) \right] = 579\left[25 \times \sqrt{\frac{0.005}{40}} - 300 \times \left(\frac{0.005}{40} \right) \right] = 140.1\,\text{mm}$$

(단, $\rho = 0.005$로 가정)

따라서 $\phi V_c = 1{,}429\,\text{kN} > V_u = 400\,\text{kN}$ ··· OK

(3) 랫지의 휨철근 산정

다음으로 랫지 받침부의 휨에 대해서 휨 철근을 배치하면,

$N_u = 0.2 \times V_u = 80.0\,\text{kN}$

$a = \left(\dfrac{2}{3} \right) \times (b_l - b) + b_c = 100\,\text{mm}$

$d = 578.5\,\text{mm}$, $d_l = 564\,\text{mm}$, $d_s = 773.5\,\text{mm}$, $e = 473.3\,\text{mm}$

$h = 1{,}000\,\text{mm}$

$$A_s = \frac{1}{\phi f_{ys}}\left(V_u \frac{a}{d} + N_u \frac{h_l}{d}\right) = 518.6\,\mathrm{mm}^2$$

$$= \frac{1}{0.75 \times 400} \times \left(400 \times 10^3 \times \frac{100}{578.5} + 80 \times 10^3 \times \frac{625}{578.5}\right)$$

따라서 $5 - D13\,(A_s = 633.5\,\mathrm{mm}^2)$으로 $800\,\mathrm{mm}\,(b_t + 400\,\mathrm{mm})$안에 배근한다.

다음으로 랫지 브라켓의 상하에 종방향 철근을 배치하면,

$$A_l = 1.42(b_l - b) \times \frac{d_l}{f_{ys}} = 1.42 \times (920 - 840) \times \frac{564}{400} = 160\,\mathrm{mm}^2$$

따라서 $1 - D16$으로 배근한다.

랫지와 복부지점을 연결하는 걸이 철근을 배치하면,

$For\,Inverted - T\,Beam, m$

$$= \frac{\left[\left(\frac{b}{2} + e\right) - \left(3 - 2\frac{h_l}{h}\right)\left(\frac{h_l}{h}\right)^2\left(\frac{b_l}{2}\right)\right]}{d_s}$$

$$= \frac{\left[\left(\frac{840}{2} + 473.3\right) - \left(3 - 2 \times \frac{625}{1,000}\right) \times \left(\frac{625}{1,000}\right)^2 \times \left(\frac{920}{2}\right)\right]}{773.5} = 0.75$$

$$A_{sh} = m \times \frac{V_u}{\phi f_{ys}} = 0.58 \times \frac{400 \times 10^3}{0.75 \times 400} = 773\,\mathrm{mm}^2$$

따라서 $7 - D13\,(A_s = 886.9\,\mathrm{mm}^2)$으로 $800\,\mathrm{mm}\,(b_t + 400\,\mathrm{mm})$ 안에 배근한다.

반력이 작용하중과 일직선상에 있지 않게 되면 면외 휨이 발생하여 이를 보강하기 위해서 추가적인 수직 및 수평철근이 요구된다.

다음과 같이 면외 휨에 대한 보강 철근을 배치하면,

$e = 473.3\,\mathrm{mm}$

$d_w = 780.5\,\mathrm{mm}$

$$A_{wl} = V_u \times \frac{e}{2\phi f_{ys} d_w} = 400 \times 10^3 \times \frac{473.3}{2 \times 0.75 \times 400 \times 780.5} = 404\,\mathrm{mm}^2/\mathrm{m}$$

따라서 $4 - D13$으로 배근한다.

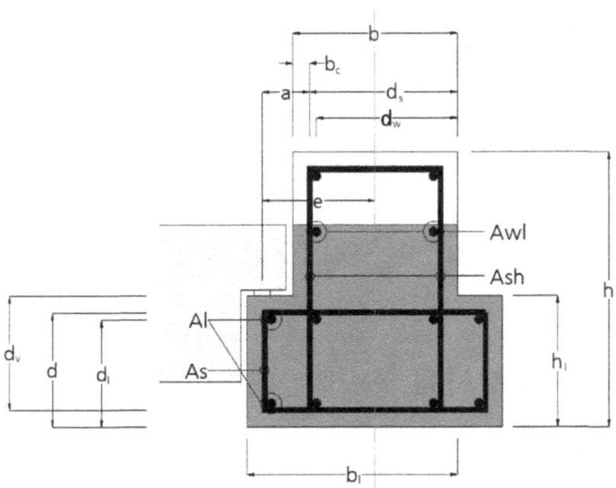

[그림 7.2.5] 큰보-작은보 접합부의 렛지 설계 정보

7.2.4 기둥-보 접합부에서 브라켓의 지압강도 설계

(1) 설계조건

- 기둥과 큰보 접합부는 콘크리트 접촉면 지압에 의해 힘이 전달되는 것으로 검토

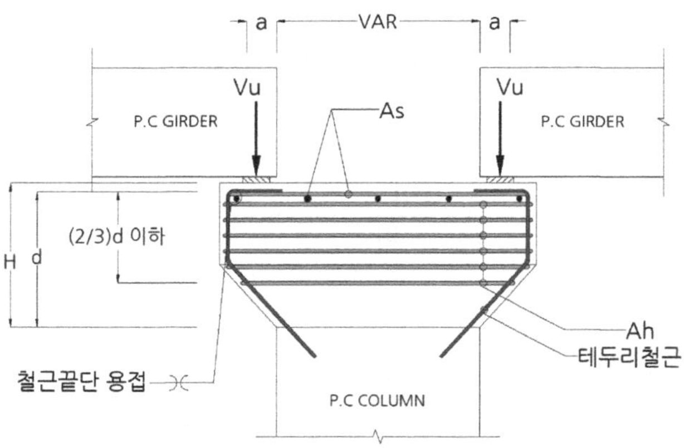

[그림 7.2.6] 기둥-보 접합부의 브라켓 상세

- 재하되는 전단력은 Vu= 1,320 kN 이며, 그로 인해 발생하는 수평인장력은 Nuc = 140 kN
- $h\ =\ 600\,\mathrm{mm}$, $d\ =\ 550\,\mathrm{mm}$, $b_w\ =\ 1{,}000\,\mathrm{mm}$, 전단력의 재하 위치 $a_v = 250\,\mathrm{mm}$
- $f_{ck.PC} = 45\,\mathrm{N/mm^2}$, $f_y = 500\,\mathrm{N/mm^2}$, $\mu = 1.4$

(2) 지압력 검토

지압판의 치수 및 유효춤을 검토하면,

소요 지압판 치수는 $A_1 = \dfrac{V_u}{\phi(0.85 f_{ck})} = \dfrac{1{,}320 \times 10^3}{0.65(0.85 \times 45)} = 53{,}092\,\text{mm}^2$

브라켓과 내민받침의 콘크리트 전단강도는 다음 중 작은 값을 사용한다.

$V_{\max 1} = 0.2 f_{ck} b_w d = 0.2 \times 45 \times 1{,}000 \times 550 = 4{,}950\,\text{kN}$

$V_{\max 2} = (3.3 + 0.08 f_{ck}) b_w d = (3.3 + 0.08 \times 45) \times 1{,}000 \times 550 = 3{,}795\,\text{kN}$

$V_{\max 3} = 11 b_w d = 11 \times 1{,}000 \times 550 = 6{,}050\,\text{kN}$

$\therefore\ V_n = MIN[V_{\max 1}, V_{\max 2}, V_{\max 3}] = 3{,}795\text{kN} > \text{V}_\text{u} = 1{,}320\,\text{kN}$ ··· OK

전단력의 재하 위치를 검토하면,

$a_v / d = 250/550 = 0.455 < 1.0$ ··· OK

전단력에 저항하는 전단 마찰 보강근을 산정하면,

$$A_{vf} = \frac{V_u}{(\phi f_y \mu)} = \frac{1{,}320 \times 10^3}{0.75 \times 500 \times 1.4} = 2{,}514\,\text{mm}^2$$

(3) 브라켓 휨인장력 검토

수평인장력 산정

$N_{uc} = 140\,\text{kN}$ (단, $N_{uc} \geq 0.2 \times V_u$)

$N_{uc} = 140\,\text{kN} < 0.2 \times \text{V}_\text{u} = 0.2 \times 1{,}320 = 264\,\text{kN}$

휨모멘트에 저항하는 인장보강근을 산정하면,

$$A_{vf} = \frac{V_u a + N_{uc}(h-d)}{\phi f_y (0.9d)} = \frac{1{,}320 \times 10^3 \times 250 + 264 \times 10^3 \times (600 - 550)}{0.75 \times 500 \times (0.9 \times 550)}$$

$$= 1{,}849\,\text{mm}^2$$

수평 인장력에 저항하는 보강근을 산정하면,

$$A_n = \frac{N_{uc}}{(\phi f_y)} = \frac{264 \times 10^3}{0.75 \times 500} = 704\,\text{mm}^2$$

주인장철근의 단면적을 다음 중 큰 값을 사용한다.

$$A_{s1}=\frac{2A_{vf}}{3}+A_n=\frac{2\times 1,849}{3}+704=1,936\,\mathrm{mm}^2$$

$$A_{s2}=A_{vf}+A_n=1,849+704=2,553\,\mathrm{mm}^2$$

$$A_{s,\min}=0.04\times\left(\frac{f_{ck}}{f_y}\right)\times b_w\times d=0.04\times\frac{45}{500}\times 1,000\times 550=1,980\,\mathrm{mm}^2$$

$$\therefore\ A_s=MAX[A_{s1},A_{s2},A_{s,\min}]=2,553\,\mathrm{mm}^2$$

따라서 $7-D22$으로 배근한다.

주인장철근과 나란하게 배치되는 폐쇄스트럽 또는 띠철근의 소요단면적은 다음 값 이상으로 한다.

$$A_h=0.5(A_{s.\max}-A_n)=0.5\times(2,553-704)=926\,\mathrm{mm}^2$$

따라서 $4-D13$으로 배근한다.

$$S_{paci}=\left(\frac{2}{3}\right)\times\frac{d}{4}=\frac{2}{3}\times\frac{550}{4}=92\,\mathrm{mm}^2$$

7.2.5 보-기둥 접합부에서 모멘트접합을 위한 정착 설계

(1) 설계조건

- Guidelines for the use of Structural Precast Concrete in Building 참조
- 보-기둥의 접합부를 모멘트에 저항하는 접합부로 설계, 연직하중이 지배하는 조건
- 콘크리트 접촉면의 지압력 전달성능은 충분하기 때문에 설계에서 생략
- 철근은 D22를 사용하며, 기둥 폭은 1,000 mm
- 도막되지 않은 철근을 사용하고 보통중량 콘크리트를 사용하며 덧침콘크리트 부분의 피복두께는 40 mm임
- 상부주근의 중심간 거리는 70 mm로 가정
- $f_{ck.RC}=27\,\mathrm{N/mm}^2$, $f_y=500\,\mathrm{N/mm}^2$

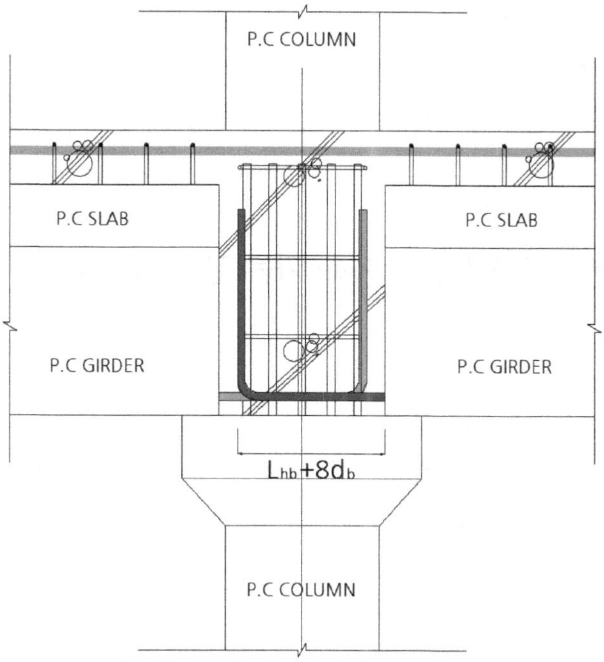

[그림 7.2.7] 기둥-보 접합부의 단면도

(2) 보 상부근의 정착길이

정착길이 l_d 산정

$$l_d = \frac{0.9 d_b f_y}{\lambda \sqrt{f_{ck}}} \frac{\alpha\beta\gamma}{(\dfrac{c+K_{tr}}{d_b})} = \frac{0.9\times 22\times 500}{1.0\sqrt{27}} \frac{1.3\times 1.0\times 1.0}{(\dfrac{35+0}{22})} \times 1.0 = 1{,}557\,\mathrm{mm}$$

여기서, $c = 70/2 = 35\,\mathrm{mm}$

$$K_{tr} = \frac{40A_{tr}}{s\times n} = \frac{40\times 0}{0\times 0} = 0$$

(소요철근량 / 배근철근량) 계수는 1로 가정

PC 보 상부근은 길이(ld) 1,557mm로 PC 보 내에서 정착한다.

(3) 보 하부근(공장제작)의 갈고리 정착

기본정착길이 l_{hb}

$$l_{hb} = \frac{0.24\beta d_b f_y}{\lambda\sqrt{f_{ck}}} = \frac{0.24\times 1.0\times 22\times 500}{1.0\sqrt{27}} = 508\,\mathrm{mm}$$

$8d_b = 8 \times 22 = 176\,\text{mm}$

$l_{hb} + 8d_b = 508 + 176 = 684\,\text{mm}$

PC 보 하부근은 PC 단부에서 길이(l_{hb}) 684mm의 90도 표준갈고리로 정착한다.

7.2.6 앵커볼트를 사용한 기초-기둥 접합부의 설계

(1) 설계조건

- 계수축하중(Pu) 3,500kN이 작용하는 기둥에 대하여 시공단계와 완성단계에서 기초-기둥 접합부의 안전성을 확보하도록 설계함. 본 접합부 예제는 휨모멘트를 고려하지 않았으며 앵커지점 조건은 Pin 접합

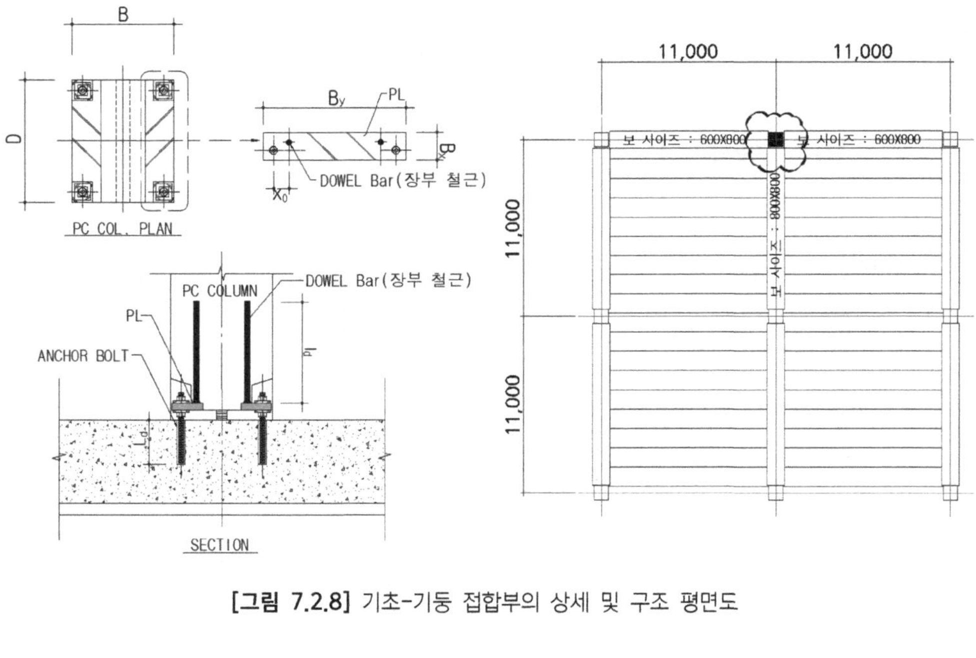

[그림 7.2.8] 기초-기둥 접합부의 상세 및 구조 평면도

- $f_{ck.rc}, f_{mor} = 27\,\text{N/mm}^2$, $f_y = 500\,\text{N/mm}^2$, $F_{y(pl,\,bolt)} = 240\,\text{N/mm}^2$
- PC 기둥 사이즈($B \times D$) : 500mm × 500mm
- 베이스 플레이트 사이즈($B_x \times B_y \times t_b$) : 200mm × 500mm × t_b
- 중공 슬래브 두께 : 320mm

(2) 가설 중 검토

가설 시 PC 부재 조립 후 그라우팅된 몰탈이 가설하중에 의한 지압력에 만족하도록 검토한다.

① 가설 시의 하중 산정

- 고정하중

  기둥 자중 : $24\times0.5\times0.5\times4.1=24.6\,\text{kN}$

  보 자중 : $24\times0.8\times0.8\times(11/2)+0.6\times0.8\times(11/2)\times2=211.2\,\text{kN}$

  중공 슬래브 자중(단, 중공률 무시)

  : $24\times0.32\times(11/2)\times2\times(11/2)=464.6\,\text{kN}$

  합계 : $24.6+211.2+464.6=700.4\,\text{kN}$

- 활하중(시공하중)

  $2.5\times(11/2)\times2\times(11/2)=151.3\,\text{kN}$

가설하중 $P_u=1.2\times700.4+1.6\times151.3=1{,}082.6\,\text{kN}$에 대하여 지압력 검토, 최소 공칭인장강도 : $T=375\,\text{kN}$에 대하여 베이스 플레이트 두께를 계산한다.

② 가설하중에 대한 지압력 검토

$$\phi P_n=\phi(0.85f_{mor}\sqrt{A_2/A_1})A_1$$

$$=0.65\times0.85\times27\times\left(\sqrt{\frac{500\times500}{200\times500}}\right)\times200\times500\times10^{-3}=2{,}358.7\,\text{kN}$$

$> P_u=1{,}082.6\,\text{kN}$ … OK

(3) 완공후 검토

① 기둥 하부의 지압강도 검토

지압력 : $P_u=3{,}500\,\text{kN}$

MAT 기초로 가정하면 $\sqrt{A_2/A_1}=2$이므로

$$\phi P_n = \phi(0.85 f_{ck}\sqrt{A_2/A_1})A_1$$
$$= 0.65 \times (0.85 \times 27 \times 2) \times 500 \times 500 \times 10^{-3}$$
$$= 7{,}459\,\text{kN} > \text{P}_\text{u} = 3{,}500\,\text{kN} \cdots \text{OK}$$

② 일체성 확보를 위한 최소 공칭인장강도 검토

$$T = 1.5A_g = 1.5 \times 500 \times 500 \times 10^{-3} = 375\,\text{kN}$$

③ 장부 철근량 산정

$$A_{s,\min} = 1.5A_g/f_y = 1.5 \times (500 \times 500)/500 = 750\,\text{mm}^2$$

$Use\,4 - D19\,(A_s = 1{,}146.8\,\text{mm}^2 > A_{s,\min})$

장부 철근의 정착길이

$$l_d = \frac{0.90 d_b f_y}{\sqrt{f_{ck}}} \times \frac{\alpha\beta\gamma}{\left(\dfrac{c+K_{tr}}{d_b}\right)} = \frac{0.90 \times 19 \times 500}{\sqrt{27}} \times \frac{1.0 \times 1.0 \times 1.0}{\left(\dfrac{90+0}{19}\right)} \times 0.65 = 225\text{mm}$$

여기서, 장부 철근 중심에서 표면까지 거리$(c) = 90\,\text{mm}$

$$K_{tr} = \frac{40A_{tr}}{s \times n} = \frac{40 \times 0}{0 \times 0} = 0$$

보정계수 적용 : 소요A_s/배근$A_s = 750/1{,}146.8 = 0.65$

장부 철근은 길이(l_d) 230 mm로 PC 기둥 내에서 정착한다.

④ 앵커볼트 산정

$$A_{s,\min} = 1.5A_g/f_y = 1.5 \times (500 \times 500)/240 = 1{,}562.5\,\text{mm}^2$$

$Use\,4 - \phi 25\,(A_s = 2{,}026.8\,\text{mm}^2 > \text{A}_{\text{s,min}})$

앵커볼트의 정착길이 = L (축인장력을 받는 부분) + L_h (후크 부분)

여기서 L : 12D 이상, 전체 인장력의 50 % 이상 부담

L_h : 잔여 인장력을 지압으로 부담

각각 50 %씩 부담하는 것으로 가정하여 앵커볼트의 길이를 산정하면,

$$T/2 = (0.6F_yA_g)/2 = 0.6F_y(\pi D^2/8)$$

앵커볼트의 부착력 $U = u_c \pi D L$

(u_c는 부착응력으로 $0.06f_{ck}$ 또한 $1.35\,\text{N/mm}^2$ 이하)

$T/2 = U$에서

$L = (0.6F_y D)/(8u_c) = (0.6 \times 240 \times 25)/(8 \times 1.35) = 333.3\,\text{mm}$

$\geq 12D = 12 \times 25 = 300\,\text{mm}$

$\rightarrow$ $Use,\ L = 350\,\text{mm}$

$T/2 = (0.6F_y A_g)/2 = 0.6F_y(\pi D^2/8)$

앵커볼트의 지압력 $B = f_c D L_h$ (f_c는 지압응력으로 $0.3f_{ck}$)

$T/2 = B$에서

$L_h = (0.6F_y \pi D)/(8f_c) = (0.6 \times 240 \times \pi \times 25)/(8 \times 8.1) = 174.5\,\text{mm}$

$\rightarrow$ $Use,\ L_h = 180\,\text{mm}$

따라서 앵커볼트의 정착길이 $L_d = 350 + 180 = 430\,\text{mm}$로 한다.

(4) 베이스플레이트 두께 산정

베이스 플레이트의 두께는 최소 공칭인장강도에 대하여 만족하도록 검토한다.

$$T \times x_0 \leq \phi \frac{t_b^2}{4} F_{y,pl} B_x$$

앵커볼트의 개수가 4개이므로 $T = 375/4 = 93.75\,\text{kN}$

$$t_b = \sqrt{\frac{4Tx_0}{\phi F_{y,pl} B_x}} = \sqrt{\frac{4 \times 93.75 \times 10^3 \times 40}{0.9 \times 240 \times 200}} = 18.6\,\text{mm}\ \ (\text{단},\ x_0 = 40\,\text{mm})$$

$\rightarrow$ $Use,\ 2\,PL - 200 \times 500 \times 20$

7.3 PC 중간모멘트골조 접합부 내진설계 예제

1. 건물개요

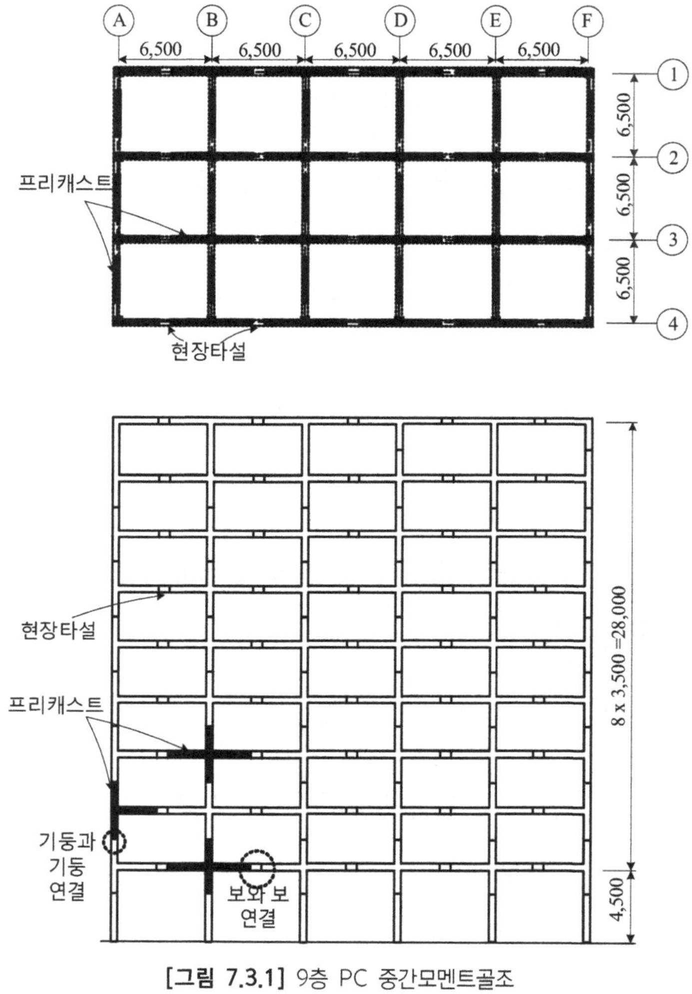

[그림 7.3.1] 9층 PC 중간모멘트골조

[그림 7.3.1]과 같은 9층 PC 중간모멘트골조를 내진설계한다. 이 경우 골조는 보와 기둥, 보와 보, 기둥과 기둥을 PC 부재로 연결하였다.

① 3층의 내부 보와 기둥을 연결한 PC 접합부

② 3층의 내부 보와 보를 연결한 PC 접합부

③ 2-3층 내부 기둥 중간을 연결한 강도 연결부 연결

(1) 재료조건

- 콘크리트
  - 기둥 : 최하층에서 5층 하부까지 $f_{ck} = 30\,\mathrm{MPa}$
    5층 하부부터 상부까지 $f_{ck} = 27\,\mathrm{MPa}$
  - 보 : $f_{ck} = 27\,\mathrm{MPa}$
- 철근 : 설계기준항복강도 $f_y = 500\,\mathrm{MPa}$
- 활하중 : $2.4\,\mathrm{kN/m^2}$, 추가고정하중 : $2.0\,\mathrm{kN/m^2}$

(2) 부재조건

- 부재단면적
  - NS방향 보 : $400\,\mathrm{mm} \times 600\,\mathrm{mm}$
  - EW방향 보 : $400\,\mathrm{mm} \times 600\,\mathrm{mm}$
  - 기둥 : $500\,\mathrm{mm} \times 500\,\mathrm{mm}$
- 슬래브 두께 : $180\,\mathrm{mm}$

(3) 내진설계조건

건물은 중간 지진위험도 지역에 위치해 있으며 중간 내진설계 또는 성능범주에 속하고 있다. 따라서 이 건물의 구조시스템으로 중간모멘트골조가 채택되었다.

7.3.1 내부 보와 기둥을 연결한 PC 접합부

보와 기둥을 연결한 접합부는 [그림 7.3.2]와 같이 PC보와 기둥을 연결하는 접합부이다. 접합부는 유형 1 또는 유형 2 등에 의하여 부재를 연결해야 한다.

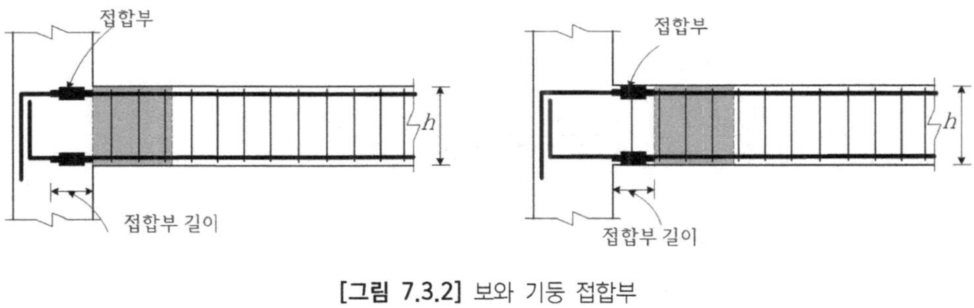

[그림 7.3.2] 보와 기둥 접합부

1. 내진설계하중 계산

지진하중과 풍하중의 하중조합에 대해 3차원 건물 해석이 수행되었다. 그 결과 지진하중의 영향이 더 큰 것으로 판정되었고 이후의 예제에서 풍하중의 영향을 포함한 하중조합은 고려되지 않는다. 여기서는 지진하중과 풍하중에 대한 구체적인 구조해석 절차는 나타내지 않으며, 설계를 위한 해석결과만을 나타낸다.

2. 보-기둥 접합부 설계

PC 접합부를 사용한 중간모멘트골조는 KDS 14 20 4.9 규정과 실무지침 6.3의 요구성능을 만족해야 한다.

(1) 보의 휨설계

① 단면 치수의 제한값을 만족하는지 확인한다.

보에 대한 계수축력(P_u)은 $A_g f_{ck}/10$ 이하이므로 보의 휨설계 기준으로 설계가 가능하다.

② 소요휨강도를 계산한다.

KDS 하중조합에 근거하여 소요휨강도를 계산한다.

③ 설계 휨철근량을 산정한다.

KDS 14 20의 휨설계법에 근거하여 설계 휨철근량을 계산한다.

- 부재는 복철근직사각형보로 해석할 수 있지만 안전성 및 계산의 간략화를 위하여 단철근 직사각형보로 설계한다. 인장철근의 변형률(ϵ_t)이 휨부재 설계조건인 $\epsilon_{a,\min}$ 이상이며, 인장철근이 항복한다고 가정한다. 따라서 인장철근의 응력(f_s)은 항복강도(f_y)가 된다.
- 힘의 평형조건을 이용하여 중립축의 깊이(c)를 계산한다.

$$0.85 f_{ck} a b = A_s f_s$$

$$a = \frac{(A_s) f_y}{(0.85 f_{ck}) b} = \frac{(6 \times 387.1) \times 500}{0.85 \times 27 \times 400} = 126.5\,\mathrm{mm}$$

$$c = \frac{a}{\beta_1} = \frac{126.5}{0.85} = 148.8\,\mathrm{mm}$$

- 변형의 적합조건을 이용하여 인장철근의 변형률을 계산하여 가정이 옳은지를 판단한다.

$$\epsilon_t = \left(\frac{d_t}{c} - 1\right)\epsilon_{cu} = \left(\frac{535.0}{148.8} - 1\right)0.003 = 0.00779$$

- 인장철근이 항복하므로 휨모멘트를 계산한다.

$$M_n = (0.85 f_{ck}) ab \cdot (d - a/2)$$
$$= (0.85 \times 27) \times 126.5 \times 400 \times (535 - 126.5/2) = 547.8 \text{ kN·m}$$

- 인장연단에 가장 가까운 철근의 변형률(ϵ_t)이 $\epsilon_{a,t}$(=0.00625) 이상이므로 강도감소계수(ϕ)를 0.85로 하여 설계모멘트(ϕM_n)를 계산한다.

$$M_u = \phi M_n = 0.85 \times 547.8 = 465.7 \text{ kN·m}$$

[표 7.3.1]에는 각 단면에 대해 설계휨강도 ϕM_n이 주어져 있다. 요구되는 철근량 A_s*은 복철근직사각형보로 계산할 경우의 인장철근의 양이며, 이때 압축철근은 2-D22로 고정하여 계산하였다. 또한 휨철근을 최소 철근에 대한 제한 조건으로 검토해 계산하였다.

$$A_{s,\min} = \frac{1.4}{f_y} \times b \times d = \frac{1.4}{500} \times 400 \times 535 = 599.2 \text{mm}^2$$

보에는 모두 최소 2-D22 이상의 철근이 배근되었다.

[표 7.3.1] 3층 보에 대한 계수휨모멘트와 철근 요구값

위치	M_u (kN·m)	요구 A_s* (mm^2)	배근 철근* (mm^2)	ϕM_n (kN·m)
지점부	-415.6	2,095.9	6-D22 (2,322.6)	465.7
	+253.6	1,231.2	4-D22 (1,548.4)	324.3
내부	51.3	599.2	2-D22 (774.2)	169.1

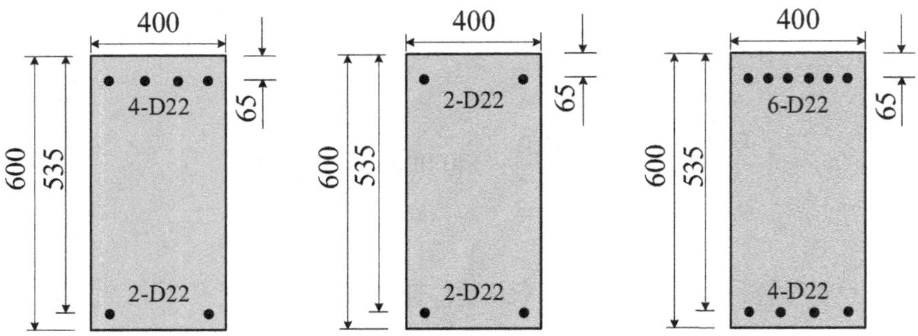

(a) 외부기둥 근처 (b) 중간부 (c) 내부기둥 근처

[그림 7.3.3] 3층 보 단면

④ 중간모멘트골조에 대한 철근 요구 조건을 검토한다.

접합부 면에서 정모멘트 휨강도는 부모멘트 휨강도의 적어도 1/3 이상이 되어야 한다. 또한 부재의 어느 위치에서나 정모멘트 또는 부모멘트에 대한 강도는 부재 양단 접합면의 최대 휨강도의 1/5 이상이어야 한다.

지점, $\phi M_n^+ \geqq \dfrac{\phi M_n^-}{3}$

중간부, $\phi M_n^+ \geqq \dfrac{\phi M_n^-}{5}$

외부 부모멘트 지점 : $\phi M_n^+ = 324.3\ \text{kN·m} > \phi M_n^- / 3 = 155.2\ \text{kN·m}$

그 외의 단면 : $\phi M_n = 169.1\ \text{kN·m} > \phi M_n^- / 5 = 93.1\ \text{kN·m}$

외부 부모멘트 지점 및 그 외의 단면에서 중간모멘트골조에 대한 철근 요구 조건을 만족하고 있음을 알 수 있다.

(2) 보-기둥 접합부의 연결부 위치

중간모멘트골조의 경우에는 특수모멘트골조의 설계에서 규정하는 접합부 위치에 대한 제한은 없다. 접합부의 길이는 연결하는 유형 1 또는 유형 2 등의 기계적이음의 길이에 맞추어 정한다.

(3) 보와 보의 강도 연결부의 설계하중 검토

접합부의 설계전단강도, ϕV_n은 접합부의 전단하중, V_e 이상이 되어야 한다.

$$\phi V_n \geqq V_e$$

$V_e =$ 중력하중과 지진하중에 대한 비탄성 횡변형의 지배 메커니즘을 기본으로 한 설계 항복 지점의 예상 강도에 상응하는 접합부의 전단력

$V_n =$ 접합부의 공칭전단력

[그림 7.3.4]는 보와 작용하는 하중의 분포이다. 보에 작용하는 하중은 삼각형 분포이며 양 단부에는 강도감소계수를 1로 하여 계산한 철근의 항복시의 휨모멘트가 작용한다.

① 보에 작용하는 하중을 계산

$$1.2\,w_D + 1.0\,w_L = (1.2 \times 43.7) + (1.0 \times 14.4) = 66.8\,\mathrm{kN/m}$$

$$w_D = (0.18 \times 24 \times 6) + (2 \times 6) + (0.4 \times 0.6 \times 24) = 43.7\,\mathrm{kN/m}$$

$$w_L = 2.4 \times 6.0 = 14.4\,\mathrm{kN/m}$$

② 접합부의 설계전단강도를 검토한다.

접합부 영역에서 D10 스터럽이 200 mm 간격으로 배근되어 있다.

$$V_c = \frac{1}{6}\lambda\sqrt{f_{ck}}\,b_w d = \frac{1}{6} \times 1 \times \sqrt{27} \times 400 \times 535 = 185.3\,\mathrm{kN}$$

$$V_s = \frac{2 \times 71.3 \times 500 \times 535}{200} = 190.7\,\mathrm{kN}$$

$$\phi V_n = \phi(V_c + V_s) = 0.75 \times (185.3 + 190.7) = 282.0\,\mathrm{kN}$$

$$V_u = 255.1 - \frac{66.8}{3} x \times x \times \frac{1}{2} = 255.1\,\mathrm{kN} \quad (\text{여기서 } x = 0\,\mathrm{m})$$

연결부의 설계전단강도가 282.0 kN 이며 기둥 측면에서 V_e를 고려한 계수전단강도는 255.1 kN 으로 설계가 적합하다.

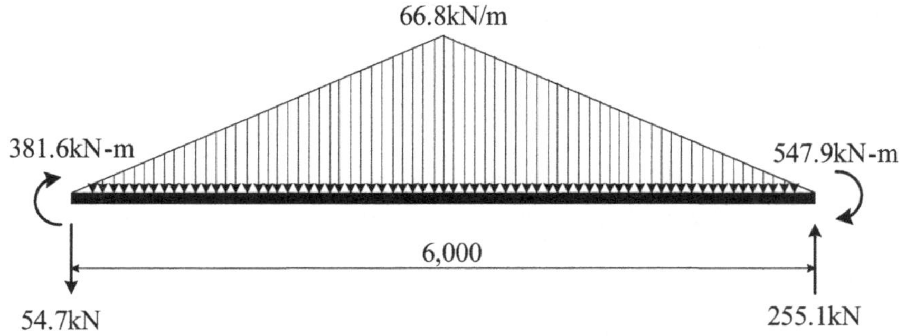

[그림 7.3.4] 중력하중, 활하중, 지진하중을 받는 보

③ 철근을 [그림 7.3.5]와 같이 배근한다.

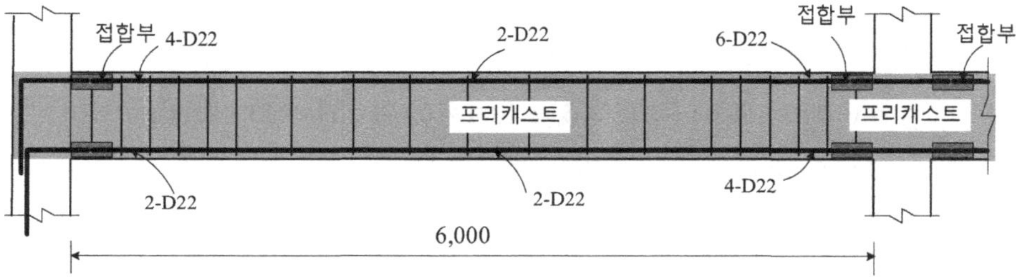

[그림 7.3.5] 보와 기둥 접합부 PC (접합부의 현장타설 콘크리트부분과 철근 상세는 그림에 표시하지 않음)

7.3.2 내부 보와 보를 연결한 PC 접합부

보와 보를 연결한 접합부는 [그림 7.3.6]과 같이 십자형의 PC 기둥-보 부재를 연결하는 접합부이며 부재의 PC 부재의 자중이 무겁다. 이 예제에서는 여러 접합 방법 중에서 설계가 복잡한 현장 콘크리트에 의한 연결 방식을 소개하고자 한다.

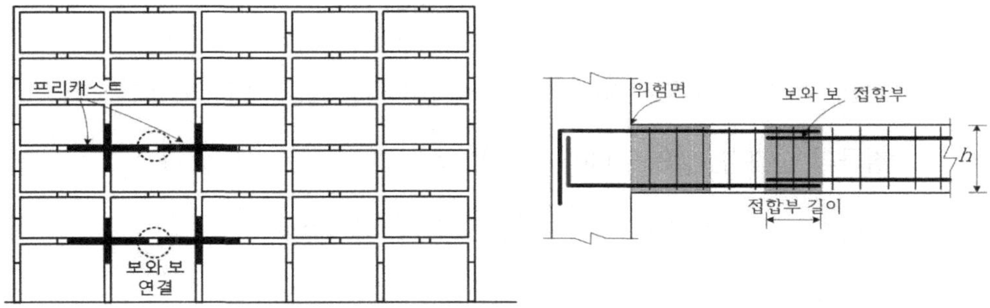

[그림 7.3.6] 보와 보 접합부

1. 내진설계하중 계산

보-기둥 접합 방식과 동일하다.

2. 보-기둥 접합부 설계

(1) 보의 휨설계

보-기둥 접합 방식과 동일하게 계산하여 [그림 7.3.3]과 같이 단면을 결정하였다.

(2) 강도 연결부의 휨철근 겹침이음길이를 이용하여 연결부 길이 계산

① 상부철근의 겹침이음길이

중간모멘트골조의 경우에는 특수모멘트골조의 설계에서 규정하는 휨철근의 겹침이음 위치에 대한 제한은 없다. 연결부 상부에는 2-D22의 휨철근이 연결되며, 휨철근의 겹침이음길이를 계산하면 다음과 같다.

$$l_d = \frac{0.90 d_b f_y}{\lambda\sqrt{f_{ck}}}\frac{\alpha\beta\gamma}{\left(\dfrac{c+K_{tr}}{d_b}\right)} = \frac{0.90\times 22.2\times 500}{\sqrt{27}}\frac{1.3\times 1\times 1}{2.5} = 999.7\,\mathrm{mm}$$

α : 철근의 위치계수, 1.3 (300 mm 이상 타설되는 수평 배근된 상부철근)

β : 철근 도막계수, 1.0 (도막되지 않은 철근)

γ : 철근의 크기계수, 1.0 (D22 이상의 철근)

λ : 경량콘크리트 계수, 1.0 (일반 콘크리트)

철근의 위치계수(α)와 철근 도막계수(β)를 곱한 값은 1.3

c : 철근 간격 또는 피복두께에 관련된 계수

철근 중심에서 표면까지의 거리 : $40+9.53+\dfrac{22.2}{2}=60.6\,\text{mm}$

철근의 순간격 : $400-(40+9.53)\times 2-22.2\times 2=256.5\,\text{mm}$

철근중심간 거리의 1/2 : $\dfrac{256.5+22.2}{2}=139.4\,\text{mm}$

그러므로 $c=60.6\,\text{mm}$

K_{tr} : 횡방향철근 지수

$$K_{tr}=\frac{40A_{tr}}{sn}=\frac{40\times 71.3\times 2}{200\times 2}=14.3$$

$$\frac{c+K_{tr}}{d_b}=\frac{60.6+14.3}{22.2}=3.37>2.5 \quad \text{그러므로 } 2.5$$

② 하부철근의 겹침이음길이

연결부 하부에는 2-D22의 휨철근이 연결되며, 휨철근의 겹침이음길이를 계산하면 다음과 같다.

$$l_d=\frac{0.90d_bf_y}{\lambda\sqrt{f_{ck}}}\frac{\alpha\beta\gamma}{\left(\dfrac{c+K_{tr}}{d_b}\right)}=\frac{0.90\times 22.2\times 500}{\sqrt{27}}\frac{1\times 1\times 1}{2.5}=769\,\text{mm}$$

α : 철근의 위치계수, 1.0 (하부철근)

β : 철근 도막계수, 1.0 (도막되지 않은 철근)

γ : 철근의 크기계수, 1.0 (D22 이상의 철근)

λ : 경량콘크리트 계수, 1.0 (일반 콘크리트)

$$\frac{c+K_{tr}}{d_b}=\frac{60.6+14.3}{22.2}=3.37>2.5 \quad \text{그러므로 } 2.5$$

③ 연결부 철근의 겹침이음길이

연결부에는 [그림 7.3.3]과 같이 2-D22철근이 배근된다. 특히 부재의 어느 위치에서나 정모멘트 또는 부모멘트에 대한 강도는 부재 양단 접합면의 최대 휨강도의 1/5 이상이어야 한다.

$$\frac{\text{소요철근량}}{\text{배근철근량}} = \frac{93.1}{169.1} = 0.55$$

연결부 상부철근의 겹침이음길이 $= 999.7 \times 0.55 = 550\,\text{mm}$

연결부 하부철근의 겹침이음길이 $= 769 \times 0.55 = 423\,\text{mm}$

④ 연결부 길이를 계산한다.

겹침이음길이 550 mm와 423 mm를 비교했을 때 550 mm가 길므로 이를 기준으로 연결부 길이를 정한다. 연결부 이음이 B급 이음일 경우에 연결부 길이는 다음과 같다.

연결부 길이 $= 1.3 \times 550\,\text{mm} = 715\,\text{mm}$ → 720 mm로 정한다.

(3) 보와 보의 강도 연결부의 연결 위치 결정

보에 사용되는 강도 연결부의 위치를 지진하중과 이음길이를 이용하여 결정한다. [그림 7.3.7]은 보와 작용하는 하중의 분포이다. 보에 작용하는 하중은 삼각형 분포이다.

① 상부철근 항복시의 단부 휨모멘트를 계산한다. 설계전단력의 계산을 위하여 지진발생 시 보의 양단부에 소성힌지가 발생한다는 가정을 사용한다. 특수모멘트골조에 대해서는 지진하중이 작용하는 부재의 재료 초과강도도 계수 1.25를 휨철근의 항복강도에 곱하여 설계휨모멘트를 계산하지만, 중간모멘트골조에서는 철근의 설계항복강도를 사용하여 설계 휨모멘트를 계산한다. 이때 강도감소계수는 "1"로 한다.

$M_n^- = 547.9\,\text{kN}\cdot\text{m}$

② 하부철근 항복시의 단부 휨모멘트를 계산한다.

$M_n^+ = 381.6\,\text{kN}\cdot\text{m}$

③ 경간 중앙에서 보에 작용하는 중력 하중을 계산

$w_D = (0.18 \times 24 \times 6) + (2 \times 6) + (0.4 \times 0.6 \times 24) = 43.7\,\text{kN/m}$

$0.9 \times w_D = 0.9 \times 43.7 = 39.3\,\text{kN/m}$

④ 연결부 휨철근의 저항모멘트에 해당하는 위치를 계산한다.

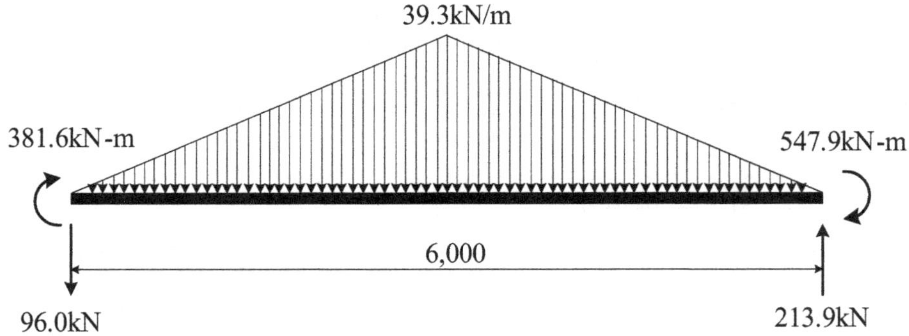

[그림 7.3.7] 중력하중과 지진하중을 받는 보의 연결부의 위치

연결부에는 2-D22철근이 배근되며 2-D22철근의 ϕM_n은 169.1kN·m이다. 이 값에 해당하는 길이를 내부 지지점 측면에서 떨어진 위치를 계산한다.

$$-547.9+213.9\times x-\frac{39.3}{3}x\times x\times\frac{1}{2}\times\frac{x}{3}=169.1$$

$$x=1{,}834\,\mathrm{mm}$$

또한 부재의 중앙에서의 휨모멘트는 34.8kN·m이다. 휨철근은 [그림 7.3.8]과 같이 휨모멘트를 저항하는데 더 이상 철근을 요구하지 않는 점에서부터 부재의 유효길이(d) 또는 철근 지름(d_b)의 12배 중 큰 값 이상으로 더 연장하여야 한다.

$$\mathrm{max.}(d,\ 12d_b)=(535,\ 266.4)=535\,\mathrm{mm}$$

그러므로 연결부의 위치는 기둥 단면에서 다음 길이 이상이 되어야 한다.

$$1{,}834+535=2{,}369\,\mathrm{mm}$$

⑤ 상부철근의 정착길이를 계산하여 상부철근 절단할 위치의 적합성을 검토한다. 상부철근에는 6-D22철근이 배근되어 있으며, 상부 휨철근의 겹침이음길이를 계산하면 다음과 같다.

$$l_d = \frac{0.90 d_b f_y}{\lambda \sqrt{f_{ck}}} \frac{\alpha\beta\gamma}{\left(\dfrac{c+K_{tr}}{d_b}\right)} = \frac{0.90 \times 22.2 \times 500}{\sqrt{27}} \frac{1.3 \times 1 \times 1}{1.47} = 1{,}701 \text{ mm}$$

α : 철근의 위치계수, 1.3 (300 mm 이상 타설되는 수평 배근 된 상부철근)

β : 철근 도막계수, 1.0 (도막되지 않은 철근)

γ : 철근의 크기계수, 1.0 (D22 이상의 철근)

λ : 경량콘크리트 계수, 1.0 (일반 콘크리트)

철근의 위치계수(α)와 철근 도막계수(β)를 곱한 값은 1.3

c : 철근 간격 또는 피복두께에 관련된 계수

철근 중심에서 표면까지의 거리 : $40 + 9.53 + \dfrac{22.2}{2} = 60.6 \text{mm}$

철근의 순간격 : $\dfrac{400 - (40 + 9.53) \times 2 - 22.2 \times 6}{5} = 33.5 \text{mm}$

철근중심간 거리의 1/2 : $\dfrac{33.5 + 22.2}{2} = 27.9 \text{mm}$

그러므로 $c = 27.9 \text{ mm}$

K_{tr} : 횡방향철근 지수

$$K_{tr} = \frac{40 A_{tr}}{sn} = \frac{40 \times 71.3 \times 2}{200 \times 6} = 4.75$$

$$\frac{c + K_{tr}}{d_b} = \frac{27.9 + 4.75}{22.2} = 1.47 < 2.5$$

정착 길이가 1,701 mm이며 이 값은 2,369 mm보다 작으므로 상부철근의 정착 및 2,369 mm 위치에서 일부 철근의 절단이 가능하다.

⑥ 하부철근의 정착길이

$$l_d = \frac{0.90 d_b f_y}{\lambda \sqrt{f_{ck}}} \frac{\alpha\beta\gamma}{\left(\dfrac{c+K_{tr}}{d_b}\right)} = \frac{0.90 \times 22.2 \times 500}{\sqrt{27}} \frac{1 \times 1 \times 1}{2.41} = 796\ \mathrm{mm}$$

α : 철근의 위치계수, 1.0 (하부철근)

β : 철근 도막계수, 1.0 (도막되지 않은 철근)

γ : 철근의 크기계수, 1.0 (D22 이상의 철근)

λ : 경량콘크리트 계수, 1.0 (일반 콘크리트)

철근의 위치계수(α)와 철근 도막계수(β)를 곱한 값은 1.3

c : 철근 간격 또는 피복두께에 관련된 계수

철근 중심에서 표면까지의 거리 : $40 + 9.53 + \dfrac{22.2}{2} = 60.6\,\mathrm{mm}$

철근의 순간격 : $\dfrac{400 - (40 + 9.53) \times 2 - 22.2 \times 4}{3} = 70.7\,\mathrm{mm}$

철근중심간 거리의 1/2 : $\dfrac{60.6 + 22.2}{2} = 46.5\,\mathrm{mm}$

그러므로 $c = 46.5\,\mathrm{mm}$

K_{tr} : 횡방향철근 지수

$$K_{tr} = \frac{40 A_{tr}}{sn} = \frac{40 \times 71.3 \times 2}{200 \times 4} = 7.13$$

$$\frac{c + K_{tr}}{d_b} = \frac{46.5 + 7.13}{22.2} = 2.41 < 2.5$$

정착길이가 796 mm이며 이 값은 2,369 mm보다 작으므로 일부 철근의 절단이 가능하다.

⑦ 철근 절단점의 전단력 검토

상부철근 절단면 지점에서 계수 전단력 V_u가 ϕV_n의 2/3 값을 초과하지 않는지 확인해야 한다. 이 영역에서 D10 스터럽이 200 mm 간격으로 배근되어 있다.

$$V_c = \frac{1}{6}\lambda\sqrt{f_{ck}}\,b_w d = \frac{1}{6}\times 1\times\sqrt{27}\times 400\times 535 = 185.3\,\text{kN}$$

$$V_s = \frac{2\times 71.3\times 500\times 535}{200} = 190.7\,\text{kN}$$

$$\phi V_n = \phi(V_c + V_s) = 0.75\times(185.3+190.7) = 282.0\,\text{kN}$$

$$V_u = 213.9\times x - \frac{39.3}{3}x\times x\times\frac{1}{2} = 173.8\,\text{kN} \quad (\text{여기서 } x = 2.369\,\text{m})$$

$$\frac{2}{3}\phi V_n = 188.0\,\text{kN} > V_u = 173.8\,\text{kN} \ (\text{철근 절단 지점의 전단력})$$

그러므로 주철근의 절단이 가능하다.

(4) 보와 보의 강도 연결부의 설계하중 검토

접합부의 설계전단강도, ϕV_n은 접합부의 전단하중, V_e 이상이 되어야 한다. 하중은 [그림 7.3.7]과 동일하다.

① 경간 중앙에서 보에 작용하는 하중을 계산

$$1.2\,w_D + 1.0\,w_L = (1.2\times 43.7) + (1.0\times 14.4) = 66.8\,\text{kN/m}$$

$$w_D = (0.18\times 24\times 6) + (2\times 6) + (0.4\times 0.6\times 24) = 43.7\,\text{kN/m}$$

$$w_L = 2.4\times 6.0 = 14.4\,\text{kN/m}$$

② 강도 연결부의 설계전단강도를 검토한다.

$$\phi V_n = \phi(V_c + V_s) = 0.75\times(185.3+190.7) = 282.0\,\text{kN}$$

$$V_u = 255.1\times x - \frac{66.8}{3}x\times x\times\frac{1}{2} = 192.6\,\text{kN} \ (\text{여기서 } x = 2.369\,\text{m})$$

연결부의 설계전단강도가 382.0 kN이며 기둥 측면에서 2.369 m 떨어진 위치에서 S_e를 고려한 계수전단강도는 192.6 kN으로 설계가 적합하다.

③ 철근을 [그림 7.3.8]과 같이 배근한다.

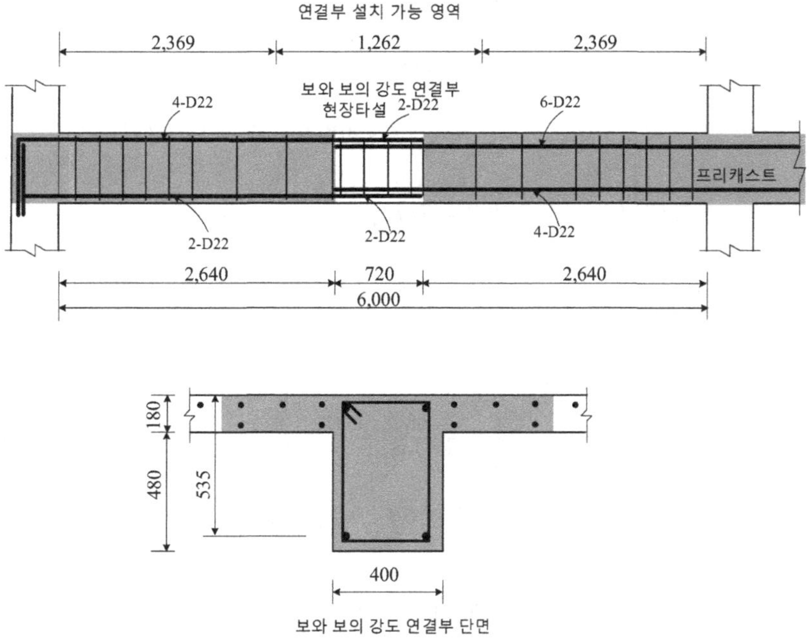

[그림 7.3.8] 보와 보 접합부

(접합부의 현장타설 콘크리트 부분과 철근 상세는 그림에 표시하지 않음)

7.3.3 기둥과 기둥을 연결한 PC 접합부

강도 연결부를 사용한 중간모멘트골조는 KDS 14 20 4.9 규정과 실무지침 6.3의 요구 성능을 만족해야 한다.

(1) 기둥의 휨설계

① 단면 치수의 제한값을 만족하는지 확인한다.

계수축력(P_u)은 $A_g f_{ck}/10$을 초과하므로 기둥의 휨설계 기준으로 설계한다.

$$P_u = 2{,}148.1\ \text{kN} > \frac{A_g f_{ck}}{10} = 50 \times 500 \times 35/10{,}000 = 875\ \text{kN}$$

따라서 휨과 축력을 받는 중간모멘트 골조 부재를 다루고 있는 KDS 14 20 4.9 조항이 적용된다.

② 소요휨강도를 계산한다.

KDS 하중조합에 근거하여 소요휨강도를 계산한다.

[표 7.3.2] 기둥에 대한 계수축하중과 계수휨모멘트

하중조합	계수축력, P_u (kN)	계수휨모멘트, M_u (kN·m) 상부 (하부)
1.2D + 1.6L	1,871.6	−7 (4)
1.2D + E+L	2,148.1	−332.2 (380.4)
1.2D − E + L	1,598.1	−318.9 (371.5)
0.9D + E	1,503.2	−330.9 (379.2)
0.9D − E	949.3	−320.4 (372.4)

③ 설계 휨철근량을 산정한다.

휨설계법에 근거하여 설계 휨철근량을 계산한다. 기둥은 $500\,\mathrm{mm} \times 500\,\mathrm{mm}$의 정사각형 기둥이다.

[그림 7.3.9]의 단면에 대한 축력-모멘트 상관곡선을 이용하면 $P_u = 2,148.1\,\mathrm{kN}$에 상응하는 휨모멘트는 $\phi M_n = 548.9$ kN·m이며 이 값은 $380.4\,\mathrm{kN}$보다 크므로 설계가 적합하다. 또한 철근비 ρ_g는 0.01 이상이고 0.06 이하이므로 적합하다.

$$\rho_g = \frac{12 \times 387.1}{500 \times 500} = 0.0186$$

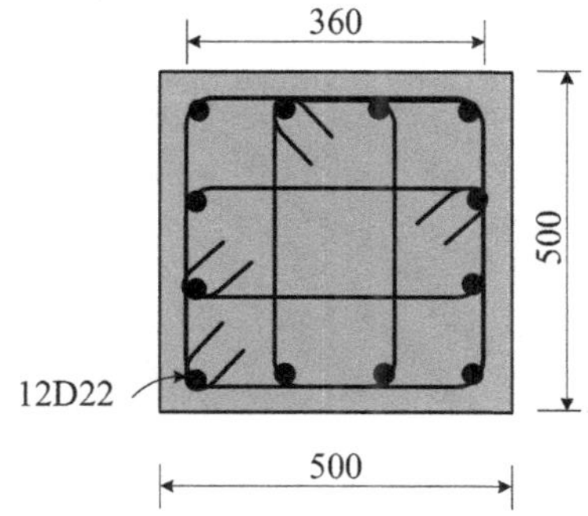

[그림 7.3.9] 내부 기둥 단면

(2) 기둥-기둥 강도 연결부의 최소 연결 강도 검토

기둥과 기둥을 연결하는 강도 접합부의 ϕV_n은 지진하중을 받는 전단력 V_e 이상이 되어야 한다.

① 최대 휨모멘트에 의한 전단강도 계산

강도감소계수 1.0과 f_y를 이용하여 기둥에 작용할 수 있든 최대 휨모멘트를 계산한다. 기둥에 작용하는 최대 휨모멘트는 균형파괴시점이므로 주어진 단면에 대한 균형파괴 시의 휨모멘트를 계산하면 $M_{pr} = 912.5$ kN·m이다.

7.4 PC 구조벽체 내진설계 예제

7.4.1 PC 구조벽체 수평 접합부 설계

1. 설계개요

이 예제는 내진설계범주 "C"에 해당하는 것으로 가정하였으며 건물높이 15 m 이내이므로 내력벽 시스템 중 PC 보통구조벽체의 적용이 가능하나 설명을 위해 PC 중간구조벽체를 적용하는 것으로 하여 풀이를 진행한다(이하 예제 7.4.2, 7.4.3, 7.4.4와 동일). 벽체는 가로 7.6 m, 세로 3.6 m의 크기로 세로 방향의 분절은 없으며 각 층에서 수평 분절되는 것으로 가정하였다.

2. 설계대상 벽체

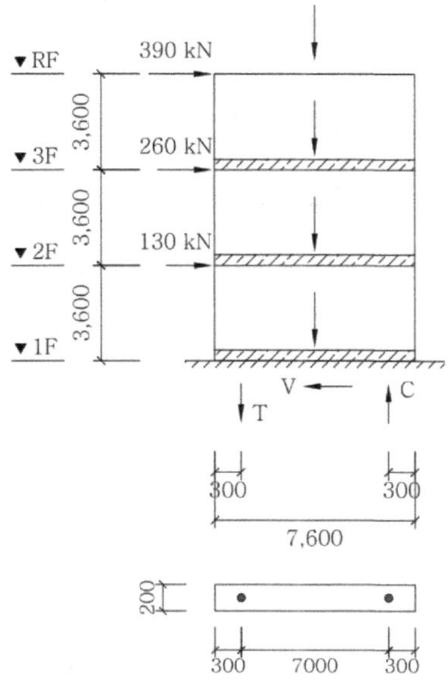

[그림 7.4.1] 3층 PC 전단벽과 설계 하중

3. 설계조건

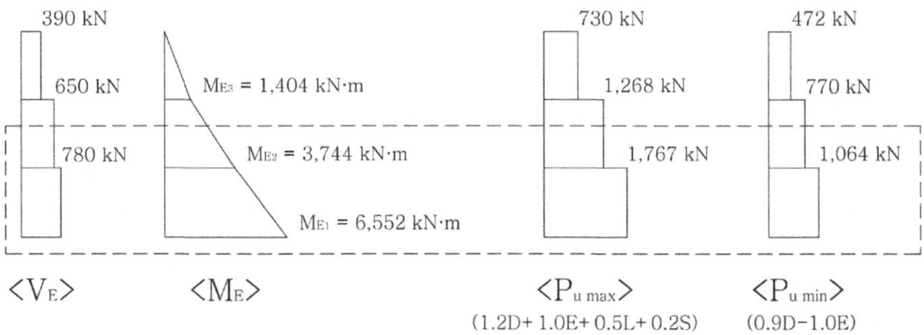

[그림 7.4.2] 부재력도

f_{ck}(기초) = 24 MPa, f_{ck}(PC벽체) = 35 MPa, f_y = 500 MPa

강재 강종 SM275(F_y = 275 MPa, F_u = 410) MPa

용접재 인장강도 F_{uw} = 420 MPa

헤드 스터드 강종 4.6등급 F_{uta} = 400 MPa

1F) $P_{u\max} = 1{,}767$ kN, $P_{u\min} = 1{,}064$ kN, $M_{E1} = 6{,}552$ kN·m, $V_{E1} = 780$ kN

2F) $P_{u\max} = 1{,}268$ kN, $P_{u\min} = 770$ kN, $M_{E2} = 3{,}744$ kN·m, $V_{E2} = 650$ kN

4. 1층 (기초 연결부) 수평조인트 설계

(1) 전도모멘트에 대한 수직 연결철근 검토

전단벽체 양단부 인장철근을 이용하여 전도모멘트에 저항하도록 설계한다.

벽체의 축하중이 f_{ck}의 3.3% ($\dfrac{P_{u\max}}{A_g} = 1.2$ MPa)로 평균압축응력이 상당히 작아 전도모멘트에 대한 단부 인장력은 철근의 우력으로 간단히 산정할 수 있다.

이때, 축하중은 최솟값을 고려한다.

$$M_{E1} - P_{u\min} \times \frac{jd}{2} - T_u \times jd = 0$$

$$T_u = \frac{M_{E1}}{jd} - \frac{P_{u\min}}{2} = \frac{6{,}552}{7.0} - \frac{1{,}064}{2} = 404.0 \text{ kN}$$

$$\phi T_n = \phi A_s F_y \geq T_u$$

$$req A_s \geq \frac{T_u}{\phi f_y} = \frac{404 \times 10^3}{0.85 \times 500} = 950.6 \text{ mm}^2$$

1) 최소연결 규정 검토

[KDS 14 20 62 : 4.2.1(4)]

구조일체성 확보 요건에 따라 프리캐스트 콘크리트 벽판은 최소한 두 개의 연결부를 갖고 연결부 최소 공칭인장강도는 하나당 45 kN 이상이어야 한다.

[KDS 14 20 62 : 4.2.2(6)]

수직 연결철근은 건물 전체 높이 연속되도록 하며 벽체 수평 방향으로 44 kN/m 이상 또한 벽 패널당 2개소 이상 중심 간격은 3.6 m 이하로 배치하여야 한다.

$$T_{u\min} = \left[44 \times \frac{7.6}{2} = 167.2\,,\ 45\right]_{\max} = 167.2 \text{ kN} < T_u = 404 \text{ kN}$$

따라서 수직 연결철근은 양단부에 2-D25($A_s = 1{,}014 \text{ mm}^2$)을 사용한다.

항복철근의 연결 요소는 유형2 기계식이음(스플라이스 슬리브)을 사용하고 배근의 단순성을 고려하여 수직방향으로 전 층에 연속적으로 배치한다. 이때 기계식이음의 예상 강도는 철근 항복강도의 최소 1.5배 이상이어야 한다(ACI 318R-19 18.5 참고).

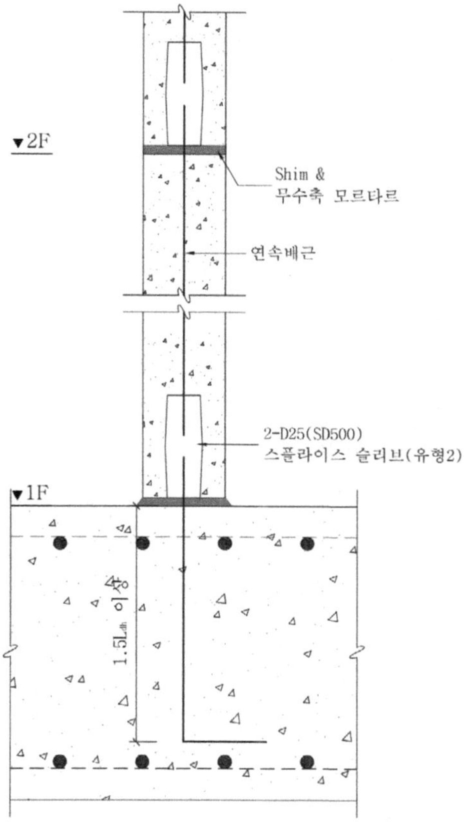

[그림 7.4.3] Base 수평 접합부 수직철근 연결 상세

2) 정착부 검토

상부측은 연속적으로 배근하므로 정착길이는 별도로 계산할 필요가 없다.

기초에서의 정착은 $1.5S_y$를 고려하여 정착길이를 1.5배 증가시킨다.

표준갈고리 인장정착길이 사용

$$1.5l_{dh} = 1.5 \times \frac{0.24\beta d_b f_y}{\lambda\sqrt{f_{ck}}} \times \text{보정계수}$$

$$= 1.5 \times \frac{0.24 \times 1.0 \times 25 \times 500}{1.0\sqrt{24}} \times 0.7 = 643\,\text{mm}$$

(2) 수평 접합부 전단 검토

구조벽체와 기초의 연결부에서 휨 항복하도록 설계되어 인장 연결철근의 전단에 대한 저항을 기대하기 어려우므로 수평전단에 대해서는 전단커넥터를 추가하여 검토하였으며 이 전단커넥터가 의도치 않게 다시 휨 내력에 기여하지 않도록 전단커넥터는 수직으로 유연하게 수평으로는 강하게 접합하도록 상세를 고려한다([그림 7.4.5] 참조).

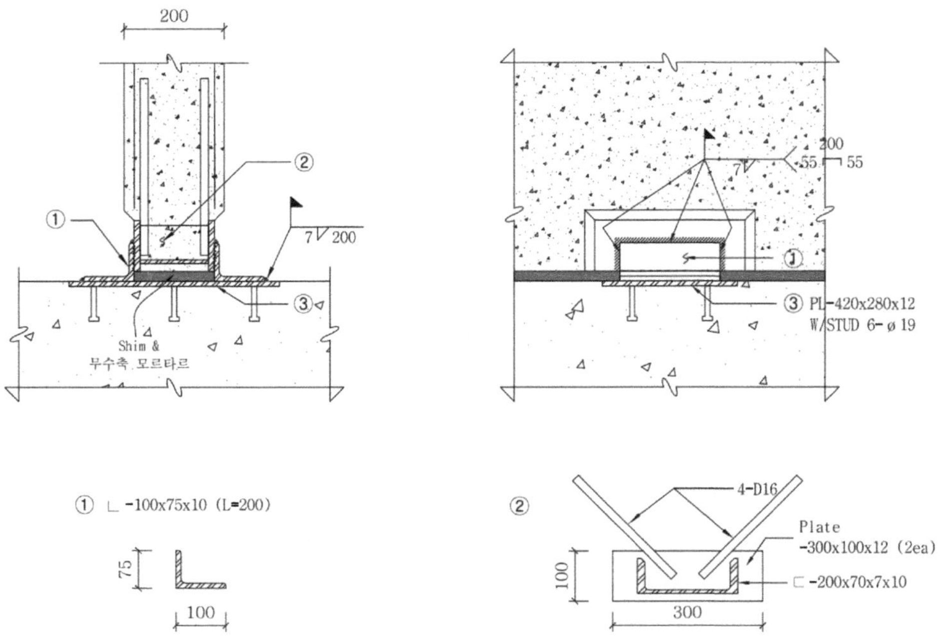

[그림 7.4.4] 구조벽체와 기초 연결부 수평 접합부 전단커넥터 상세

1) 설계전단력 산정

항복하지 않도록 고려된 접합부이므로 설계전단력은 벽체와 기초 연결부의 항복강도를 기준으로 $1.5S_y$의 요구강도로 산정한다.

1층(벽체와 기초 연결부)의 초과강도비

$$M_{y1} = A_s f_y jd + P_{umax} \times \frac{jd}{2} = 2 \times 507 \times 500 \times 7.0 \times 10^{-3} + 1{,}767 \times \frac{7.0}{2}$$

$$= 9{,}733.5\,\mathrm{kN \cdot m}$$

$$\frac{M_n}{M_u} = \frac{M_{y1}}{M_{E1}} = \frac{9{,}733.5}{6{,}552} = 1.49$$

2) 수평 접합부 설계전단력

$$V_u = 1.5 \times \left(\frac{M_{y1}}{M_{E1}} \right) \times V_{E1} = 1.5 \times 1.49 \times 780\,\text{kN} = 1{,}743.3\,\text{kN}$$

3) 전단커넥터 전단내력 검토

① 앵글① 전단내력 검토

$$\phi V_n = \phi(0.6F_u)A_e = 0.75 \times 0.6 \times 410 \times 10 \times 200 \times 10^{-3} \times 2 = 738.0\,\text{kN}$$

② 앵글① 기초연결부 용접내력 검토

$$\phi R_{nw} = \phi F_{nw} A_w = \phi(0.6F_{uw})A_w$$

$$= 0.75 \times 0.6 \times 420 \times (0.7 \times 7 \times 186) \times 2 \times 10^{-3} = 344.5\,\text{kN}$$

③ 앵글① 벽체연결부 용접내력 검토

KBC2016 H형강 접합부 설계 매뉴얼 도움표 2.2.9-6 이용

$l = 200\,\text{mm},\ kl = 55\,\text{mm} \quad \rightarrow \quad k = 0.275$

$xl = 9.8\,\text{mm} \quad \rightarrow \quad x = 0.049$

$$y = \frac{\frac{55^2}{2} \times 2a}{(200 \times a + 55 \times a \times 2)} = 9.8\,\text{mm}$$

$e_x = 100\,\text{mm},\ e_y = 75 - 9.8 = 65.2\,\text{mm} \quad \rightarrow \quad e = \sqrt{e_x^2 + e_y^2} = 119\,\text{mm}$

$$a = \frac{e}{l} = \frac{119}{200} = 0.595$$

$C = 0.195$ (용접군의 강도계수, 도움표 2.2.9-6)

$C_1 = 0.857$ (용접재 강도계수)

$$\phi R_{nw} = \phi C C_1 D l = 0.75 \times 0.195 \times 0.857 \times 7 \times 200 \times 2 = 350.9\,\text{kN}$$

이 예제에서는 앵글과 용접부 계산 시 약산식으로 적용하였다. 정확한 계산을 위해서는 앵글 검토 시 편심에 의한 휨모멘트도 고려되어야 하며 용접부 검토 시에도 양방향의 편심에 따른 응력들을 각각 구하여 조합하여야 한다.

④ PC 벽체 매입철물② 검토

콘크리트 지압강도는 앵글 다리의 캔틸레버 항복모멘트로 검토한다.

$\phi f_c = \phi 0.85 f_{ck} = 0.65 \times 0.85 \times 35 = 19.3\,\text{MPa}$

$$\phi M_p = \phi Z \cdot F_y = \frac{\phi t_t^2}{4} \times F_y = 0.9 \times \frac{10^2}{4} \times 275 = 6{,}187.5\,\text{N}\cdot\text{mm}$$

$$M_u = \phi f_c \times \frac{y^2}{2} = 19.3 \times \frac{y^2}{2} = \phi M_p$$

$$y = \sqrt{\left(\frac{6{,}187.5 \times 2}{19.3}\right)} = 25.3\,\text{mm}$$

지압부 높이 $l_h = y + r = 25.3 + 12 = 37.3\,\text{mm}$

지압부 폭 $l_b = 136\,\text{mm}$

$\phi V_c = \phi P_n = \phi f_c l_h l_b \times 2 = 19.3 \times 37.3 \times 136 \times 2 \times 10^{-3} = 195.8\,\text{kN}$

※ 콘크리트 지압강도에 4-D16 철근을 추가하여 전단내력을 키운다.

$\phi V_s = \phi f_y A_s \cos\alpha = 0.75 \times 500 \times (4 \times 199) \times \cos 45° \times 10^{-3} = 211.1\,\text{kN}$

$\therefore\ \phi V_n = \phi V_c + \phi V_s = 406.9\,\text{kN}$

플레이트 앵커철근은 철근의 f_y를 발휘할 수 있도록 충분한 정착길이와 용접량이 확보되어야 한다. 이 예제에서는 검토를 생략하였다.

⑤ 기초매입부 헤드스터드③ 검토

기초매입부의 내력은 헤드스터드의 전단내력으로 결정된다. 콘크리트 앵커부는 설치위치에 따라 콘크리트 파괴모드별 추가 검토가 필요하며 내진범주에 따른 추가 요구사항을 확인해야 한다(콘크리트구조 학회기준(2017) 제22장 콘크리트용 앵커 참조).

헤드스터드 $6 - \phi 19\ \ (F_{uta} = 400\,\text{MPa})$

$$\phi V_n = \phi V_{sa} = \phi n A_{sev} F_{uta} = 0.65 \times 6 \times \left(19^2 \times \frac{\pi}{4}\right) \times 400 \times 10^{-3} = 442.3\,\text{kN}$$

⑥ 전단커넥터 수량 결정

앞서 계산한 접합부 전단강도 중 최소값으로 내력을 결정한다.

$\phi V_n = [738.0,\ 344.5,\ 406.9,\ 442.3]_{\min} = 344.5\,\text{kN}$

$$n = \frac{V_u}{\phi V_n} = \frac{1743.3}{344.5} = 5.06$$

※ 전단커넥터를 5개 배치한다.

⑦ 전단커넥터 추가에 따른 휨 강도 증가량 검토

앵글 다리의 소성모멘트를 발생시키는 인장력 산정

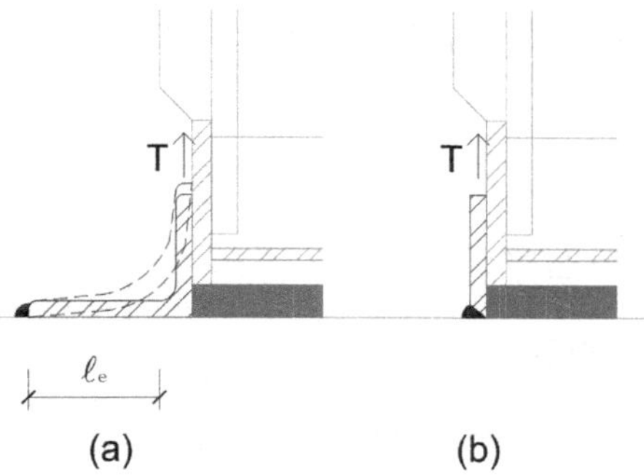

[그림 7.4.5] 전단커넥터 형태 예시

$$M_p = F_y \frac{bt^2}{4} = T \times l_e$$

$$b = 200\,\mathrm{mm},\ l_e = 100 - 20 = 80\,\mathrm{mm}$$

$$T = \frac{F_y \frac{bt^2}{4}}{l_e} = \frac{275 \times \frac{200 \times 10^2}{4} \times 10^{-3}}{80} \times 2$$

$$= 34.4\,\mathrm{kN}$$

5개의 커넥터 총 인장력

$$T = 34.4 \times 5 = 172\,\mathrm{kN}$$

휨 강도 증가량은

$$M_{add} = T \times \frac{jd}{2} = 172 \times \frac{7.0}{2} = 602.0\,\mathrm{kN \cdot m}$$

$$\frac{M_{add}}{M_{y1}} = \frac{602.0}{9{,}733.5} = 0.062 \rightarrow 6.2\,\%$$

전단커넥터에 의한 전체 항복강도는 약 6.2 % 증가하게 된다. 이 기여도는 크지 않아 무시하는 것이 합리적이다. 증가량이 큰 경우는 기존의 항복강도에 증가분을 추가하여 재검토가 필요하다.

만약 이 예제에 적용한 수직변형이 유연한 형태의 접합부 [그림 7.4.5(a)]가 아닌 [그림 7.4.5(b)]와 같은 수직 plate가 항복하는 형태의 접합부가 적용된다면 현재의 32배 인장력($T=F_yA_s=275\times10\times200\times2\times10^{-3}=1,100\,\mathrm{kN}$)이 발생하여 휨 강도는 의도치 않게 큰 폭(200 %)으로 증가하게 된다.

따라서 항복하도록 설계된 수평 접합부의 전단커넥터는 수직으로 유연한 형태로 설계되어야 한다.

5. 2층 수평 조인트 설계

(1) 수직 연결철근 검토

2층 수평조인트는 2가지 설계방법으로 검토할 수 있다.

먼저 휨 연결에 기계식이음(유형2)을 사용하여 연결부는 "항복하도록 설계"된 것으로 간주할 수 있으며 이때 초과강도는 필요치 않고 철근은 2층 접합부의 휨모멘트를 기준으로 설계한다.

만약 "항복하지 않도록 강하게 설계"되는 연결부를 적용한다면 접합부의 요구강도는 $1.5S_y$의 초과강도를 적용하여 설계한다.

여기서는 두 번째의 강도 접합부 설계로 검토한다.

1) 설계 부재력 산정

$$M_u=1.5\times\left(\frac{M_{y1}}{M_{E1}}\right)\times M_{E2}=1.5\times1.49\times3,744=8,367.8\,\mathrm{kN\cdot m}$$

$$V_u=1.5\times\left(\frac{M_{y1}}{M_{E1}}\right)\times V_{E2}=1.5\times1.49\times650=1,452.8\,\mathrm{kN}$$

2) 수직 연결철근 검토

연결부 최대 항복강도 결정 시 최대 축하중을 고려하여 산정한다.

$$\phi M_n = \phi\left(A_s f_y jd + P_{umax} \cdot \frac{jd}{2}\right)$$

$$= 0.85 \times \left(2 \times 507 \times 500 \times 7.0 \times 10^{-3} + 1{,}268 \times \frac{7.0}{2}\right)$$

$$= 6{,}789.0\,\mathrm{kN \cdot m} \ < M_u = 8{,}367.8\,\mathrm{kN \cdot m}$$

앞서 전 층에 연속적으로 배치한 철근(2-D25)의 항복강도가 비항복으로 산정한 설계 부재력보다 작아 추가 배근이 필요하다.

단부 인장철근량 산정 시에는 최소 축하중을 고려한다.

힘의 평형조건에 의해

$$M_u - P_{u\min} \times \left(\frac{jd}{2}\right) - T_u \times jd = 0$$

$$T_u = \frac{M_u}{jd} - \frac{P_{u\min}}{2} = \frac{8{,}367.8}{7.0} - \frac{770}{2} = 810.4\,\mathrm{kN} = \phi T_n = \phi A_s f_y$$

$$req A_s \geq \frac{810.4 \times 10^3}{0.85 \times 500} = 1{,}906.8\,\mathrm{mm}^2 \ \left(2 - D25 + 2 - D25,\, A_s = 2{,}028\,\mathrm{mm}^2\right)$$

※ 따라서 2층 수직 연결철근은 연속철근(2-D25) 외 추가로 2-D25를 배치한다.

3) 정착부 검토

수평조인트는 강도 접합부로 설계하였으므로 추가로 배치한 철근(2-D25)에 대한 정착길이는 늘릴 필요가 없다.

(2) 수평 접합부 전단 검토

2층 수평조인트는 강도 접합부로 설계되었으므로 접합부 전단강도는 전체 수직 연결철근에 대해 전단마찰을 사용한 설계가 가능하다.

또는 전단커넥터를 이용하여 전단설계를 하는 경우에는 접합부가 항복하지 않는 조건으로 설계되었으므로 1층과 같이 수직으로 유연한 전단 상세를 적용할 필요는 없다. 따라서 이 예제에서는 [그림 7.4.6]과 같은 상세를 적용한다.

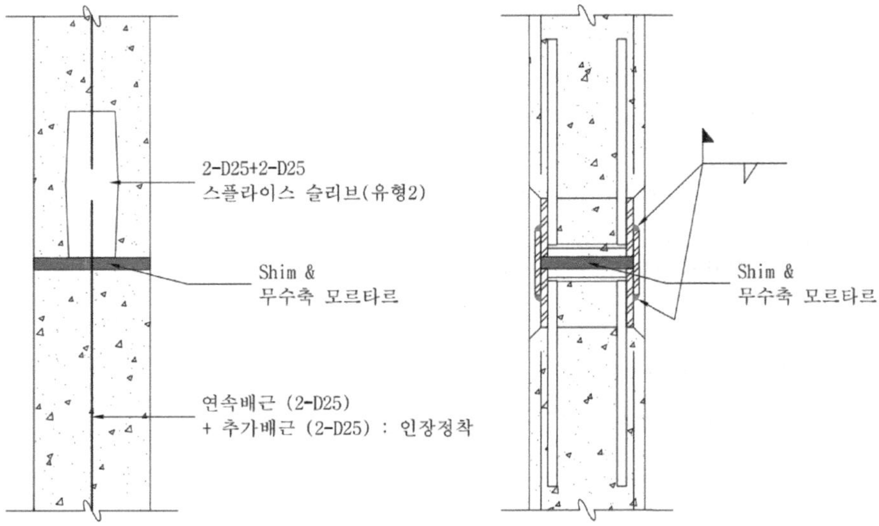

[그림 7.4.6] 2층 수평 접합부 수직철근 및 전단커넥터 상세

이 예제는 동등성 설계 원칙에 따라 최대한 현장타설 콘크리트 벽체와 유사한 거동을 하도록 수평 접합부를 설계하였다. 현장타설 콘크리트 전단벽은 일반적으로 캔틸레버 거동을 하며 지진시 수직철근의 항복에 의한 비탄성 변형이 예상되는 구간은 휨모멘트가 가장 큰 최하층 벽체와 기초 사이의 수평 접합부라고 할 수 있다. 하지만 실무적으로는 상부 층으로 갈수록 수직 철근량을 줄여가므로 일반 층에서 비탄성 변형이 일어날 수도 있다. 이 예제가 참고로 한 FEMA P-1051 “2015 NEHRP Recommended Seismic Provisions: Design Examples”에서는 이러한 점을 반영하여 최하층의 접합부 내에서 항복이 발생하도록 하고(연성 접합부) 동시에 상부층에서는 접합부가 탄성 한계 내에 있도록(강도 접합부) 설계하거나 혹은 최하층과 상부층 모두 접합부 내에서 항복이 발생하도록(연성 접합부) 설계하는 방식을 제시하고 있다. 여기서는 강도 접합부와 연성 접합부 모두를 설명하기 위하여 최하층에서는 연성 접합부를, 일반층에서는 강도 접합부를 적용하는 방식으로 풀이하였다. 결과적으로 예제에서 이렇게 설계된 접합부 들은 현장타설 콘크리트 벽체를 모방하는 형태가 되고 따라서 동등성 설계 원칙에 맞게 설계된 것으로 보인다.

7.4.2 PC 구조벽체 수직 접합부 설계(강도 접합부-1)

1. 설계개요

이 예제와 다음 절(7.4.3)의 예제에서는 강도 접합부를 적용한 수직 접합부 설계 예제를 다룬다. 먼저 이 절(7.4.2)에서는 일체식 구조물로 거동하는 강도 접합부 설계 예제에 대하여 풀이하였으며 다음 절(7.4.3)에서는 비일체식 구조물로 접합하는 방식에 대해서 풀이할 것이다. 설계 조건은 7.4.1의 예제와 동일한 조건의 벽체가 수직으로 2분절(등간격)된 것으로 가정하였다.

2. 설계대상 벽체

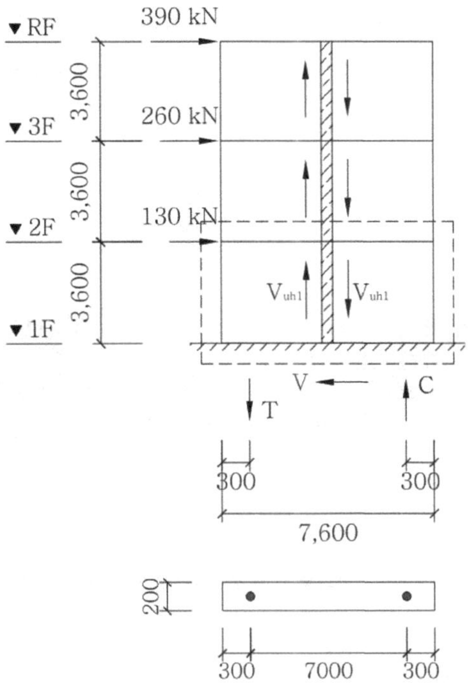

[그림 7.4.7] 3층 PC 전단벽과 설계 하중

3. 설계조건

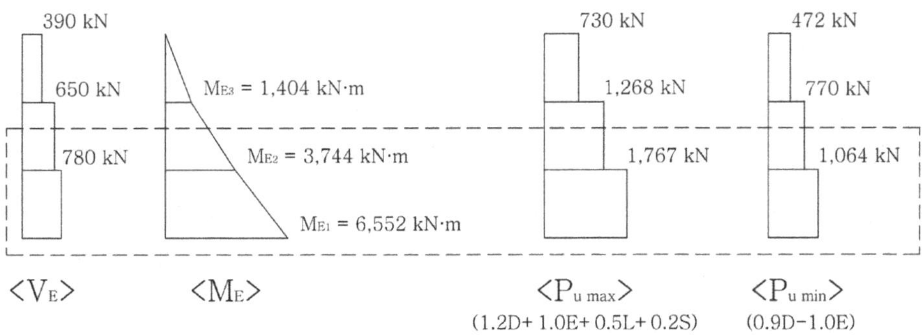

[그림 7.4.8] 부재력도

f_{ck}(PC 벽체)$= 35\,\mathrm{MPa}$, $f_y = 500\,\mathrm{MPa}$, f_{ck}(조인트 현장 타설부)$= 35\,\mathrm{MPa}$

$P_{u\max} = 1{,}767\,\mathrm{kN}$, $P_{u\min} = 1{,}064\,\mathrm{kN}$, $M_{E1} = 6{,}552\,\mathrm{kN \cdot m}$, $V_{E1} = 780\,\mathrm{kN}$

표기 외 조건은 예제 7.4.1 조건과 동일함

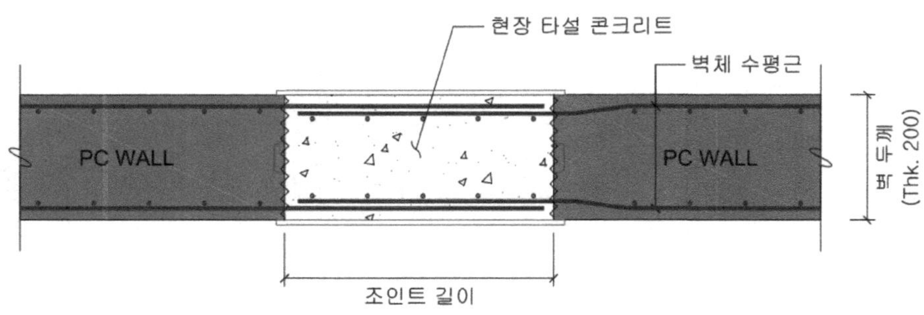

[그림 7.4.9] 접합부 PLAN

4. 벽체 수평배근 결정

KDS 14 20 22(4.9) 벽체의 전단설계에 따라 전단강도를 산정한다.

(1) 벽체 전단강도 검토

① 최대 전단강도 검토

$$\phi V_{n\max} = \phi\frac{5}{6}\lambda\sqrt{f_{ck}}bd = 0.75\times\frac{5}{6}\times 1.0\times\sqrt{35}\times 200\times 7{,}000\times 10^{-3}$$
$$= 5{,}176\,\text{kN} > V_u \cdots \text{OK}$$

② 전단강도 V_c 산정

$$V_{c1} = 0.28\lambda\sqrt{f_{ck}}bd + \frac{N_u d}{4l_w}$$
$$= 0.28\times 1.0\sqrt{35}\times 200\times 7{,}000\times 10^{-3} + \frac{1064\times 7{,}000}{4\times 7{,}600}$$
$$= 2{,}564\,\text{kN}$$

$$V_{c2} = \left[0.05\lambda\sqrt{f_{ck}} + \frac{l_w\left(0.10\lambda\sqrt{f_{ck}} + 0.2\dfrac{N_u}{l_w h}\right)}{\dfrac{M_u}{V_u} - \dfrac{l_w}{2}}\right]$$
$$= \left[0.05\times 1.0\sqrt{35} + \frac{7.6\times\left(0.10\times 1.0\sqrt{35} + 0.2\times\dfrac{1{,}064}{7.6\times 200}\right)}{\dfrac{6{,}552}{780} - \dfrac{7.6}{2}}\right]\times 200\times 7{,}000\times 10^{-3}$$

$$= 2{,}106\,\text{kN}$$

$$\phi V_c = \phi(V_{c1},\ V_{c2})_{\min} = 0.75\times 2{,}106 = 1{,}580\,\text{kN}$$

$\dfrac{\phi V_c}{2} = 789.8\,\text{kN} > V_u = 780\,\text{kN}$ → KDS 14 20 72 최소 수평전단철근 배치

(2) 벽체 수평 배근 결정

KDS 14 20 72(4.2(3)) 최소 수평철근비 규정에 따라

D16 이하 $f_y = 500\,\text{MPa}$이므로 → $\rho_{\min} = 0.002\times\dfrac{400}{f_y} = 0.0016$

$A_{s\min} = \rho_{\min}bh = 0.0016\times 200\times 1{,}000 = 320\,\text{mm}^2/\text{m}$

D10 사용 시

$s \le \dfrac{2\times 71\times 1{,}000}{320} = 444mm \le s_{\max} = [\text{벽두께 } 3\text{배},\ 450]_{\min} = 450\,\text{mm}$

※ 따라서 벽체 수평전단철근은 2-D10@400을 배치한다.

5. 1층 수직접합부 설계

(1) 설계하중 산정

단위응력으로 환산한 수직전단응력

$$v_{uh} = \frac{V_{E1}}{bd} = \frac{780 \times 10^3}{200 \times 7,000} = 0.557\,\mathrm{N/mm^2}$$

층 내 수직전단력 크기가 동일하므로 1 m 단위 높이에 대한 수직전단력은

$$V_{uh} = v_{uh} \times bh = 0.557 \times 200 \times 1,000 \times 10^{-3} = 111.4\,\mathrm{kN/m}$$

(2) 접합부 전단강도 검토

접합면 전단강도 검토는 접촉면의 상태와 전단력의 분포를 고려하여 설계하여야 한다. 전단력 V_{uh}가 $\phi 3.5bd$를 초과하는 경우는 KDS 14 20 22(4.6.2)의 전단마찰 규정에 따르며 $\phi 3.5bd$ 이하인 경우는 KDS 14 20 66(4.2.2, 4.2.3)의 접촉면 처리와 전단연결재를 고려하여 전단강도를 산정한다.

$$\phi V_{nh} = \phi 0.56bh = 0.75 \times 0.56 \times 200 \times 1,000 \times 10^{-3} = 84\,\mathrm{kN/m}$$

$$\phi 3.5bh = 0.75 \times 3.5 \times 200 \times 1,000 \times 10^{-3} = 525\,\mathrm{kN/m}$$

$$\phi 0.56bh \le V_{uh} = 111.4\,\mathrm{kN/m} \le \phi 3.5bh$$

※ 따라서 접촉면은 의도적으로 거칠게(6 mm 깊이 거칠게 혹은 전단키 설치)하고 KDS 14 20 66(4.2.3) 규정한 최소 전단연결재를 배치한다.

① 최소 전단연결재

$$A_{s\,\min} = 0.0625\sqrt{f_{ck}}\frac{b \times s}{f_y} \quad (\ge 0.35\frac{b \times s}{f_y})$$

$$= 0.0625\sqrt{35}\,\frac{200 \times s}{500} = 0.148s \quad (\ge 0.14s)$$

수평 배근 2-D10@400 고려 시

$$A_s = 2 \times 71 = 142\,\mathrm{mm^2}/s \ge A_{s\,\min} = 0.148 \times 400 = 59.2\,\mathrm{mm^2/s} \cdots \text{OK}$$

수평 연결재 간격 $s = 400\,\mathrm{mm} \le s_{\max} = 600\,\mathrm{mm}$ ⋯ OK

② 접촉면 수평 전단강도 검토

$$\phi V_{nh} = \phi(1.8 + 0.6\rho_v f_y)\lambda bh$$

$$= 0.75 \times (1.8 + 0.6 \times \frac{2 \times 71}{200 \times 1{,}000} \times 500) \times 1.0 \times 200 \times 1{,}000 \times 10^{-3}$$

$$= 302\,\mathrm{kN/m} \; > \; V_{uh} = 111.4\,\mathrm{kN/m} \; \cdots \; \mathrm{OK}$$

(3) 조인트 길이 산정

2-D10 수평철근은 전단철근으로 인장 B급 겹침이음 길이로 산정한다.

$$l_d = \frac{0.9 \times d_b f_y}{\lambda\sqrt{f_{ck}}} \times \frac{\alpha\beta\gamma}{\left(\dfrac{c + K_{tr}}{d_b}\right)} = \frac{0.9 \times 10 \times 500}{1.0\sqrt{35}} \times \frac{1.3 \times 1.0 \times 0.8}{2.5} = 316.4\,\mathrm{mm}$$

α : 철근 위치계수, 1.3

β : 철근 도막계수, 1.0

γ : 철근의 크기계수, 0.8

λ : 경량콘크리트 계수, 1.0

c : 철근 간격 또는 피복두께에 관련된 계수

$$c = \left(20 + \frac{10}{5}, \frac{200}{2} - 25\right)_{\min} = 25\,\mathrm{mm}$$

K_{tr} : 횡방향철근 지수, 0

$$\frac{c + K_{tr}}{d_b} = \frac{25 + 0}{10} = 2.5(\leq 2.5)$$

따라서 조인트 길이는 B급 겹침이음 길이 ($1.3l_d = 412\,\mathrm{mm}$)와 시공오차 등을 고려하여 $l = 500\,\mathrm{mm}$로 한다.

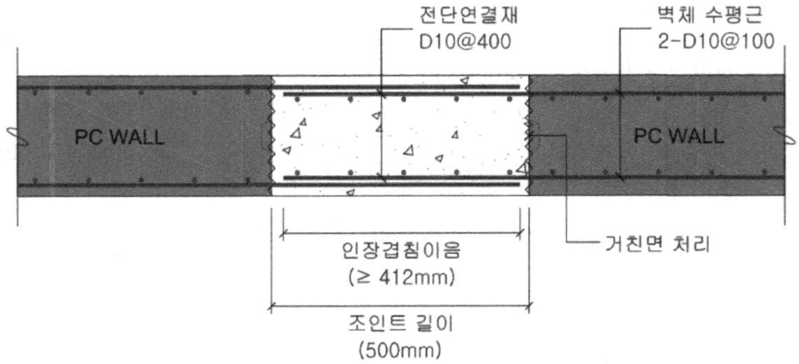

[그림 7.4.10] PC 벽체 수직 접합부

이 수직 접합부는 내진설계기준에서 요구하고 있는 동등성 조건을 아주 잘 만족시키고 있다고 할 수 있다. 접합부가 현장 타설되고 모재의 수평 철근이 접합부 내에서 충분히 이음되어 있으므로 현장타설 콘크리트 벽체와 거의 같은 수준의 강도와 인성을 확보할 수 있다. 또한 지진 시의 거동도 현장 타설 콘크리트 벽체와 거의 유사할 것으로 보인다. 따라서 별도의 실험이나 해석을 통하여 동등성 조건을 확인하지 않아도 설계에 적용하는 데에 큰 문제가 없을 것으로 판단한다. 다만 접합부 타설을 위하여 현장 거푸집을 설치하여야 하는 것은 PC 공법의 장점을 많이 감소시키는 부분이라고 할 수 있어 이에 대한 앞으로의 개선, 보완이 필요하다.

7.4.3 PC 구조벽체 수직 접합부 설계(강도 접합부-2)

1. 설계개요

이 예제는 앞 절(7.4.2)의 예제와 동일한 조건의 벽체 수직 접합부에 대하여 다른 방식의 풀이 방법을 제시한다. 앞 절의 예제는 접합부가 일체식 구조가 되도록 설계한 것에 반해 이 예제(7.4.3)에서는 비일체식 구조를 적용하여 설계하는 풀이 방법을 소개한다. 이 예제 역시 벽체는 수직으로 2분절(등간격)된 것으로 가정하였으며, 수직 접합부는 강도 접합부를 적용하여 설계한다.

2. 설계대상 벽체

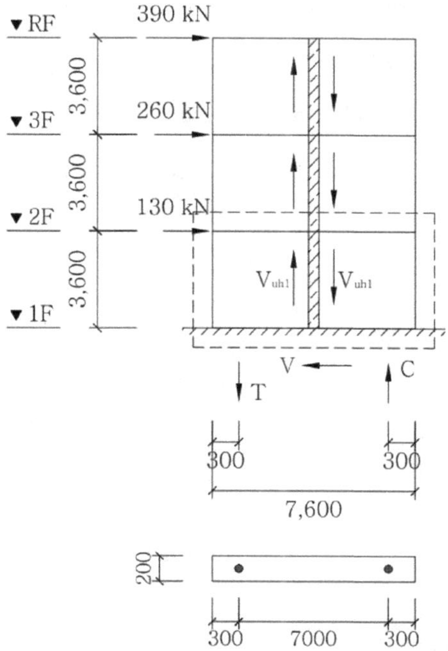

[그림 7.4.11] 3층 PC 전단벽과 설계 하중

3. 설계조건

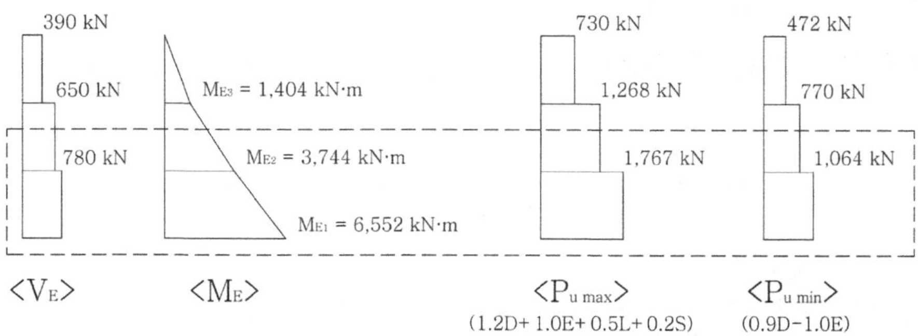

[그림 7.4.12] 부재력도

f_{ck}(기초) $= 24\,\text{MPa}$, f_{ck}(PC벽체) $= 35\,\text{MPa}$, $f_y = 500\,\text{MPa}$

강재 강종 SM355($F_y = 355\,\text{MPa}$, $F_u = 490\,\text{MPa}$)

용접재 인장강도 $F_{uw} = 490\,\text{MPa}$

헤드 스터드 강종 4.6등급 $F_{uta} = 400\,\text{MPa}$

$P_{u\max} = 1{,}767\,\text{kN}$, $P_{u\min} = 1{,}064\,\text{kN}$, $M_{E1} = 6{,}552\,\text{kN·m}$, $V_{E1} = 780\,\text{kN}$

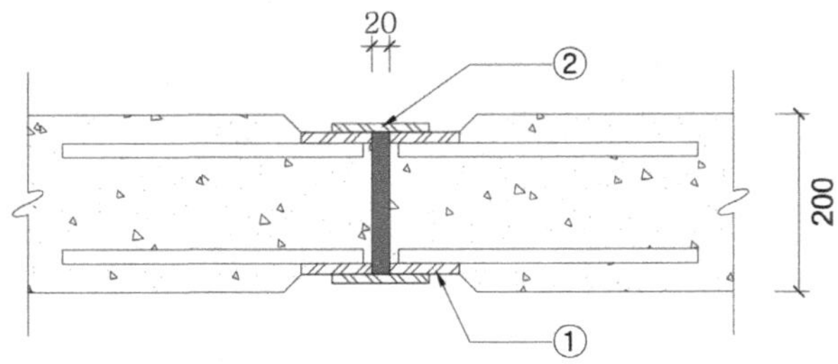

[그림 7.4.13] PLAN

4. 1층 수직접합부 설계

(1) 설계하중 산정

단위응력으로 환산한 수직전단응력

$$v_{uh} = \frac{V_{E1}}{bd} = \frac{780 \times 10^3}{200 \times 7{,}000} = 0.557\,\text{N/mm}^2$$

층 높이에 대한 수직전단력

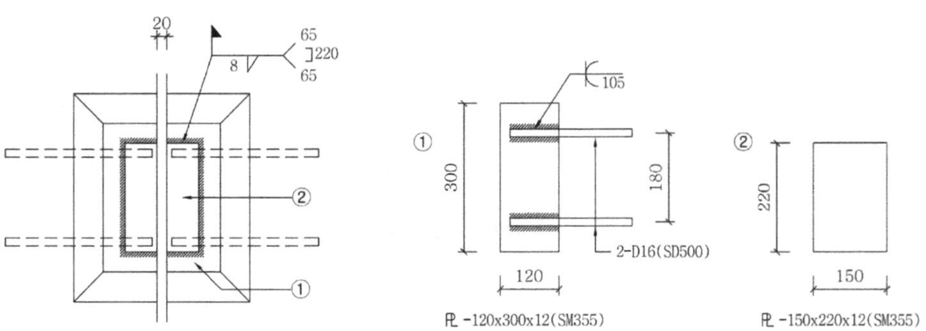

[그림 7.4.14] 수직 접합부 연결철물 상세

$$V_{uh} = v_{uh} \times bh = 0.557 \times 200 \times 3{,}600 \times 10^{-3} = 401.0\,\text{kN}/3.6\,\text{m}$$

항복을 의도하지 않는 접합부 설계이므로 예제 7.4.1의 1층(벽체와 기초 접합부) 항복강도를 기준으로 $1.5S_y$를 적용한다.

$$V_u = 1.5 \times \left(\frac{M_{y1}}{M_{E1}}\right) \times V_{uh} = 1.5 \times 1.49 \times 401 = 896.2\,\text{kN}/3.6\text{m}$$

(2) 접합부 연결철물 내력 검토

① 덧판② 내력 검토

하중편심은 덧판의 양단을 고정으로하여 편심치수를 $l/2$로 가정하였다.

$$e = \frac{l}{2} = \frac{150}{2} = 75\,\text{mm}$$

$$\phi V_n = \phi 0.6 F_y A_w = 0.9 \times 0.6 \times 355 \times 12 \times 220 \times 10^{-3} = 506.1\,\text{kN}$$

$$\phi M_n = \phi F_y S = \phi F_y \frac{bh^2}{6} = 0.9 \times 355 \times \frac{12 \times 220^2}{6} \times 10^{-6} = 30.9\,\text{kN}\cdot\text{m}$$

$$= \phi V_n \cdot e$$

$$\phi V_n = \frac{\phi M_n}{e} = \frac{30.9 \times 10^3}{75} = 412\,\text{kN}$$

※ 덧판② 전단내력 $\phi V_n = 412.0\,\text{kN}$

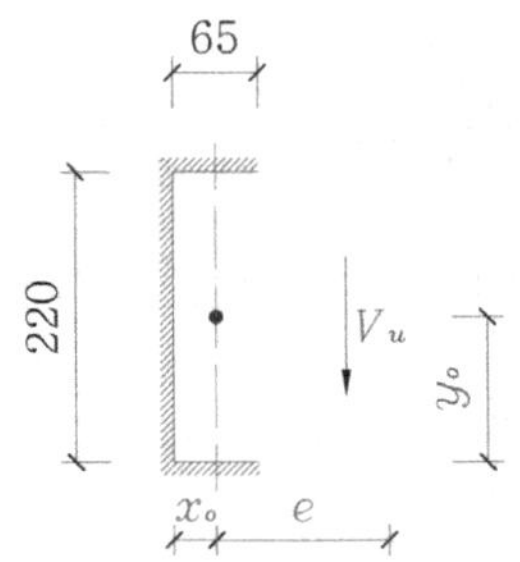

[그림 7.4.15] 덧판② 용접부 도심

② 덧판② 용접부 검토

$$a = 0.7 \times 8 = 5.6\,\text{mm}$$

$$A_w = 5.6 \times (220 + 65 \times 2) = 1{,}960\,\text{mm}^2,$$

$$x_o = \frac{65^2/2 \times 2}{220 + 65 \times 2} = 12\,\text{mm},\ y_o = 110\,\text{mm}$$

$$I_x = \frac{5.6 \times 220^3}{12} + \frac{65 \times 5.6^3}{12} \times 2 + 110^2 \times 5.6 \times 65 \times 2$$

$$= 1.378 \times 10^7\,\text{mm}^4$$

$$I_y = \frac{5.6 \times 65^3}{12} \times 2 + \frac{220 \times 5.6^3}{12} + \left(\frac{65}{2} - 12\right)^2 \times 5.6 \times 65 \times 2 + 12^2 \times 220 \times 5.6$$

$$= 7.429 \times 10^5\,\text{mm}^4$$

$$I_p = I_x + I_y = 1.452 \times 10^7\,\text{mm}^4$$

- 용접부 조합응력 검토

$$\tau = \sqrt{(\tau_{V_x} + \tau_{M_x})^2 + (\tau_{V_y} + \tau_{M_y})^2} \le \phi F_{nw}$$

$$\tau_{V_x} = 0,\ \tau_{V_y} = \frac{V_u}{A_w}$$

$$\tau_{M_x} = \frac{M_u \times y}{I_p} = \frac{V_u \cdot e \times y}{I_p},\ \tau_{M_y} = \frac{M_u \times x}{I_p} = \frac{V_u \cdot e \times x}{I_p}$$

- 용접부 최대 허용응력 (용접봉 $F_{uw} = 490\,\text{MPa}$)

$$\phi F_{nw} = \phi 0.6 F_{uw} = 0.75 \times 0.6 \times 490 = 220.5\,\text{N/mm}^2$$

$$\tau = V_u \sqrt{\left(\frac{75 \times 110}{1.452 \times 10^7}\right)^2 + \left(\frac{1}{1{,}960} + \frac{75 \times (65 - 12)}{1.452 \times 10^7}\right)^2}$$

$$= V_u \times 0.968 \times 10^{-3} \le \phi F_{nw} = 220.5\,\text{N/mm}^2$$

$$V_u \le \frac{220.5 \times 10^{-3}}{0.968 \times 10^{-3}} = 227.8\,\text{kN}$$

※ 용접부 강도 $\phi V_n = 227.8\,\text{kN}$

③ 콘크리트 매립판①의 앵커 철근 검토 (PCI Design Handbook 8th Ed.)

정착철근의 설계강도는 인장과 전단의 상호 관계식을 이용하여 검토한다.

$$\frac{1}{\phi}\left[\left(\frac{V_u}{V_n}\right)^2 + \left(\frac{M_u}{M_n}\right)^2\right] \le 1.0$$

여기서, 2-D16을 사용하면

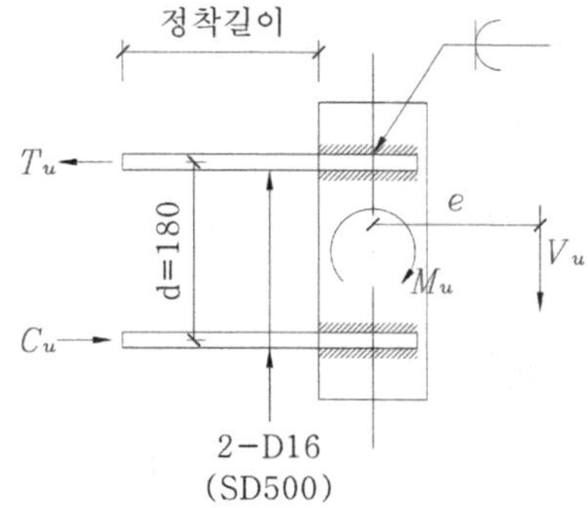

[그림 7.4.16] 매립판①과 앵커 철근 상세

$$V_n = 0.6 f_y A_{sv} = 0.6 \times 500 \times 2 \times 199 \times 10^{-3} = 119.4\,\text{kN}$$

$$M_n = A_{st} f_y d = 199 \times 500 \times 180 \times 10^{-3} = 17{,}910\,\text{kN}\cdot\text{mm}$$

$$\phi = 0.9$$

$$\frac{1}{\phi}\left[\left(\frac{V_u}{119.4}\right)^2 + \left(\frac{V_u \cdot 75}{17{,}910}\right)^2\right] \le 1.0$$

$$V_u \le \sqrt{\frac{0.9}{\left(\frac{1}{119.4}\right)^2 + \left(\frac{75}{17{,}910}\right)^2}} = 101.3\,\text{kN}$$

2-D19 사용 시

$$V_u \le \sqrt{\frac{0.9}{\left(\frac{1}{172.2}\right)^2 + \left(\frac{75}{25{,}830}\right)^2}} = 146.1\,\text{kN}$$

※ 2-D19를 사용한다.

④ 철근의 정착부 검토

철근의 정착길이는 강도 접합부로 설계하였으므로 정착길이를 늘릴 필요 없다.

$$l_d = \frac{0.9 \times d_b f_y}{\lambda \sqrt{f_{ck}}} \times \frac{\alpha\beta\gamma}{\left(\dfrac{c + K_{tr}}{d_b}\right)} = \frac{0.9 \times 19 \times 500}{1.0\sqrt{35}} \times \frac{0.8}{1.5} = 770.8\,\text{mm}$$

철근의 용접부 검토

$a = 0.2 d_b = 3.8\,\text{mm}$ (D19)

$$\phi T_n = \phi A_s f_y = 0.9 \times 287 \times 500 \times 10^{-3} = 129.2\,\text{kN}$$

$$\phi R_{nw} = \phi 0.6 F_{uw} A_w = 0.75 \times 0.6 \times 490 \times 2 \times 3.8 \times l_e \times 10^{-3} \geq \phi T_n$$

$$\rightarrow l_e \geq 77.1\,\text{mm}$$

$$\rightarrow l \geq l_e + 2S = 88.0\,\text{mm}$$

(3) 연결철물 Set 수량 결정

앞서 계산한 접합부 전단강도 중 최솟값으로 내력을 결정한다.

$$\phi V_n = [412.0,\ 227.8,\ 146.1]_{\min} = 146.1\,\text{kN}$$

$$n = \frac{V_u}{\phi V_n} = \frac{896.2}{146.1} = 6.13$$

따라서 수직조인트 연결철물set 7개를 3.6 m의 높이에 500 mm 간격으로 배치한다.

이 수직 접합부는 접합부의 일체식 혹은 비일체식 구조물의 구분에서 그 형태상 비일체식 구조물을 적용한 접합부로 분류될 수 있다. 그리고 수직 접합부에 충분한 초과강도를 적용하였고 접합부 내에서 항복하지 않도록 설계하였으므로 강도접합부 혹은 연성 접합부의 구분을 적용한다면 강도접합부라고 할 수 있다. 이 수직접합부는 강도접합부이므로 지진 시 접합부가 충분히 탄성 한계 내에 있을 것으로 예상할 수 있다. 하지만 일체식으로 접합된 형태가 아니기 때문에 지진 시의 실제 거동과 특히 접합부의 인성 측면에서 현장타설 콘크리트 벽체와 동등한 수준이 될 것이라고 확신하기는 어렵다. 따라서 동등성 설계를 위한 실험이나 정밀한 해석을 통하여 동등성 조건을 확인하고 적용하는 것이 바람직할 것으로 보인다.

7.4.4 PC 구조벽체 수직 접합부 설계(연성 접합부)

1. 설계개요

이 예제는 7.4.3의 예제와 동일한 조건의 벽체 수직 접합부에 연성 접합부를 적용하여 설계한다.

2. 설계대상 벽체

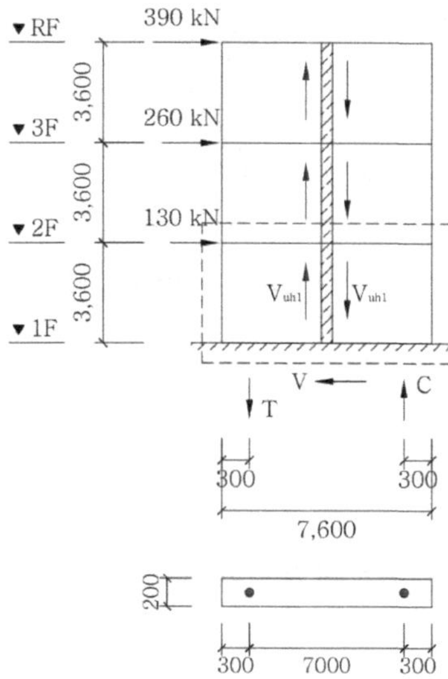

[그림 7.4.17] 3층 PC 전단벽과 설계 하중

3. 설계조건

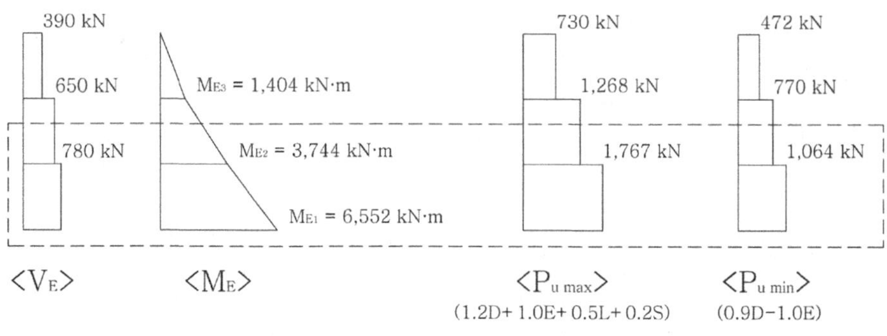

[그림 7.4.18] 부재력도

f_{ck}(기초)$= 24\,\mathrm{MPa}$, f_{ck}(PC 벽체)$= 35\,\mathrm{MPa}$, $f_y = 500\,\mathrm{MPa}$

강재 강종 SM355($F_y = 355\,\mathrm{MPa}$, $F_u = 490\,\mathrm{MPa}$)

용접재 인장강도 $F_{uw} = 490\,\mathrm{MPa}$

헤드 스터드 강종 4.6등급 $F_{uta} = 400\,\mathrm{MPa}$

$P_{u\max} = 1{,}767\,\mathrm{kN}$, $P_{u\min} = 1{,}064\,\mathrm{kN}$, $M_{E1} = 6{,}552\,\mathrm{kN \cdot m}$, $V_{E1} = 780\,\mathrm{kN}$

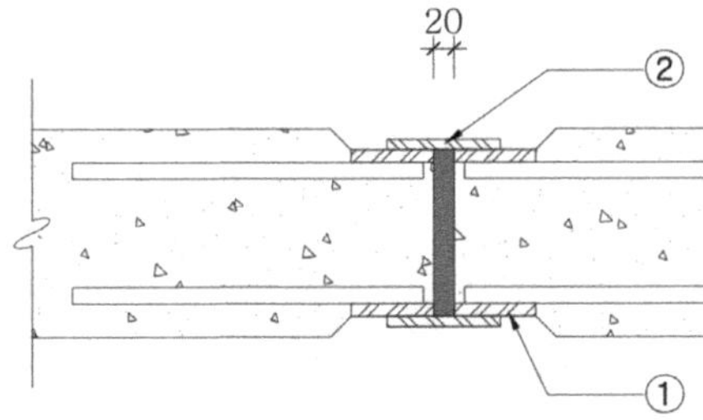

[그림 7.4.19] PLAN

4. 1층 수직 접합부 설계

(1) 설계하중 산정

수직 전단력을 앞 예제와 다른 방법으로 힘의 평형 조건을 이용하여 구해 보았다.

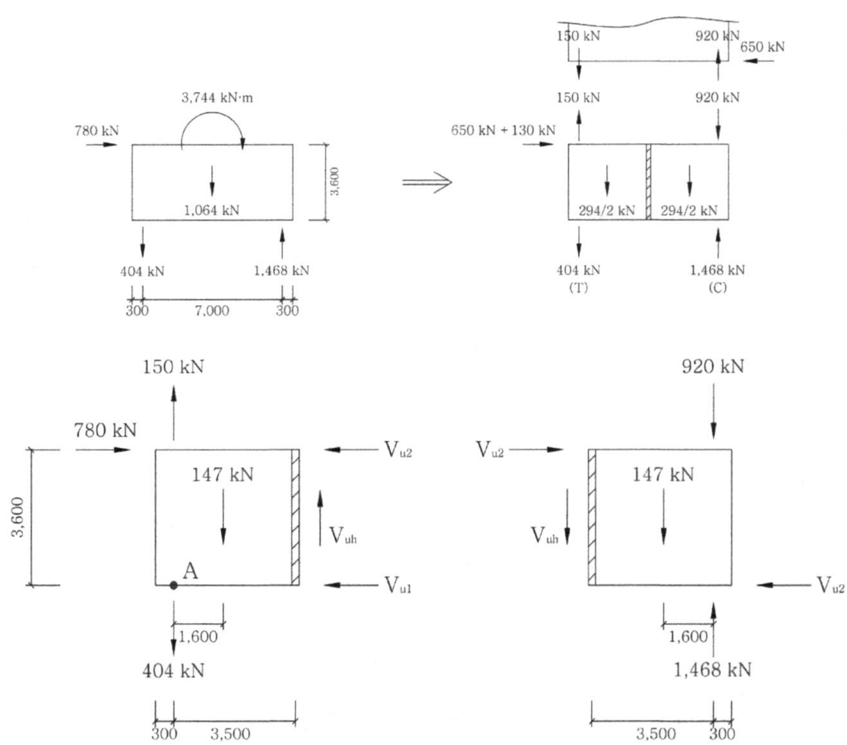

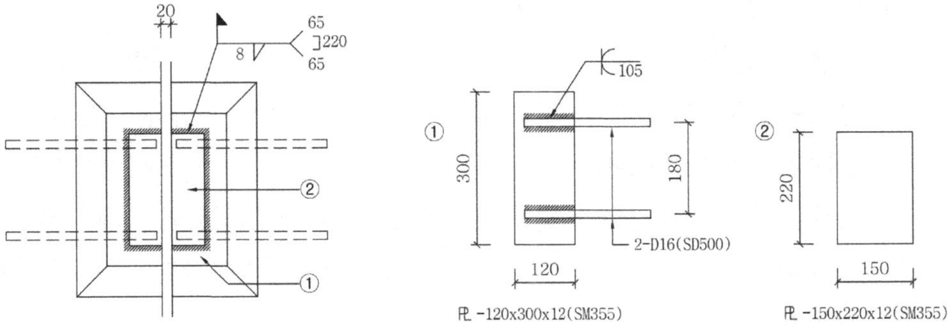

[그림 7.4.20] 수직 접합부 연결철물 상세

힘의 평형조건에 의해

$\Sigma F_x = 780 - V_{u1} - V_{u2} = 0$

$\Sigma F_y = -150 + 404 + 147 - V_{uh} = 0$

$\Sigma M_A = 780 \times 3.6 + 147 \times 1.6 - V_{uh} \times 3.5 - V_{u2} \times 3.6 = 0$

$\rightarrow\ V_{uh} = 401\,\mathrm{kN}$ (수직 전단력)

$\rightarrow\ V_{u2} = \dfrac{1,640}{3.6} = 455\,\mathrm{kN}$ (우측 벽체 분담 전단력)

$\rightarrow\ V_{u1} = 780 - 455 = 325\,\mathrm{kN}$ (좌측 벽체 분담 전단력)

일체식 벽체 거동으로 가정하였으므로 결과적으로 힘의 평형 조건으로 구한 수직 전단력은 예제 7.4.3에서 전단응력을 이용하여 구한 전단력의 값과 동일하다.

수직 접합부에 발생하는 전단력은 접합부의 강성에 따라 변화한다. 인접한 벽체가 각각 독립된 거동(접합면의 마찰력 무시)을 한다고 가정을 하면 전단력의 값은 0이 된다. 한편 수직 접합부가 강도 접합부로 연결되어 인접한 벽체가 일체로 거동한다는 조건으로 구한 전단력은 접합부에 발생할 수 있는 최대 전단력이 될 것이다.

연성 접합부를 적용하면 접합부의 강성(접합면에서의 미끄러짐 정도)에 따라 전단력은 0에서 최대 전단력 사이의 값이 된다. 하지만 이 전단력 값은 접합부의 강성이 아직 결정되지 않았으므로 구할 수가 없다. 따라서 일단 최대 전단력 값으로 접합부 설계를 평가하여 실제의 전단력 값을 다시 구하고 이 전단력으로 다시 접합부 설계를 진행하는 과정을 여러 번 반복하는 것으로 한다.

① 수직조인트 철물의 설계 전단력 산정

연결부 접합철물은 두 패널 사이 임베디드 플레이트①과 덧판 플레이트②의 용접으로 구성된다. 접합부에서의 항복은 충분한 변형 용량을 가진 강재 요소(여기서는 앵커철근)에서 일어나는 것으로 하고 나머지 요소인 플레이트와 용접부는 1.5Sy의 요구강도로 설계한다. 이에 따라 접합철물의 설계는 임베디드 플레이트 앵커철근의 강도에 따라 달라지며 철근의 항복강도가 먼저 검토되어야 한다.

② 콘크리트 매립판①의 앵커 철근 검토 (PCI Design Handbook 8th Ed.)

앵커철근의 설계강도는 철근의 인장과 전단의 상호 관계식을 이용하여 검토한다.

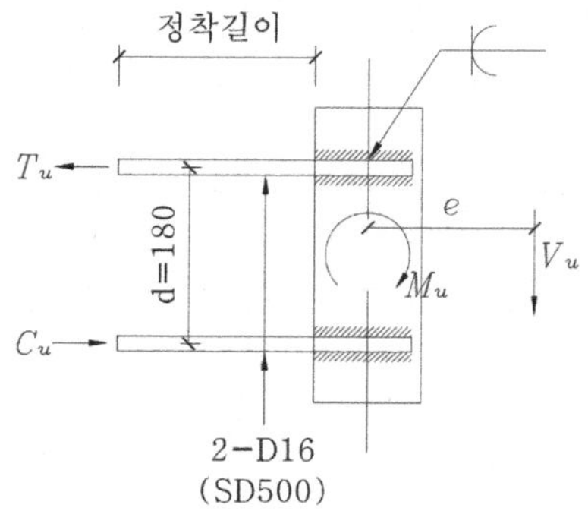

[그림 7.4.21] 매립판①과 앵커 철근 상세

$$\frac{1}{\phi}\left[\left(\frac{V_u}{V_n}\right)^2+\left(\frac{M_u}{M_n}\right)^2\right] \le 1.0$$

하중편심은 덧판의 양단을 고정으로 하여 편심치수를 $l/2$로 가정하였다.

$$e=\frac{l}{2}=\frac{150}{2}=75\,\mathrm{mm}$$

$$V_n=0.6f_yA_{sv}=0.6\times500\times2\times199\times10^{-3}=119.4\,\mathrm{kN}$$

$$M_n=A_{st}f_yd=199\times500\times180\times10^{-3}=17,910\,\mathrm{kN\cdot mm}$$

$$\phi=0.9$$

$$\frac{1}{\phi}\left[\left(\frac{V_u}{119.4}\right)^2+\left(\frac{V_u \cdot 75}{17,910}\right)^2\right] \le 1.0$$

$$V_u \le \sqrt{\frac{0.9}{\left(\frac{1}{119.4}\right)^2+\left(\frac{75}{17,910}\right)^2}} = 101.3\,\text{kN}$$

③ 연결철물 Set 수량 결정

$$\frac{V_{uh}}{V_u} = \frac{401}{101.3} = 3.96$$

따라서 수직조인트 연결철물 Set 4개를 3.6 m 높이에 900 mm 간격으로 배치한다.

- 항복을 의도하지 않은 나머지 요소의 설계는 항복부를 기준으로 $1.5s_y$를 적용

$$V_u = \frac{1.5 \times 101.3}{0.9} = 168.8\,\text{kN}$$

$$M_u = V_u \cdot e = 168.8 \times 75 \times 10^{-3} = 12.7\,\text{kN} \cdot \text{m}$$

(2) 앵커철근의 정착부 검토

접합부의 비탄성거동을 위하여 항복철근의 정착부는 충분하게 정착되어야 한다.

$$1.5l_d = 1.5 \times \frac{0.9 \times d_b f_y}{\lambda \sqrt{f_{ck}}} \times \frac{\alpha\beta\gamma}{\left(\frac{c+K_{tr}}{d_b}\right)} = 1.5 \times \frac{0.9 \times 16 \times 500}{1.0\sqrt{35}} \times \frac{0.8}{1.5} = 973.6\,\text{mm}$$

① 철근 용접부 검토

$$a = 0.2d_b = 3.2\,\text{mm}$$

$$\phi T_n = \phi A_s f_y = 0.9 \times 199 \times 500 \times 10^{-3} = 89.6\,\text{kN}$$

$$\phi R_{nw} = \phi 0.6 F_{uw} A_w = 0.75 \times 0.6 \times 490 \times 2 \times 3.2 \times l_e \times 10^{-3} \ge 1.5\phi T_n$$

$$= 1.5 \times 89.6\,\text{kN}$$

$$l_e \ge 95.2\,\text{mm}$$

$$l \ge l_e + 2S = 95.2 + 2 \times \frac{3.2}{0.7} = 104.3\,\text{mm}$$

(3) 항복을 의도하지 않는 나머지 요소 설계

① 덧판② 강도 검토

$$\phi V_n = \phi 0.6 F_y A_s$$

$$= 0.9 \times 0.6 \times 355 \times 12 \times 220 \times 10^{-3}$$

$$= 506.1\,\text{kN} \ \geq \ V_u = 168.8\,\text{kN} \cdots \text{OK}$$

$$\phi M_n = \phi F_y S = \phi F_y \frac{bh^2}{6}$$

$$= 0.9 \times 355 \times \frac{12 \times 220^2}{6} \times 10^{-6}$$

$$= 30.9\,\text{kN}\cdot\text{m} \ \geq \ M_u = 12.7\,\text{kN}\cdot\text{m} \ \cdots \ \text{OK}$$

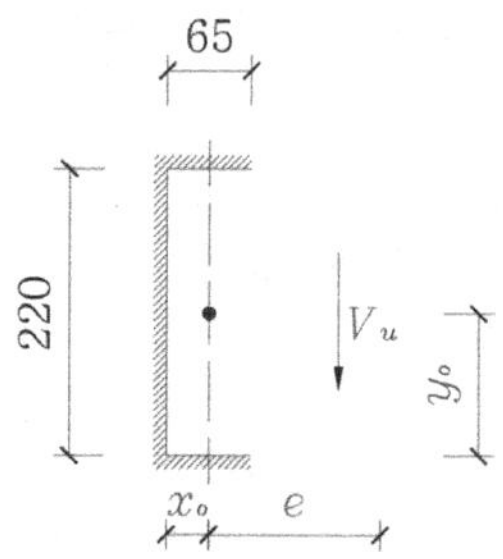

[그림 7.4.22] 덧판② 용접부 도심

② 덧판② 용접부 검토

$$a = 0.7 \times 8 = 5.6\,\text{mm}$$

$$A_w = 5.6 \times (220 + 65 \times 2) = 1{,}960\,\text{mm}^2$$

$$x_o = \frac{65^2/2 \times 2}{220 + 65 \times 2} = 12\,\text{mm}$$

$$y_o = 110\,\text{mm}$$

$$I_x = \frac{5.6 \times 220^3}{12} + \frac{65 \times 5.6^3}{12} \times 2 + 110^2 \times 5.6 \times 65 \times 2$$

$$= 1.378 \times 10^7\,\text{mm}^4$$

$$I_y = \frac{5.6 \times 65^3}{12} \times 2 + \frac{220 \times 5.6^3}{12} + \left(\frac{65}{2} - 12\right)^2 \times 5.6 \times 65 \times 2 + 12^2 \times 220 \times 5.6$$

$$= 7.429 \times 10^5 \mathrm{mm}^4$$

$$I_p = I_x + I_y = 1.452 \times 10^7 \mathrm{mm}^4$$

- 용접부 조합응력 검토

$$\tau = \sqrt{(\tau_{V_x} + \tau_{M_x})^2 + (\tau_{V_y} + \tau_{M_y})^2} \le \phi F_{nw}$$

$$\tau_{V_x} = 0,\ \tau_{V_y} = \frac{V_u}{A_w}$$

$$\tau_{M_x} = \frac{M_u \times y}{I_p} = \frac{V_u \cdot e \times y}{I_p},\ \tau_{M_y} = \frac{M_u \times x}{I_p} = \frac{V_u \cdot e \times x}{I_p}$$

- 용접부 최대 허용응력 (용접봉 $F_{uw} = 490 \mathrm{MPa}$)

$$\phi F_{nw} = \phi 0.6 F_{uw} = 0.75 \times 0.6 \times 490 = 220.5 \mathrm{N/mm^2}$$

$$\tau = \sqrt{\left(0 + \frac{12.7 \times 10^6 \times 110}{1.452 \times 10^7}\right)^2 + \left(\frac{168.8 \times 10^3}{1,960} + \frac{12.7 \times 10^6 \times (65 - 12)}{1.452 \times 10^7}\right)^2}$$

$$= 163.7 \mathrm{N/mm^2} \le \phi F_{nw} = 220.5 \mathrm{N/mm^2}$$

설계된 접합부는 접합부의 강성을 최대로 하여 산정한 전단력으로부터 계산된 접합부이므로 실제 설계된 접합부의 강성은 이를 반영하지 못한다. 설계된 접합부에 해당하는 접합부의 강성을 해석 모델링에 적용하여 다시 산정한 전단력을 이용해 접합부의 강성과 부재력이 어느 정도 일치될 때까지 상기의 계산 과정을 반복한다.

이 수직 접합부는 접합부의 일체식 혹은 비일체식 구조물의 구분에서 그 형태상 비일체식 구조물을 적용한 접합부로 분류될 수 있다. 그리고 앞 절(7.4.3)의 예제와 달리 접합부 내에서 항복이 이루어지도록 설계하였으므로 강도 접합부 혹은 연성 접합부의 구분을 적용할 때 연성 접합부라고 할 수 있다. 이 수직접합부 역시 일체식으로 접합된 형태가 아니기 때문에 지진 시의 실제 거동과 특히 접합부의 인성 측면에서 현장타설 콘크리트 벽체와 동등한 수준이라고 확신하기는 어렵다. 따라서 동등성 설계를 위한 실험이나 정밀한 해석을 통하여 동등성 조건을 확인하고 적용하는 것이 바람직할 것으로 보인다.

수직 접합부에 의하여 분절된 각각의 벽체가 독립적으로 거동한다고 가정하더라도 벽체의 축력, 휨모멘트, 전단력에 대한 강도는 크게 변화하지 않는다. 예를 들어 벽체가 2분절될 경우 각각의 벽체에 가해지는 외력과 강도도 각각 1/2이 되므로 분절에 대하여 강도는 크게 영향 받지 않는다고 할 수 있다. 다만 휨 강성은 약 1/8 수준으로 떨어지므로 크게 영향을 받는다. 이를 고려하면 벽체의 강성이 충분한 저층의 내력벽식 구조물에는 경제적인 측면과 시공적인 측면에서 연성 접합부를 적용하는 것이 비교적 유리할 것으로 판단된다. 나아가 아예 수직 접합부를 벽체의 최소한의 전도모멘트에 대항하는 것으로만 고려하고 각각 독립적인 벽체로 거동하는 것으로 하여 해석, 설계한다면 접합부에 스트랜드(strand) 루프와 같은 비탄성 거동을 하지 않는 철물을 적용하거나 다양한 방식의 비일체식 접합부를 적용하여 설계를 간소화하는 것도 가능할 것으로 보인다.

KCI PM108.1-22 프리캐스트콘크리트위원회

위 원 장	김길희	공주대학교
부 위 원 장	이진섭	㈜한성피씨건설
간 사	이용준	공주대학교
위 원	강상규	한국도로공사
	강성미	㈜아이티엠코퍼레이션건축사사무소
	강태성	㈜인터컨스텍
	강현구	서울대학교
	김동원	㈜GS건설
	김동환	공주대학교
	김민준	한국토지주택공사
	김봉주	공주대학교
	김상연	한국토지주택공사
	김선우	충남대학교
	김승훈	한밭대학교
	김영익	㈜테크비전
	김용남	㈜미래구조엔지니어링
	김욱종	㈜극동건설
	김의현	기술사사무소바른구조기술
	김정회	㈜아이에스동서
	김준희	연세대학교
	김창수	서울과학기술대학교
	나운	㈜CEG-KOREA
	류종우	㈜에센디엔텍
	문정호	한남대학교
	박인교	㈜COWI KOREA
	서상길	한국도로공사
	서수연	한국교통대학교
	신승봉	㈜삼표피앤씨
	심지택	㈜우림콘크리트공업
	안승주	㈜동일기술공사
	오승현	㈜장헌산업
	오영훈	건양대학교
	윤현도	충남대학교
	이득행	충북대학교
	이범식	한국토지주택공사
	이석	㈜위너스비디지
	이영학	경희대학교
	이정윤	성균관대학교
	이준기	㈜삼성물산
	이지훈	㈜진화기술공사
	이창재	㈜까뮤이앤씨
	이창준	충북대학교
	이현우	㈜씨엔에스씨
	임은지	㈜에센디엔텍
	임주혁	㈜원피씨엔지니어링
	장현옥	㈜제이이앤씨
	정의인	공주대학교
	최동욱	한경대학교
	최석동	㈜연우건축구조기술사사무소
	최일섭	㈜연우구조
	최창식	한양대학교
	홍성엽	㈜까뮤이앤씨
	황진하	한국건설
	황현종	건국대학교

콘크리트 실무매뉴얼

프리캐스트 콘크리트 건축구조 설계

2022년 2월 28일 1판 1쇄 발행
2023년 12월 30일 1판 2쇄 발행

관리주체 사단법인 한국콘크리트학회
서울특별시 강남구 테헤란로7길 22
한국과학기술회관 1관 1009호
TEL. 02)568-5984~7
FAX. 02)568-1918

출판보급처 기 문 당
서울시 성동구 무학봉28길 4-1
TEL. 02)2295-6171(代)~5
FAX. 02)6971-8188

출판등록 1976. 10. 7 (1-44)

홈페이지 http : // www.kimoondang.com

I S B N 978-89-6225-996-4 93530